elecworks 从入门到精通

主编　王　金
参编　邵金玲　朱丽军
　　　潘栋栋　王红蛟
主审　张桂臣

机 械 工 业 出 版 社

本书经逸莱轲软件贸易（上海）有限公司官方授权，由其具有丰富实践经验的技术总监主编。

本书从 elecworks 2D 制图开始，到与 SOLIDDWORKS/PTC Creo 无缝集成的 3D 布局和 3D 布线，介绍了全面学习基于工程项目的 elecworks 电气设计的内容，为用户提供了完整项目的设计案例，有利于用户快速掌握工程项目电气设计的系统方法与标准流程。

全书采用专题式方式编写，通过实际案例全方位诠释各项功能的使用方法、多个功能组合使用的效果，以及近似功能的分析和比较。

作者在书中分享了使用 elecworks 的多种独门技巧，可以帮助用户缩减工作量，压缩工作周期，提升设计效率，实现自动化和智能化设计。书中还加入了提示内容，可助力设计人员对设计过程中需要重点关注的事项的理解。

随书赠送光盘的内容包含 58 个视频学习文件。

本书可供 elecworks 用户使用，也可供电气设计相关专业的在校师生参考。

图书在版编目（CIP）数据

elecworks 从入门到精通/王金主编. —北京：机械工业出版社，2017.8（2022.7 重印）

ISBN 978-7-111-57943-4

Ⅰ.①e… Ⅱ.①王… Ⅲ.①电气制图-计算机制图-应用软件 Ⅳ.①TM02-39

中国版本图书馆 CIP 数据核字（2017）第 218298 号

机械工业出版社（北京市百万庄大街 22 号 邮政编码 100037）
策划编辑：孔 劲 责任编辑：孔 劲 王春雨 责任校对：叶季存
封面设计：张 静 责任印制：常天培
北京中科印刷有限公司印刷
2022 年 7 月第 1 版第 5 次印刷
184mm×260mm · 12 印张 · 280 千字
标准书号：ISBN 978-7-111-57943-4
ISBN 978-7-89386-143-7（光盘）
定价：59.00 元（含 1DVD）

电话服务
客服电话：010-88361066
010-88379833
010-68326294

网络服务
机 工 官 网：www.cmpbook.com
机 工 官 博：weibo.com/cmp1952
金 书 网：www.golden-book.com
机工教育服务网：www.cmpedu.com

前　言

我从 2007 年开始从事电气软件的培训和服务工作。我的日常工作就是背着沉重的电脑包走进一家家企业，帮助它们的电气工程师解决绘图和设计中的各类问题，同时收获他们会心的微笑和认可。这渐渐成为了我工作的动力。我希望能将我使用软件的心得传达给用户，使之能够正确地运用其中的各个模块、菜单和命令，从而快速省时地完成设计工作。我更希望能够运用我的知识帮助更多的用户从枯燥的绘图工作中走出来，去享受设计，去做一个真正的电气工程师。

于是，我利用休息时间，将自 2010 年开始从事 elecworks 培训和服务工作以来的经验整理出来。

对于初学者，首先需要认真学习本书第 1 章的内容，它介绍了 elecworks 软件的基本情况和一些名词的定义。这些名词的含义并非人们通常理解的意思，例如工程、设备。在 elecworks 软件中，“设备”一词实际上包含三层含义，在后续的内容中会使用到这些含义。第 1 章虽然是概述性的内容，但还是非常有必要细细阅读的，千万不要忽略。

对于使用软件超过半年的读者，也建议你认真看一看第 1 章的内容，因为这些内容虽然不难，但却是深入学习 elecworks 软件的基础。例如对一个符号右击后，在对应菜单中可以看到“符号属性”和“设备属性”命令，这两者有什么区别？什么时候会用到它们？对于已经插入的一个辅助触点如果需要关联到已有接触器上，是用“符号属性”还是“设备属性”？

与 SOLIDWORKS 无缝集成的 elecworks for SOLIDWORKS 模块是众多机械工程师的助力。本书详细说明了该模块各项功能的使用及注意事项。在这部分内容中，我特别加入了制作智能模型的方法，这样可以摆脱创建无限多个模型的困境，真正实现参数化设计。

自 2016 年起，elecworks 与 PTC Creo 也实现了无缝集成。本书在最后一章详细介绍了 elecworks for PTC Creo 模块的功能和操作方法。

需要特别说明的是，由于 elecworks 的更新比较快，每年都会产生 5 个版本。因此，我在编写这本书的过程中，对于截图也是煞费苦心。2016 版本之前和之后的界面风格迥异，但是功能内容相似。如果读者发现有一些截图和当前使用的软件界面有所差异，请不用过于担心，因为本书所授知识点是在所有版本中都可以使用的，虽然软件的功能在不断增加，但这并不会影响读者学习本书中的内容。

本书赠送光盘一张，内容包含58个视频学习文件，可帮助读者快速掌握3D布局、3D布线，获得电气项目的完整设计方案。

我相信elecworks的设计方式还有很多讨论的空间，身为一位学习和研究电气设计解决方案的工程师，我总是渴望了解每一位学习者的心得。如果你有任何意见和建议，欢迎与我联系，QQ：32915621。

参加本书编写的人员还有邵金玲、朱丽军、潘栋栋、王红蛟，全书由张桂臣主审。

王　金

目　录

Chapter 1

第 1 章 概述

主要内容：

- elecworks 软件简介
- 工程的概念、文件结构、存储与备份
- 容易混淆的名词

1.1 elecworks 简介

elecworks 是一款电气设计软件，是致力于自动化工程和电气安装工程设计的专业工具。软件基于数字化管理方式，方便用户根据不同的工程设计需求，工作于不同的数据浏览和数据处理环境，确保工程数据的完整性。软件提供了电线的连接、符号的插入、宏的使用、功能和位置的设定、设备型号的选择、电缆的添加、机柜布局的设计、多人协同工作等功能；使用 SQL Server 数据库，兼容 DWG 格式的图形文件，根据原理图自动生成清单报表、端子图及接线图。

为了适应更多的电气设计要求，elecworks 扩展了一些模块，包括：Onboard、P&ID、Facility、Viewer、Fluid、ERP、Link、PDM link、elecworks for SOLIDWORKS、elecworks for PTC Creo。更多信息可以登录官方网站 www.tracesoftware.cn 查询。本书没有面面俱到地将各个模块的使用方法都写出来，而是侧重于在以机电一体化的主题下，重点介绍 elecworks for SOLIDWORKS 和 elecworks for PTC Creo。

1.1.1 elecworks 的安装与卸载

elecworks 的所有模块都集中于一个安装包中。因此，如果已经完成了 SOLIDWORKS（至少 2016 版本）或 PTC Creo（至少 3.0 M040 版本），只需要在安装 elecworks 时选择对应的模块即可，如图 1-1 所示。

图 1-1 中，elecworks 3D 代表 elecworks for SOLIDWORKS 模块，PTC Creo parametric addin 代表 elecworks for PTC Creo 模块，其他模块默认全部选中。

Onboard、P&ID、Facility、Viewer、Fluid、ERP、Link、PDM link 等模块默认内置在 elecworks 2D 中，随 elecworks 的安装而自行安装。

elecworks 软件使用 Microsoft SQL Server 作为数据存储介质，大部分数据（例如设备型号库、电缆型号库、工程信息等）都存储在 Microsoft SQL Server 中。

如果需要查看 elecworks 数据库的信息，可以另行安装 Microsoft SQL Server Management Studio，连接 TEW_ SQLEXPRESS 数据库实例，窗口图如图 1-2 所示。

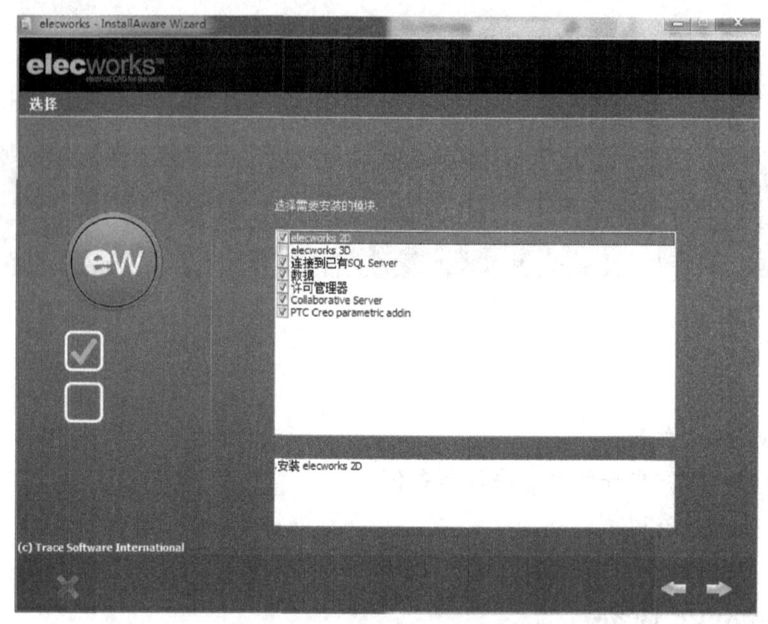

图 1-1 elecworks 模块选择界面

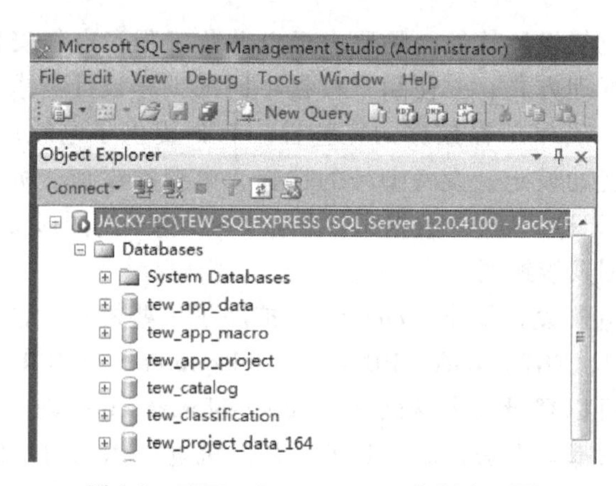

图 1-2 TEW_ SQLEXPRESS 实例窗口图

卸载 elecworks 时，使用软件自带的卸载工具完成卸载。elecworks 的卸载工具会在卸载前提示是否删除数据库实例，由读者自行判断是否要删除数据库。

不要使用强制卸载工具（例如“360 安全卫士”提供的强制卸载工具），因为这些工具只能卸载 elecworks 相关的安装文件和注册表文件等，并不能删除与 elecworks 相关的 SQL 实例数据。而且，如果强制断开 elecworks 与 SQL 的关系，会影响下一次 elecworks 的安装，导致再次安装后无法连接 elecworks 数据库。

1.1.2 elecworks 授权的激活

软件通过软授权的方式完成激活，之后才能使用软件以及对应授权的模块。

在安装 elecworks 模块时，图 1-1 中所示的“许可管理器”就是用于激活或转移授权的专用工具。完成安装后，许可管理器的名称为 license manager，默认的启动路径为 C：\Program Files\elecworks\LicensesManager_x64\EwLicensesManager.exe。打开工具后，会出现如图 1-3 所示的窗口。

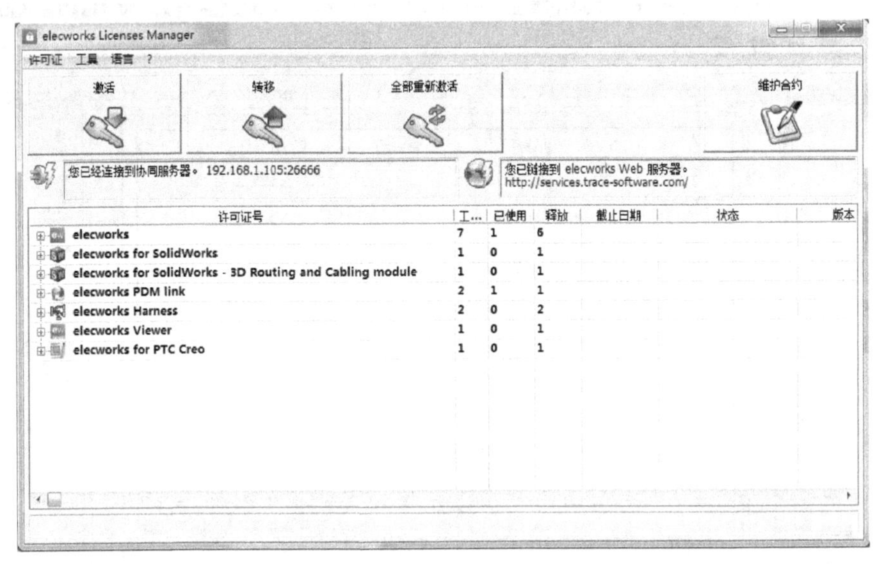

图 1-3 “许可管理器” 窗口

激活授权时，要确保计算机连接网络，单击“激活”，将授权号填写在弹出的对话框中，再单击确定。许可证通过网络验证自动激活。

如果需要将授权号转移到另一台计算机中使用，可以选中需要转移的授权号，单击“转移”，将许可证号从本机中移除后，在另一台计算机上重复激活过程，完成激活。

所有许可证都设置了期限，最长为 365 日。在许可证到期后，选择“全部重新激活”可以将允许继续使用的授权号重置到下一个期限。

1.1.3 elecworks 的使用

软件在启动后，默认打开“工程管理器”窗口（详细参看 1.2 节的内容）。

对于不同类型的界面，软件有自动转换界面的功能菜单。例如，打开“原理图”界面，则自动显示“原理图”功能区。

在图 1-4 所示的界面中，有不同的图形区域，分别为：

A：工具栏区域，根据打开的界面类型自动转换工具栏。

B：文件及设备导航区域，用于查看文件夹结构、设备结构、接线图设备结构等。

C：属性及参数选择区域，用于查看选定内容属性、宏导航器、符号导航器等。

D：工作区域，用于绘制图形及报表。

E：状态区域，显示用户设定工作的状态参数。

当 B 或 C 区域被手动关闭后，可以通过“浏览”中的“可停靠面板”再次打开或关闭，如图 1-5 所示。

1.1.4 elecworks 的关闭

elecworks 采用了实施存储技术。当需要关闭界面时，可以先选择保存，然后关闭界面，也可以直接关闭界面，软件会自动保存界面的内容。

同理，对于工程的操作内容，在直接关闭软件时，工程的数据会自动保存。

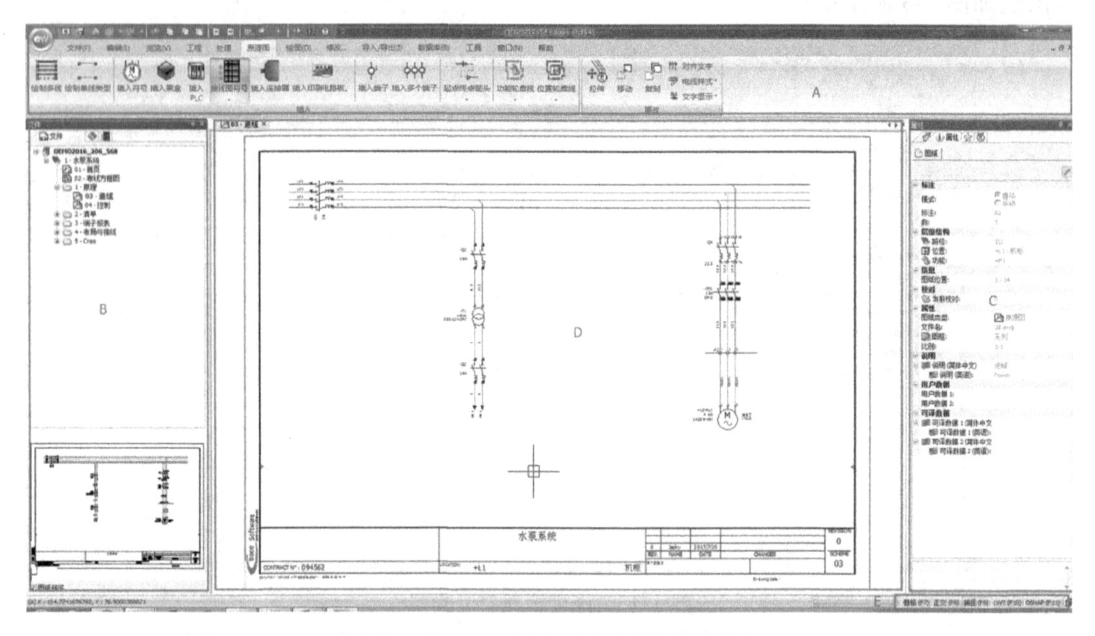

图 1-4 elecworks 界面中的不同图形区域

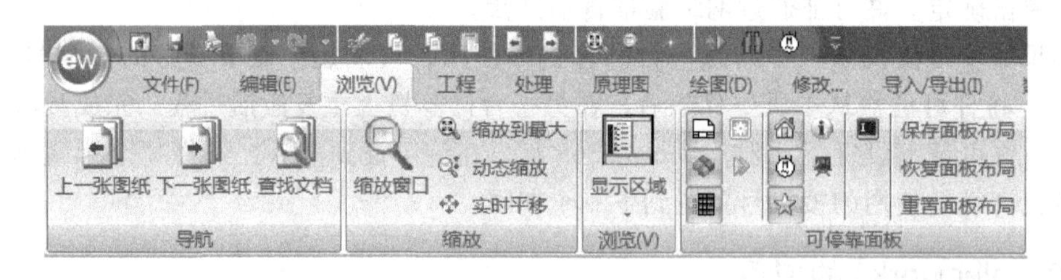

图 1-5 “可停靠面板”命令组的相关命令

1.2 工程

1.2.1 工程的概念

工程，在 elecworks 中代表一个完整的项目所包含的所有数据，例如工程信息、工程图纸、工程报表、工程 3D 文件等。

在初次打开 elecworks 软件时，软件会自动弹出“工程管理器”窗口，用于显示和管理各个工程文件。由于 elecworks 采用的是 Microsoft SQL server 技术，所以工程的各项数据都通过数据库存储，并没有实体文件，这点与传统的 AutoCAD 存储 DWG 格式的文件有很大的区别。

图 1-6 所示的“工程管理器”窗口中显示了一个工程文件，工程名称为“练习工程”。

选择“练习工程”后，单击“属性”按钮，可以查看或修改该工程的各项属性参数，如图 1-7 所示。

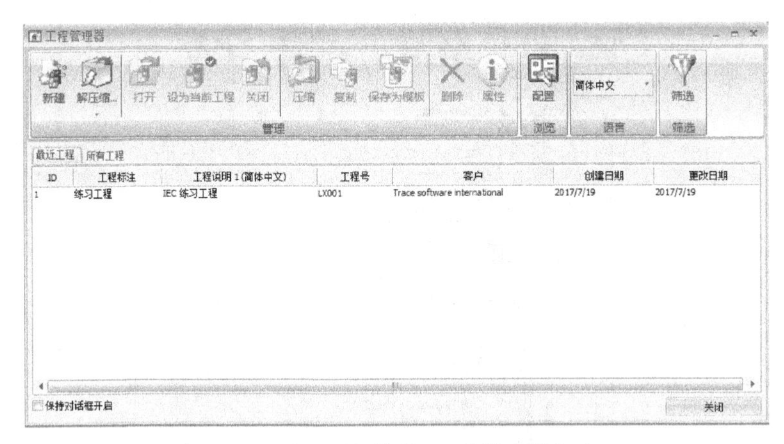

图 1-6 显示工程文件的“工程管理器” 窗口

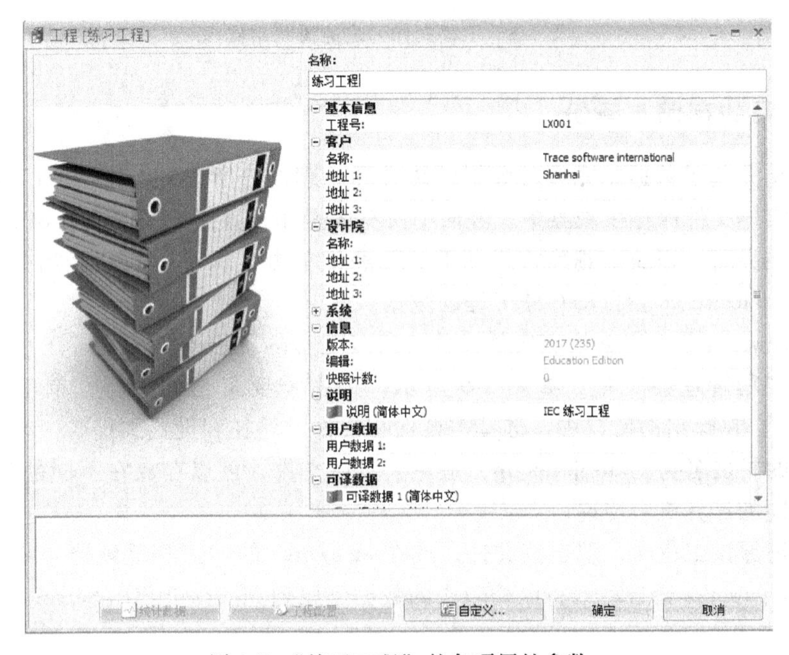

图 1-7 “练习工程” 的各项属性参数

在“工程管理器” 窗口中，提供了完整的工程操作命令，例如复制、删除、压缩等。

1.2.2 工程的文件结构

在“工程管理器” 窗口中双击某个工程名称，就可以打开该工程的文件，“工程管理器” 窗口随即自动关闭。与传统的绘图软件（例如 AutoCAD）不同的是，elecworks 电气设计软件更注重工程的图和文档的管理。因此，elecworks 的工程文件列表会以树状结构显示，如图 1-8 所示。其中，DSC ICP Schematic 是工程的名称；201-00252-000-PM SCHEMATIC 为一个文件集；在文件集内部会有很多文件夹；文件夹 1-Description 中页码为 3 的文件是一张原理图，界面说明为 DESCRIPTION。

工程的文档，通过文件集、文件夹、文件的方式组合，完全在 elecworks 内部展现了工程的系统划分和文档结构。

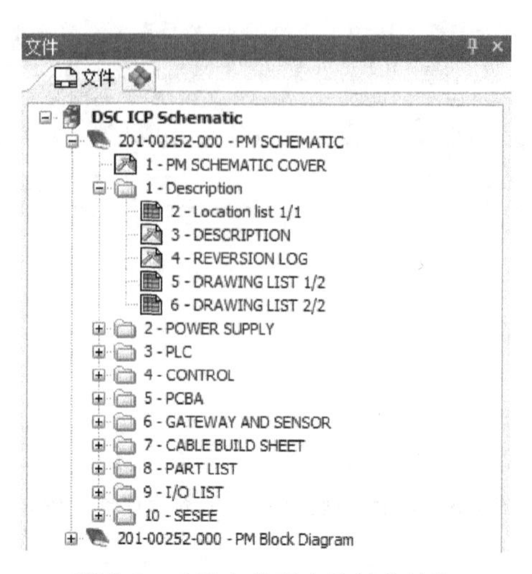

图 1-8　工程文件列表的树状结构

1.2.3　工程的存储与备份

elecworks 是基于数据库完成对数据的统计和管理的，所以 elecworks 的工程并不会有一个完整的实体文件保存在硬盘中。界面中所有的操作都直接被 Microsoft SQL Sercer 实时记录，因此在界面中添加或删除符号并不需要经常单击“保存”按钮。当关闭界面或者关闭工程时，elecworks 会自动存储工程的数据。

由于 elecworks 的工程并没有实体文件，所以工程的备份也需要在“工程管理器”中完成。在“工程管理器”中，如图 1-9 所示，选中需要备份的工程，单击工具栏中的“压缩”命令。在弹出的窗口中，选择需要保存文件的路径和设置文件名，单击“确定”。新生成文件的扩展名为□. proj. tewzip，是一个实体文件，可以存放在不同的存储介质中，也方便在不同的计算机中传递。

在需要还原该工程时，双击该文件，或在 elecworks 的“工程管理器”中单击“解压缩”命令，elecworks 会自动地将压缩包中的数据还原到 Microsoft SQL Server 中。

图 1-9　在“工程管理器”中进行文件的压缩

提示：

- 压缩包是 elecworks 软件默认的存储方式，在还原工程时不可以使用解压缩工具对文件解压缩，而是必须使用 elecworks 的“解压缩”功能或双击压缩文件，自动使用 elecworks 的解压缩功能完成对工程的解压缩。

1.3 容易混淆的名词

1.3.1 设备

1. 设备的概念

在 elecworks 中，设备由图形、参数、3D 模型等元素组成。如果将设备用图纸表现出来，该设备可以出现在多种不同类型的图中，包括布线方框图、机柜布局图、原理图、3D 零件图等。

在图 1-10 中，设备 K1 代表一个继电器，它包括的元素有：

- “(13，14)”辅助触点（两个管脚号分别是 13，14）见图 1-10a。
- “(53，54)”辅助触点（两个管脚号分别是 53，54）见图 1-10a。
- “(1/L1，2/T1…)”三极电源触点，见图 1-10b。
- “(A1，A2)”瞬时继电器线圈，见图 1-10c。
- “(61，62)”常开延时触点。
- “LC1D1210B7”继电器 3D 零件，双击它后，会打开 SOLIDWORKS 应用程序，并打开该零件。
- “LADN11TQ”辅助触点 3D 零件，双击它后，会打开 SOLIDWORKS 应用程序，并打开该零件。

图 1-10a、b、c 三幅图是不同类型的图纸，采用的符号也不同，但是它们都表示设备 K1。

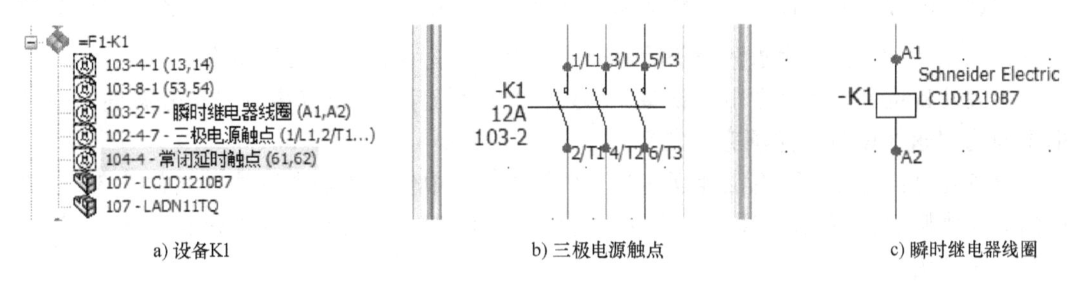

a) 设备K1　　b) 三极电源触点　　c) 瞬时继电器线圈

图 1-10　不同类型图纸中的设备

在绘制原理图时，由于继电器的线圈和触点存在内在的联动关系，所以软件中默认定义线圈为“父”，触点为“子”。在图 1-11 所示的符号关系中，可以看到 K1 的触点符号的交叉引用类型设定为“子”。

提示：

- 软件给设备赋予的属性参数将会在各个元素中同步传递。也就是说，在一个工程中不能为触点分别设定说明信息，只能对整个设备设定说明信息。
- 一个设备中可以包含多个符号，例如线圈和触点符号；也可以包括多个设备，例如欧姆龙的继电器需要同时选择接线模块和底座模块。

elecworks 在创建设备时，有两种完全不同的方式：

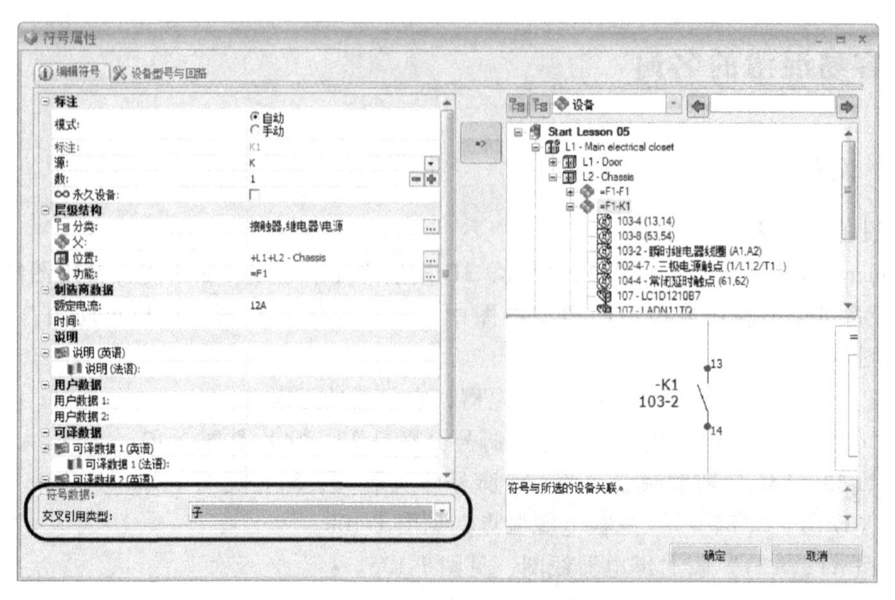

图 1-11　线圈和触点的关系图

1）符号/设备。在界面中插入符号时会自动创建设备。这种方式是将符号作为设备处理，删除符号会自动删除设备。

2）设备/符号。设备的创建也可以和符号无关，也就是说即使符号不出现在图纸中，也可以有设备的存在。例如：在设备导航器中创建设备并分配设备型号后，可以生成BOM（材料清单）或设备清单，这样在未开始设计前可以先做成本统计。

用这样的方式创建设备后，设备会成为永久设备或强制设备，在设备名称前面会出现图标 =F1-K1 。成为永久设备后，即使删除符号，设备也不会被删除。

永久设备也可以通过右击“设备”，选择“永久设备”，或直接在“符号属性”对话框中勾选“永久设备”选项完成定义。

设备有时候也可以更宽泛地理解为一个装置，其中包含了多个器件（类似于3D软件中的装配体概念）。例如，图1-12所示的设备A1就是一个装置，内部包含了F1机箱保险和外接端头XT1。

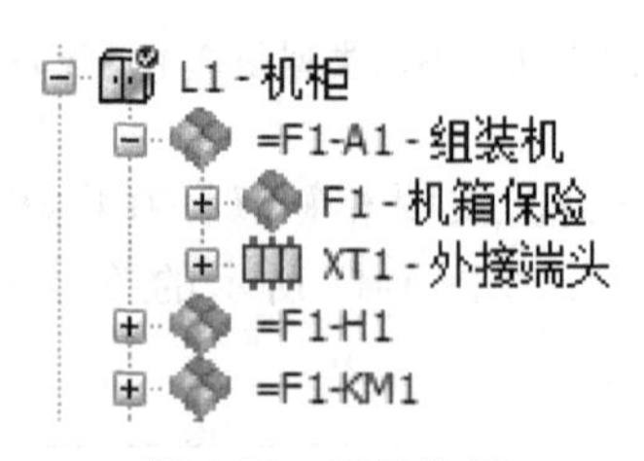

图 1-12　设备装置

2. 设备的图形符号

设备导航器中，每种设备都用不同的图形符号来表达它们的类别。

- 代表标准的设备类型，例如断路器、继电器、开关等。
- 代表PLC。
- 代表端子排，展开端子排将会显示不同的端子类型和状态。

- （在软件界面中是淡蓝色）代表关联了原理图符号的端子。
- （在软件界面中是灰色）代表没有关联原理图符号的标准端子。
- 代表多层端子。
- 代表连接器设备。
- 代表 PCB（印制电路板）或相关设备。

设备树中的不同元素也采用了不同的图形符号：

- 表示设备的原理图符号。
- 表示设备的布线方框图符号。
- 表示设备的 SOLIDWORKS 零件。
- 表示设备的 PTC Creo 零件。
- 表示设备的 2D 机柜布局图符号。
- （界面中显示为红色）表示设备的接线图符号。
- （界面中显示为蓝色）表示设备型号的接线图符号。

3. 元素的命名

不同的国家、地区或者企业，对于设备的称谓存在差异性，但并不会影响对其元素功能的理解。在 elecworks 中，软件对元素的命名遵循口语化规则，例如符号、PLC、端子、端子排……但是也有一些特定的名词与企业所用的元素名词不同，这里列出一些，防止用户使用软件时产生概念混淆。

- 基准：设备型号。在设备型号属性中，类型为“基”，表示基础设备。在默认生成的设备报表中，表头部分也采用“基准”这个词来代表设备型号。
- 标注：符号名称。软件对于任何图形元素进行设定称为标注。例如在“符号属性”窗口中可以看到对设备的标注为 K1。
- 回路：对应的英文名称是 Circuit，是设备连接点的组合。一个设备型号可以拥有 1 个回路及多个连接点（接线端子），或者有多个回路，且每个回路有多个连接点。回路包含设备的多个元素，如原理图符号、接线图符号、设备型号、3D 智能零件图等。方框图符号和 2D 布局图符号不需要设定回路与连接点。在创建回路后，0_ 0 表示回路 0 的端子 0。

提示：

- 创建回路的一般原则，是使在设备型号属性中的连接点总数和设备的物理接线点数目相同，且相同类别的连接点归属于一个回路。
- 最终的目标，是使设备的回路与连接点数和符号的回路与连接点数相同。
- SQL 中设定以 0 开始命名，所以 1_ 0 实际表示第二个回路的第一个连接点。

1.3.2 符号

符号，是存储在符号库中的一个模块。在 elecworks 的设定中，符号包含两部分内容：

1）图形元素为 DWG 格式文件，默认存储路径为……\ ProgramData \ elecworksdata \

Block \ 。

2）SQL 中存储了符号的各项参数，例如标注、说明等。

elecworks 对于符号的分类定义也很清晰和明确——界面不同，在其中所能插入的符号类型也不同。例如，在机柜布局图中，插入符号时仅可以看到机柜布局图的符号，其他类型的符号被自动过滤。

不同的符号，在属性中也会区分不同的类型，如图 1-13 所示。

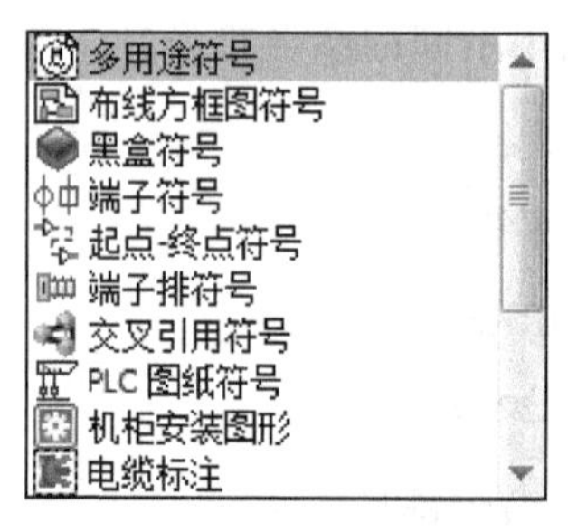

图 1-13　符号的类型图

提示：

- 只有在混合图纸中才可以同时使用原理图符号和布线方框图符号。
- 最容易混淆的就是符号属性与设备属性。

符号仅是图形，是设备的表达方式之一。因此，右击“符号”后，既可以看到“符号属性”也可以看到“设备属性”，它们的区别如下：

- 设备属性

双击符号后可以打开“设备属性”窗口，可以看到设备的各项参数及设备的型号。

- 符号属性

右击符号后可以选择打开“符号属性”窗口。在该窗口中，除列出了设备属性的参数之外，还列出了工程中其他设备内容。这里，可以为当前选定符号做设备的关联。例如，在界面中添加线圈，设定标注为 K1。当添加常开触点符号时，默认出现“符号属性”窗口。如果直接选择确定按钮，该触点会默认标注为 K2。如果需要将该触点与 K1 线圈关联，则需要在窗口右侧的列表中选择 K1，实现关联。

1.3.3　设备型号及电缆、电线

1. 设备型号

设备型号是设备的详细物料数据，对应具体的组件。设备型号包括连接点、设备说明、技术参数等数据。一般来说，电气设计软件都会自带安装设备型号的数据库，但并不表示这些数据可以为用户所用。每个设备在出厂时会给出便于采购的产品名称或编号，但是这并不等同于企业购买设备后在 ERP（企业资源计划）或 PDM（产品数据管理）中给定的物料编号。因此，用户在创建设备型号数据时，需要严格按照物料样本中的参数填写，并需要将企业对设备的唯一标识物料代码填写完整。这样才能确保在软件自动生成报表时提取和统计数据的正确性。

为设备选型时，第一个选择的设备默认为基础设备，设备类型为“基”。出于设计需

要，用户可以增加设备对应的其他物料，例如辅助触点模块（类型为“辅助”）或安装把手（类型为“附件”）等。如果需要自己设计和组装连接器，则在为连接器选型时，需要将所有组成连接器的物料全部添加。

提示：

- 如果组成设备的多个物料相对固定，例如熔断器由熔丝和底座构成，则建议创建超级零件（2017 及以后版本中有该功能）。

与符号相似，型号只是设备的表达方式之一。

对于初学者，最容易混淆的是设备和设备型号的概念。下面举几个例子说明一下这两个概念在软件中的应用。

（1）接线图　在插入接线图时，设计者需要特别注意设备接线图和设备型号接线图的区别。以原理图为例（在方框图、混合图、2D 机柜布局图中也可以插入接线图）：

使用“接线图符号”命令插入接线图时有两个命令，如图 1-14 所示。

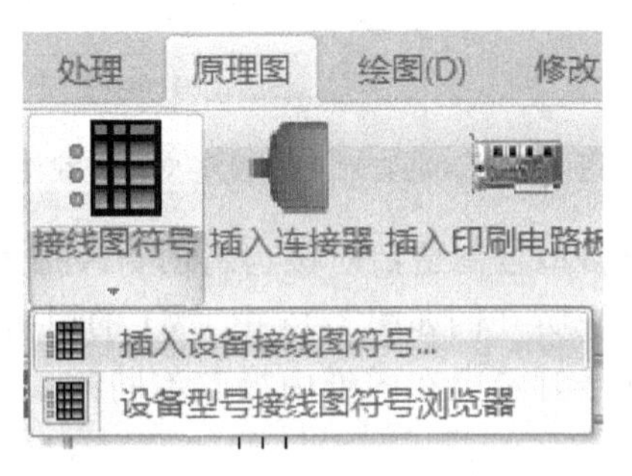

图 1-14　“接线图符号”下拉列表

1）“插入设备接线图符号”命令。设备接线图显示整个设备的所有连接点信息。例如图 1-15 中，上半段显示的 KM1 包含了主设备和辅助触点模块的所有连接点信息。使用这种方法操作时，添加符号后会弹出“符号属性”窗口，在窗口中选择对应的设备标注即可实现接线图符号与设备之间的关联。

该类型接线图的另一种用法是：当同一个设备有多个符号分散在图中的不同位置时，可以使用设备接线图符号将所有的接线信息汇总在一个符号中，例如 PLC、连接器等。

2）“设备型号接线图符号浏览器”命令。该命令会列出所有设备的列表，展开设备可以看到设备所选的一个或多个型号。每个型号代表一个物料，例如图 1-15 下半段显示的 KM1 由主设备和辅助触点模块构成。

提示：

- 设备接线图和设备型号接线图的区别关键在于接线图符号是与设备关联还是与设备型号关联。
- 从图 1-15 可以看出设备接线图符号只能调取“基”设备的型号，不能显示其他辅助模块或附件的型号。

（2）设备说明和设备型号说明　“设备型号管理器”中定义的设备型号有说明（例

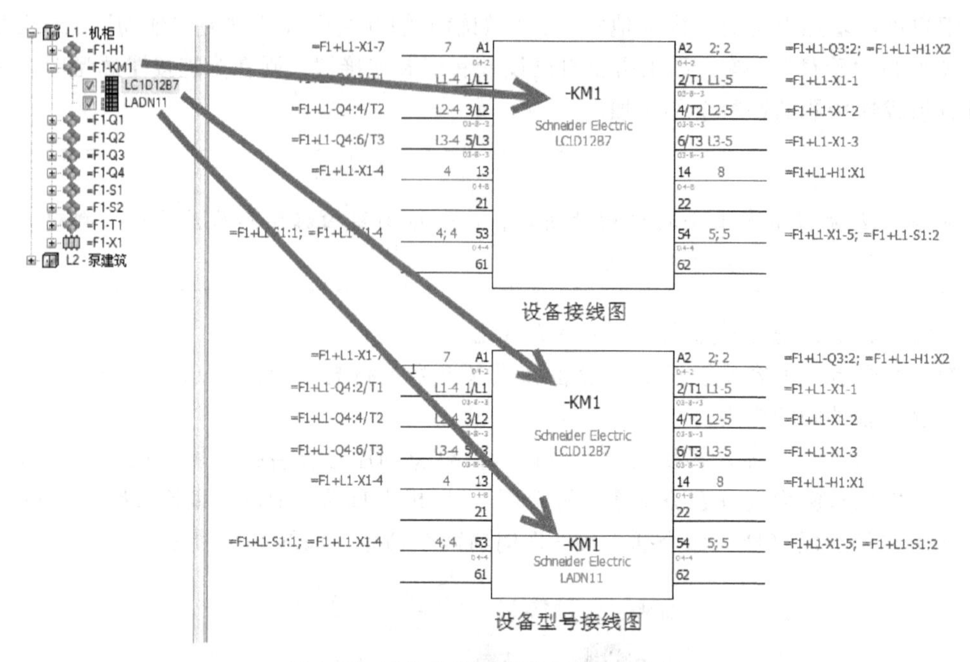

图 1-15　设备接线图及设备型号接线图

如 LC1D12B7 的说明）和设备型号制造商对该物料的物理描述；在“设备属性”或“符号属性”窗口中也可以填写说明（例如图 1-15 中 KM1 的说明），代表该设备在当前工程中的设计描述。如果设计符号时希望在图纸中提取不同的参数，则需要注意两种不同变量的代码是不同的。

在图 1-16“标注管理”窗口中，“设备型号用户数据”中的说明是对 LC1D12B7 的说明，“设备用户数据”中的说明是对 KM1 的说明。

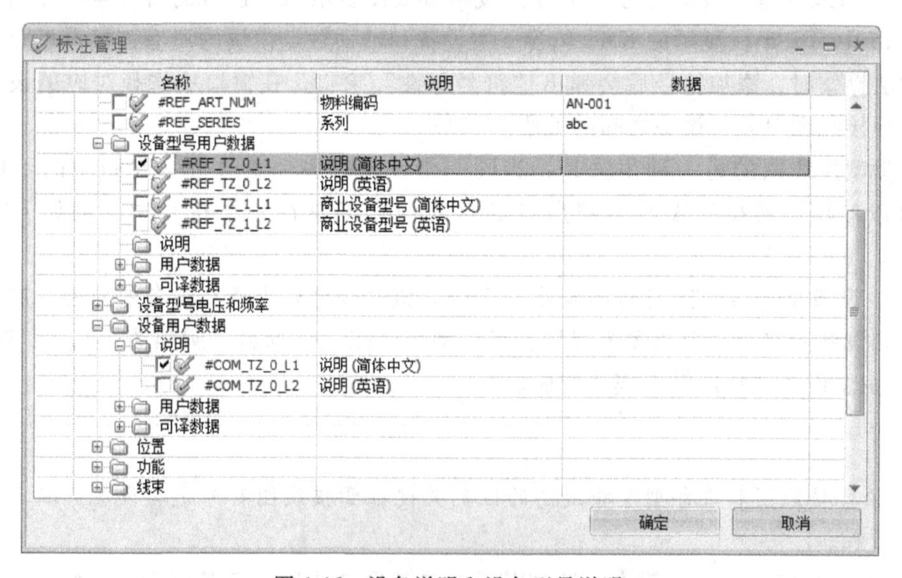

图 1-16　设备说明和设备型号说明

（3）分配设备和分配设备型号　例如，设计者在图纸中插入一个常开辅助触点符号后，系统默认在弹出的“符号属性”窗口中单击了“确定”，得到 K2（根据系统默认的自动编号规则，说明工程中 K1 已经存在）。

如果需要将符号分配给已有的 K1，则右击该符号，单击“分配设备”命令，在弹出窗口的左侧的命令面板中，选择 K1（如果设备数量比较多，难以查询，可以使用“相同分类”或“相同基础分类”实现筛选，或直接输入标注后查询）。

如果需要对 K2 选型，可以通过“符号属性”或“设备属性”窗口做型号分配，或者在设备导航器中右击设备名称后单击“分配设备型号”命令。

2. 电缆和电线

图 1-17 所示为电缆，它对应的英文名称是 Cable。图 1-18 所示为电线。对于初学者，电缆和电线是容易混淆的两个概念。电线一般用于端到端的设备连接点的连接，电缆一般用于设备到设备的连接。连接时使用电缆芯连接设备的端子。

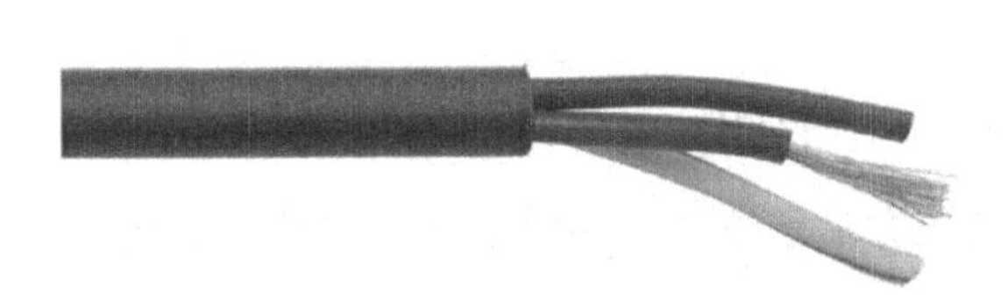

图 1-17 电缆

图 1-18 电线

电缆型号包含电缆芯、截面积、说明、技术参数……。一般设计图纸中需要特别定义电缆型号，而不必定义电线型号。

在工程设计中，一般来说布线方框图中出现的连接仅代表逻辑连接，不代表物理连接，只有通过“详细布线”命令定义电缆后才表示有物理连接。布线方框图中不会用到电线。

在 SOLIDWORKS 布线中，“布线”表示电线布线，“电缆布线”表示电缆布线。由于电线布线是端到端的连接，电缆布线是设备到设备的连接，所以使用“布线”时不需要额外指定连接的从/到设备，软件能够自动判断，但是电缆连接需要指定从/到设备。

电缆本身没有位置关系，因为电缆往往是对不同位置下的设备做连接。因此，电缆是属于工程的概念，在“工程”菜单中可以打开“电缆管理器”。

“电缆管理器”管理工程的所有电缆。在相应窗口中，可以为工程预设电缆，即在开始设计之前就预先添加电缆型号，以便工程初期统计成本，在后期原理设计阶段再来匹配具体的电缆。此外，还可以在设计过程中添加电缆。

提示：

- 如果先在方框图中完成了详细布线，则在原理图中添加电缆芯时，只有连接点和连接电缆芯的设置完全正确，才能自动显示已定义内容。
- 可以先在方框图中只做连接，不做详细布线。当原理图中完成电缆芯定义后，再回到方框图使用详细布线的预设电缆功能关联电缆芯，这样会更容易。

1.3.4 连接点

连接点，又名端子号，是设备接电线或者电缆的物理电气点（在 SOLIDWORKS 中称为 CPoint）。

在添加了电气符号的原理图中，可以为连接点接线，如图 1-19 所示。

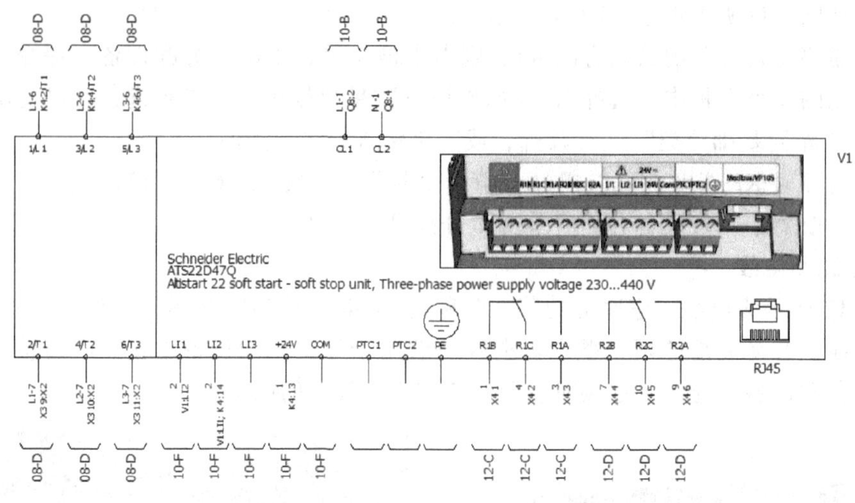

图 1-19　添加了电气符号的原理图

而通过接线图则可以在使用者需要的任何地方显示设备的接线信息（电位号、交叉引用、端子号等）。

创建符号时，连接点的实心圆圈所在位置代表了接线方向。如图 1-20 所示，N:0-C:0 的实心圆圈的画法表示接线方向向上，意味着不仅能够连接来自上方绘制的电线，而且可以切断电线。

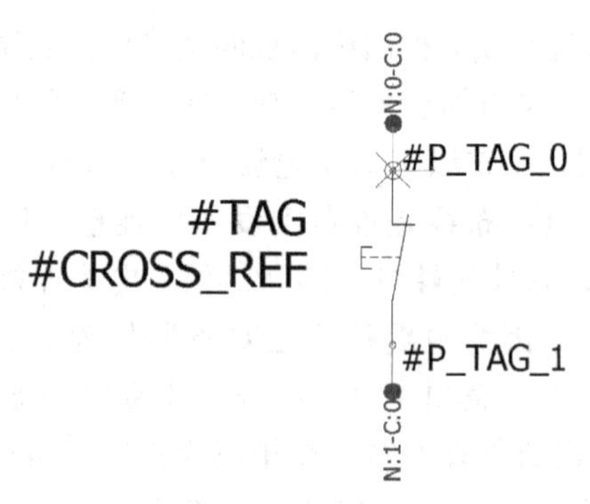

图 1-20　符号连接点

初学者容易犯的错误之一是认为电线连接成功了，但并未确认电线是否真的连接成功。图 1-21 中，-PB1 到-H2 的连接为正确连接；而-PB2 与-H2 看起来是相连接的，但事实上-PB2并没有真正连接到-H2。因此图中-PB2 与-H2 的连接方法是错误的。

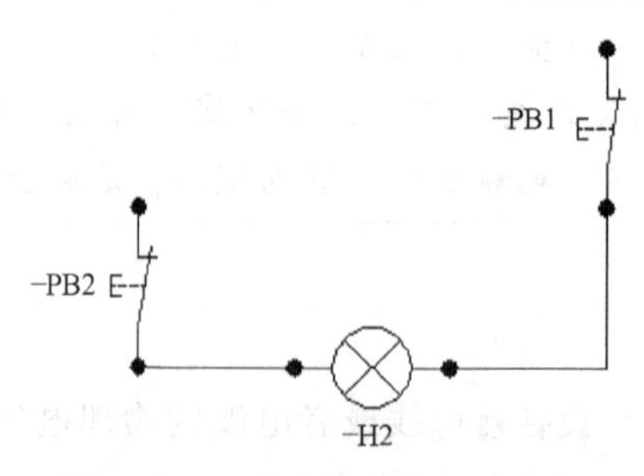

图 1-21　正确和错误的电线连接

1.3.5 位置

位置是设备安装的一个物理地址。如图 1-22 所示，线圈可能是被安装在 Lighting cabinet（照明柜）里面，Lighting cabinet 是在 BUILDING（楼）里面的 FLOOR1（1 层）这个空间位置中的。

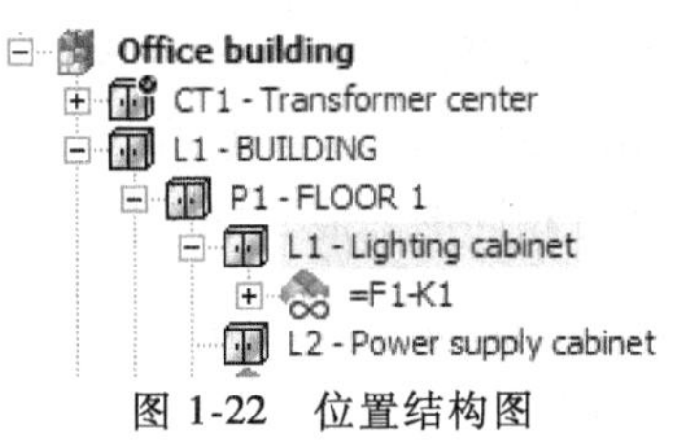

图 1-22 位置结构图

在这个例子中，可以看到 3 层结构的位置树（BUILDING -FLOOR 1 -Lighting cabinet）。位置属性在设计中被广泛使用。根据 IEC（国际电工委员会）标准，elecworks 制定了设备属性从属显示规则：在 elecworks 的界面中，当用户设置的符号位置属性与软件设定的属性相同时，默认符号标注不显示位置属性信息；当用户设置的符号位置属性与软件设定的属性不同时，符号的标注会显示位置属性。同样，使用位置轮廓线时也适用该规则。例如，在图 1-23 中传感器 B1 的位置属性为+L2，但是位置轮廓线的位置属性为+L1，两者的位置属性不相同时，传感器在标注中会自动显示出位置属性。

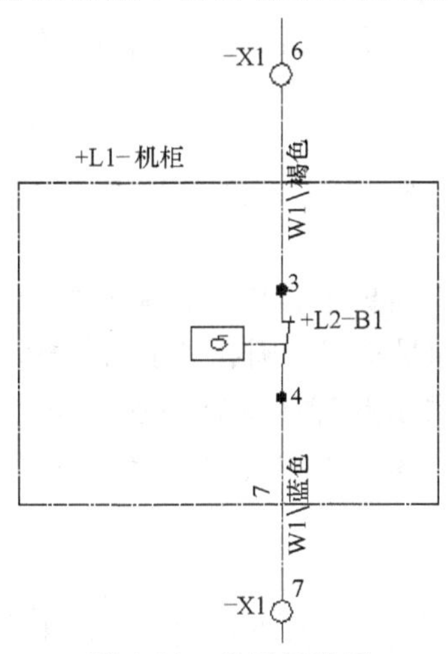

图 1-23 位置属性图

由于位置对应的是物理地址，这在 2D 布局图和 3D 装配体中是类似的，所以 elecworks 工程中位置的设置决定了 2D 布局图和 3D 装配体的创建。一个位置对应一个 2D 布局图界面或一个 3D 装配体界面。

在特定位置的 2D 布局图中，默认只显示该位置下的所有设备，即只显示设定该位置属性设备的数据。装配体也是如此。

提示：

- 创建位置时，“工程”默认为+L1。如果需要创建与+L1 平行的位置，则需要选择“工程”后再单击“新建”按钮。如果单击+L1 新建的位置将会是从属于+L1 的子位置。
- 位置的标注可以是自动模式，也可以是手动模式。实际设计中用户可以根据需要设定位置的标注。强烈建议填写“位置”的“说明”，便于区分不同的位置代号。而且，根据位置创建的2D布局图界面或3D装配体界面会延用说明信息。

1.3.6 功能

功能是为不同系统下的多个设备而设定的参数，例如压力控制、温度控制等。

以温度控制为例，温度控制回路可以包含传感器、端子、PLC的输入/输出、风扇等。这些不同安装位置的设备具有相同的功能，图1-24所示为“功能管理器”窗口。

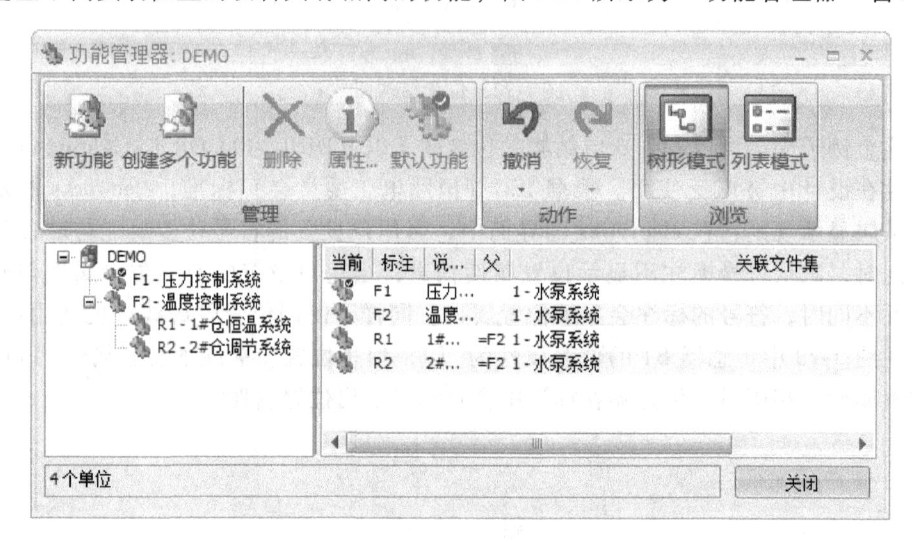

图1-24 “功能管理器”窗口

与位置属性一样，默认IEC模板工程中的设备功能属性与所在界面或功能框属性相同时，默认不显示功能标注；如果不同，则会显示功能标注。

工程的设备管理器默认按照位置管理所有设备数据。如果需要按照功能组合所有设备数据，可以在“设备管理器”窗口中右击“工程”，选择“功能视图”。

1.3.7 电位和电线

根据IEC确定的电气等电位规则，具有相同电位的电线，其编号相同。

在实际应用中，为了维护方便，企业会要求电线编号唯一，即每一根电线都具有不同的编号。一般来说，不同行业使用不同的编号方式，汽车行业根据电线编号，工业自动化根据电位编号，不过不同的方式也可以互相转换。

图1-25所示的电位4有4个连接，对应的电线编号分别是5、6、7、8，未执行IEC的“电气等电位规则”——相同电位的电线，其编号相同。

相同电位连接的线

电线	电位	接线方向	源	终点	电缆芯	电线样式	长度...	颜色
5	4	0	=F1+L1-X1-4	=F1+L1-KM1:13		~ 24V - 控制	116	绿色
6	4	1	=F1+L1-S1:1	=F1+L1-KM1:53		~ 24V - 控制	215	绿色
7	4	2	=F1+L1-Q3:4	=F1+L1-S1:1		~ 24V - 控制	58	绿色
8	4	3	=F1+L1-KM1:53	=F1+L1-X1-4		~ 24V - 控制	121	绿色

图1-25 等电位连接图

如果需要采用上述的编号规则，则需要调整 elecworks 的电线编号规则，可通过单击“工程”→“配置”→“电线样式”来完成。选择“电线”后，单击“应用”，进行重新编号。

提示：

- 默认的，接线报表中使用电位编号作为电线标注。如果工程采用的是电线编号规则，则需要更改接线报表模板中电线编号对应的变量。
- 接线图很特殊，电位或电线的变量均为#Px_ WIRE_ TAG_ 0，不需要特殊处理。也就是说，该变量会根据软件对电线编号的设定规则自动提取对应的电线编号或电位编号。

1.3.8 回路和接线端子

定义设备型号时，可以设定回路的数量、类型以及端子号（针脚号）。这些信息与原理图符号的回路及端子号变量对应，并会将数据应用到符号上，自动生成交叉引用和设备接线端。回路包括代码（见图 1-26）、说明和交叉引用标签。

基本信息 | 父图表 | 父行 | 符号

回路类型 (简体中文)	符号名称	方向	比例	代码
黑盒				222
地				777
接线端子				888
气动\液压				HPD
PLC 其他				P00
PLC 模拟量输入	TR_VOIE...	0	1	PIA
PLC 数字量输入				PID
PLC 其他输入	TR_VOIE...	0	1	PIM
PLC 模拟量输出	TR_VOIE...	0	1	POA
PLC 数字量输出	TR_VoieX...	0	1	POD
				POM
其他				T00
常开触点	TR-EL057	0	1	TA0
常闭触点	TR-EL061	0	1	TA1
延迟常开触点	TR-EL057...	0	1	TA2
延迟常闭触点	TR-EL061...	0	1	TA3
常开脱扣触点	TR-EL057...	0	1	TA6
常闭脱扣触点	TR-EL061...	0	1	TA7
反向触点	TR-CT001	0	1	TAI
延时反向触点	TR-CT001...	0	1	TAJ
脱扣反响触点	TR-CT001...	0	1	TAK
继电线圈	TR-EL053	0	1	TB0

图 1-26　回路代码

在“交叉引用”界面中，回路有特定的颜色，代表其不同的状态（见图 1-27）。

- 蓝色：代表在设备型号上应用，但没有对应的原理图符号与之匹配。
- 绿色：代表设备型号回路应用到设备或符号上，而且已经与原理图符号的回路正确匹配。
- 红色：代表原理图符号虽然已经被使用，但是没有设备型号回路与此对应，或设备型号回路应用到设备或符号上后，与原理图符号的回路不匹配。
- 黄色：代表虚拟回路。这样的回路只能够手动添加，且不能直接与符号或设备型号的回路关联。虚拟回路用于添加至已知连接关系的设备，即使设计中并未掌握详细的设备型号需求，原理设计仍然可以完成。图 1-28 中黄色回路（软件界面中显示的）是在设计初期添加的虚拟回路，在后期的详细设计中通过选型后调整了回路类型，可以根据需要做出修改。

- 基本信息：
  - 有设备型号相关联且回路已用： 92
  - 无设备型号相关联且回路已用： 10
  - 有设备型号相关联且回路可用： 150
  - 无设备型号相关联且回路可用： 40

图 1-27　回路颜色

注：图中色块由上至下分别为：绿色、红色、蓝色、黄色。

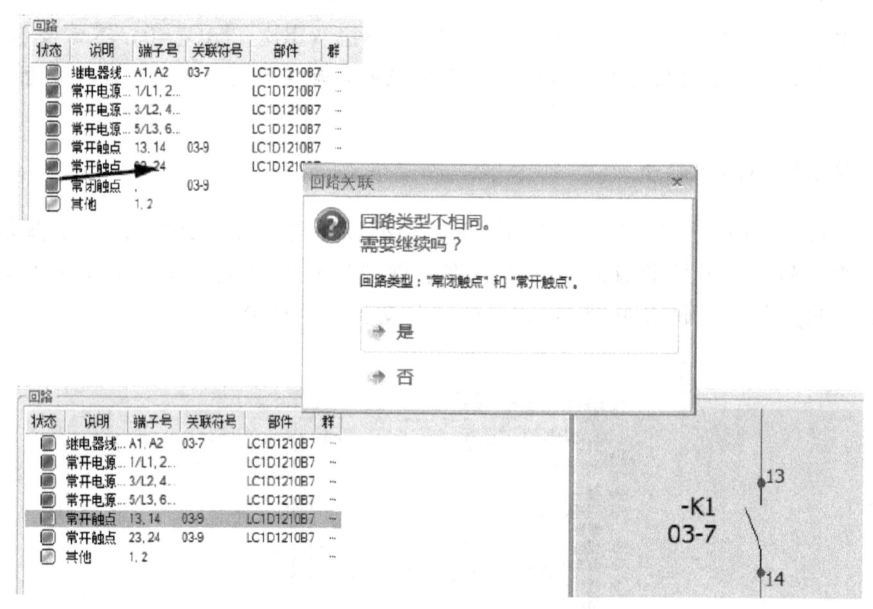

图 1-28　只能手动添加的虚拟回路

提示：

● 设备型号的回路/端子与符号的回路/端子需要一一对应才可以正确显示交叉引用信息，但是如果回路不对应，（例如黑盒子符号回路与设备型号回路可能不对应）也可以通过手动关联的方式实现对应。在图 1-28 中显示了如何强制关联回路，操作方法是将红色回路拖动到蓝色或绿色回路上。

● 唯一不能通过拖动的方式实现回路类型匹配的是虚拟回路。虚拟回路只有与设备型号回路完全相同时才会获得匹配。

Chapter 2

第 2 章 数据的创建和使用

主要内容：

- ➢ 数据库属性的用法
- ➢ 设计环境数据的创建和使用

2.1 数据库属性

所有的元素（符号、设备、电线、电缆……）都可以设定不同的属性。对于企业来说，可以创建一个属于自己独立的数据库属性，这样可以方便地对数据管理和查询。

打开管理器后，可以看到系统自带有很多不同的数据库属性，例如 IEC、P&ID 等。

单击图 2-1 所示“新建”按钮，在这里，可以在需要使用的语言环境中填写各自的说明。如图 2-2 所示，选择“说明（简体中文）”，在名称输入框中输入：华信数据库。

图 2-1 “库管理器”窗口

在图 2-2 所示的“应用到所有对象类型”中，勾选所有的选项，表示在这些选项内都

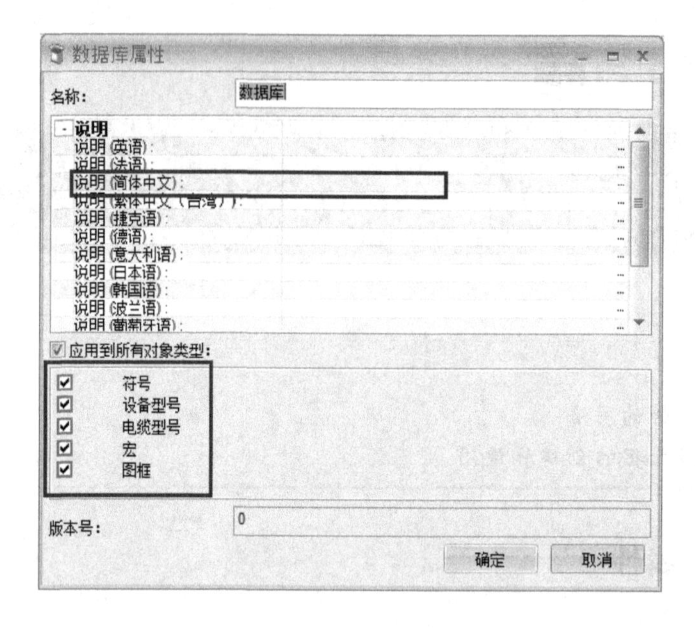

图 2-2 “数据库属性”窗口

可以使用该属性。创建好这个属性之后，下面以创建设备型号为例来说明该属性的使用方法。

在创建设备型号时，可以为其选择数据库，如图 2-3 所示。

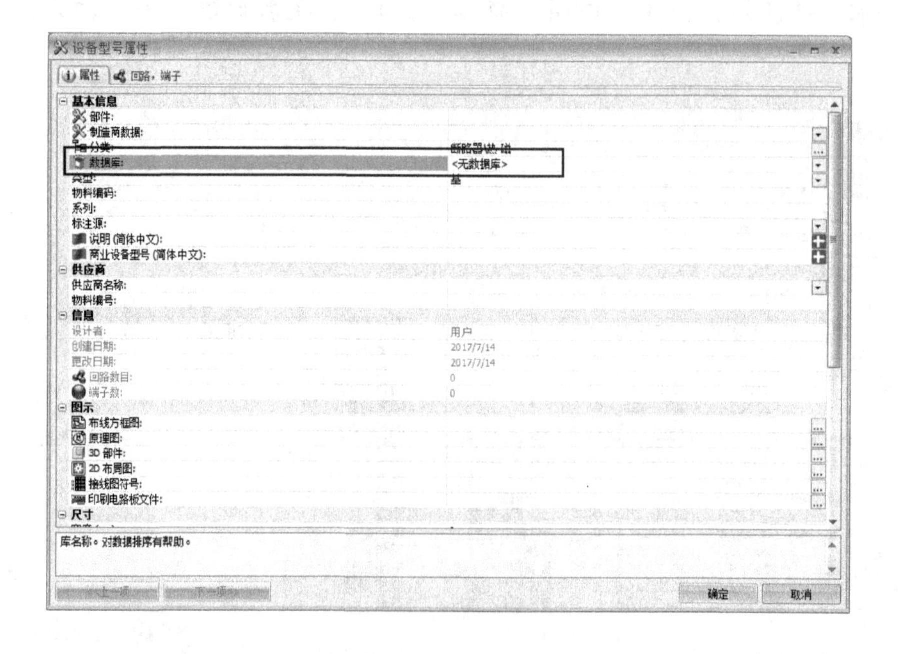

图 2-3 在“设备型号属性”窗口中选择“数据库”

这样在查找设备型号时就可以在数据库选项中选择“华信数据库”，如图 2-4 所示。通过查找，可以找到所有符合该属性的设备型号。同样的方法也可以适用于符号、

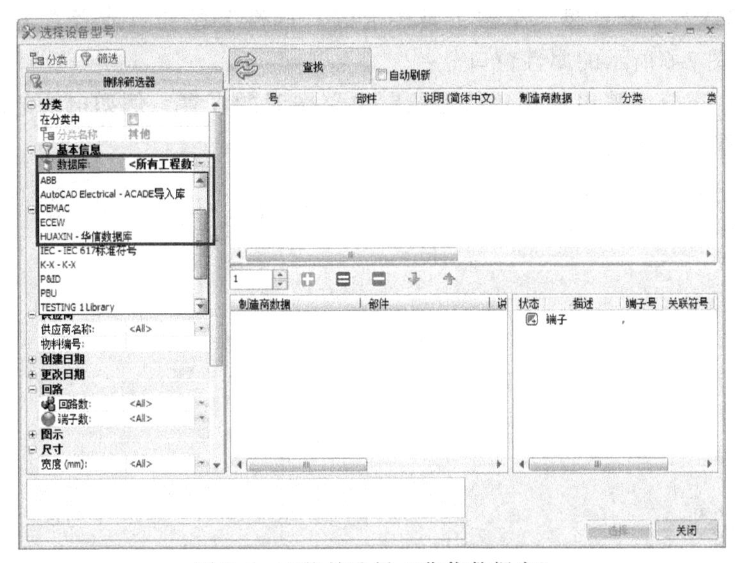

图 2-4 查找并选择“华信数据库”

电缆、图框等多个地方。

2.2 线型的定义与配置

2.2.1 线型规则的设定

线型管理器，含有编号群及工程中会使用的线型。为了让设计更便捷，可以在工程中创建和保存群和线型，并存成模板，这样就避免了在不同工程中需要重复创建线型的问题。elecworks 可以在线型管理器中区分出不同的线型，并对每个线型单独设定规则。首先，需要在“工程”→“配置”→“连接线样式”中定义电线的类别。

图 2-5 中列出的是 elecworks 工程模板中默认的线型。以设置交流 24V 为“页码-编号”（例如 01-1）这个电线编号规则为例，详细说明操作过程。

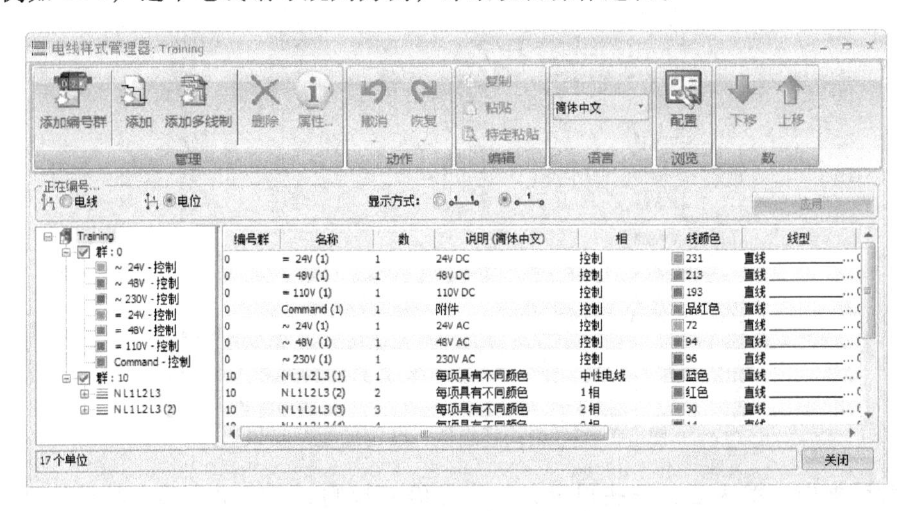

图 2-5 “电线样式管理器”窗口

选中“~24V”这个线型，单击工具栏上的“属性”按钮，或者右击该线型后选择“属性”，弹出图 2-6 所示的属性窗口。

该对话框中充分反映出使用该线型绘制电路图时的设置，例如电线的颜色，电线的命名方式，电线的线型选择等。

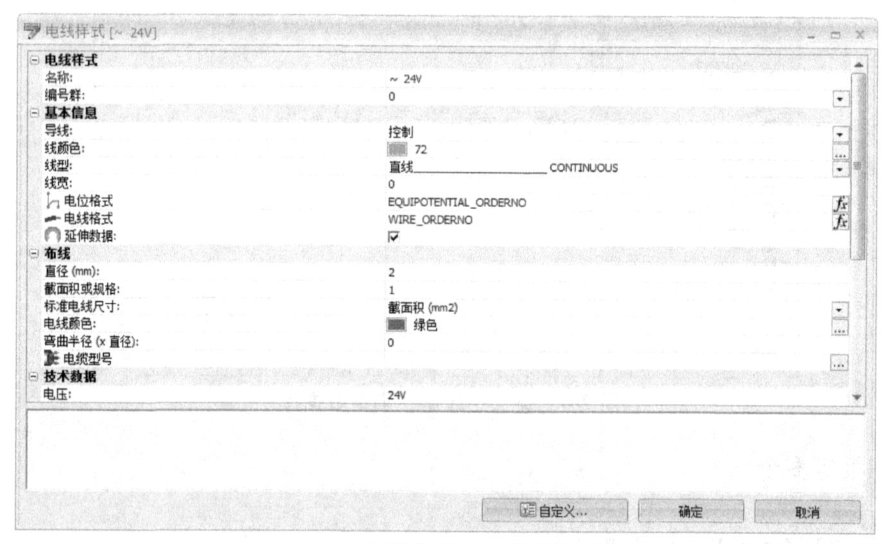

图 2-6　电线样式“~24V”属性窗口

在属性对话框中，单击“电位格式”右侧的 f_x 按钮，出现“f_x 格式管理器：电位标注”窗口，如图 2-7 所示。

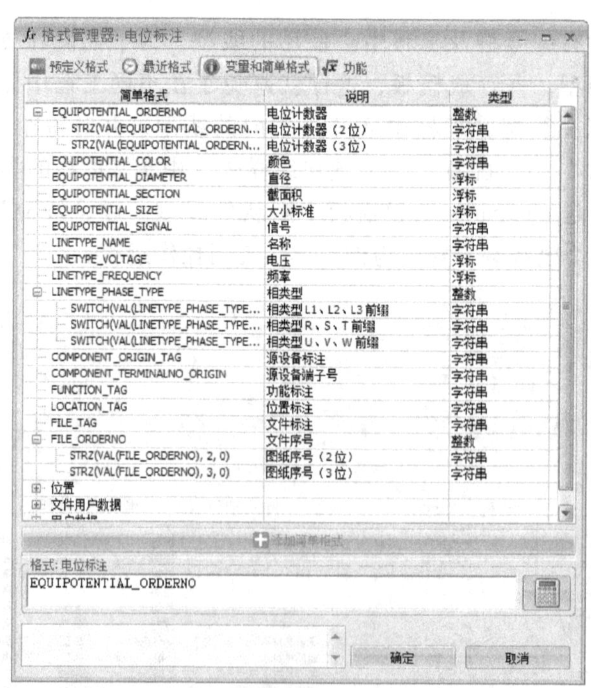

图 2-7　“f_x 格式管理器：电位标注”窗口

在对话框中，默认会有一些预定义的线号编号规则，“变量和简单格式”为可用的变量。

当前使用的是 EQUIPOTENTIAL_ ORDERNO，这是一个线号计数器。在界面中体现的就是数字编号 1、2、3……

如果需要编号的格式是页码+编号的格式，可以先删除下方的变量后，双击文件标注，再双击电位计数器，得到的新公式是 FILE_ TAG + EQUIPOTENTIAL_ ORDERNO。

变量将会自动获取对应参数的值，如果需要添加特别的字符，可以使用双引号将字符特殊标注，再用 + 连接变量。例如，如果希望在页码和线号之间添加横线，可以将公式改成这样：FILE_ TAG + “-” + EQUIPOTENTIAL_ORDERNO

完成设置后，对电线编号，新的编号结果如图 2-8 所示。

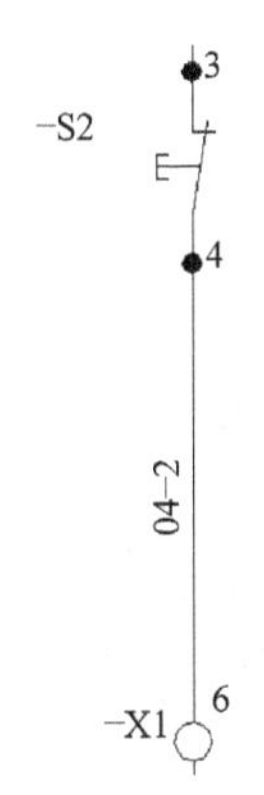

图 2-8 页码+线号的编号

提示：

- 其他的编号规则参考：

设置奇数编号	STRZ((2*(VAL(EQUIPOTENTIAL_ORDERNO)-1))+1,2,0)
设置偶数编号	STRZ((2*(VAL(EQUIPOTENTIAL_ORDERNO)-1))+2,2,0)

2.2.2 编号群的设定

编号群用于集中管理包含单线和多线线型的整体规则，如图 2-9 所示。

编号群提供了特定选项，例如编号起始值，基于工程、文件集、文件夹的编号唯一性设置，以及设置多线线型编号的不同计算方式。

编号群也可以控制启用或禁用所有关联到该群的电线样式的编号功能。如果不激活编号，即便重编线号，关联到该群的所有线型也不会创建线号。

如果删除编号群，所有编号群中的线型规则将会被移除。线型删除后可以通过撤销返回，但如果关闭线型管理器，就意味着删除过程被确认，则不能执行撤销了。

2.2.3 线型的使用

绘制原理图时，使用绘制单线或多线命令时，可以通过电线样式选择器选择不同的线型。

对于已经绘制的电线，可以通过右击电线后打开线型选择器，实现替换，如图 2-10 所示，可以选择替换的范围。

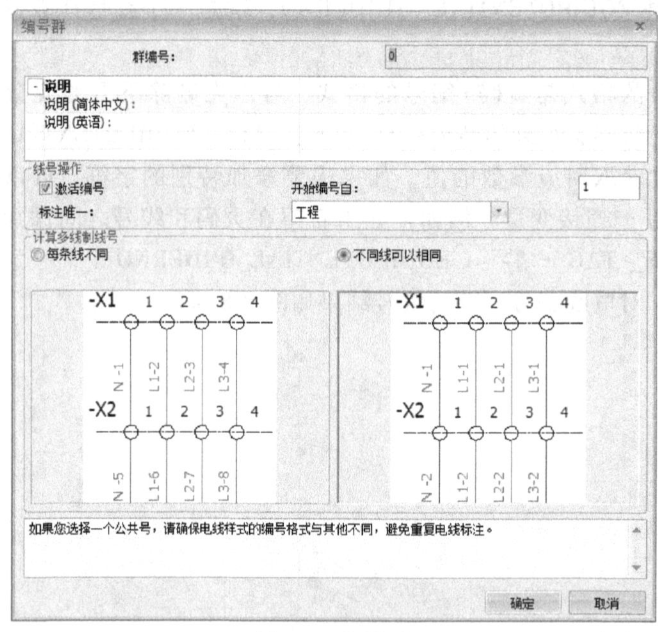

图 2-9　编号群

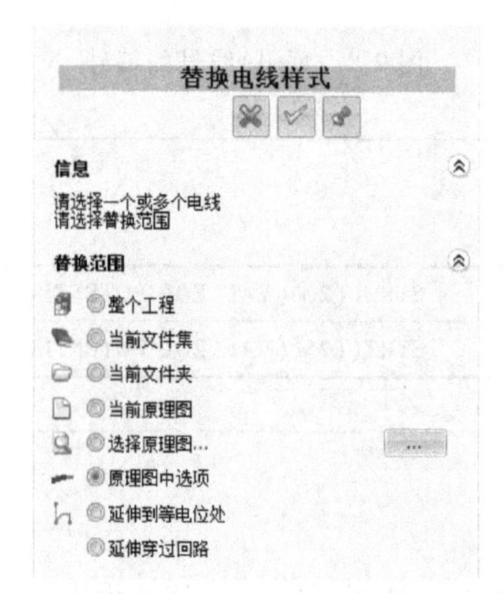

图 2-10　替换线型

- “整个工程”：工程中使用该线型的所有电线将会被替换。
- “当前文件集”：当前文件集使用该线型的所有电线将会被替换。
- “当前文件夹”：当前文件夹使用该线型的所有电线将会被替换。
- “当前原理图”：当前原理图或图纸中使用该线型的所有电线将会被替换。
- “选择原理图”：所选原理图或图纸中使用该线型的所有电线将会被替换。
- “原理图中选项”：仅选中的电线将会被替换。
- “延伸到等电位处”：连接到所选电线的所有电线将会被替换。
- “延伸穿过回路”：所选回路的所有电线将会被替换。

如果选择延伸穿过回路，线型将会穿过符号回路应用到回路中所有电线（其他电线也应用选定线型）。如果选择延伸到等电位处，所选线型只会将选定线型应用到整个原理图等电位的电线上。

当软件开启接线方向或节点指示器时，界面中的接线就可以直接显示设备的详细接线。

2.2.4 节点指示器

节点指示器用于显示电线的接线方向。在没有开启节点指示器时，等电位连接线在交叉处使用实心圆点；开启节点指示器，将会通过不同的分叉方向显示接线顺序。

1）V 型连接，如图 2-11 所示结构，-S1 连接到-S2，-S2 连接到-K1。

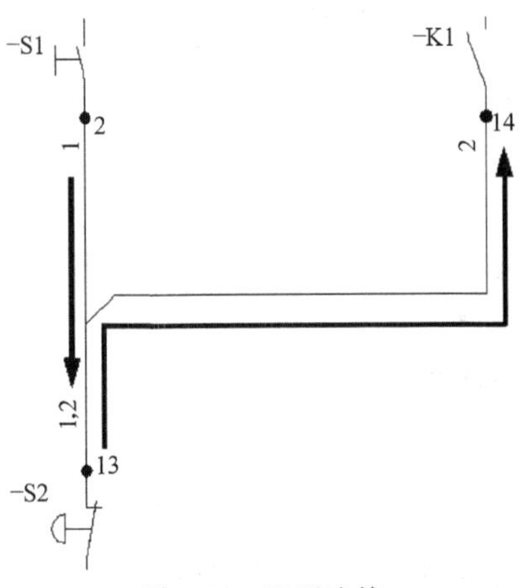

图 2-11 V 型连接

2）Y 型连接，如图 2-12 所示结构-S2 连接到-K1，-K1 连接到-S1。

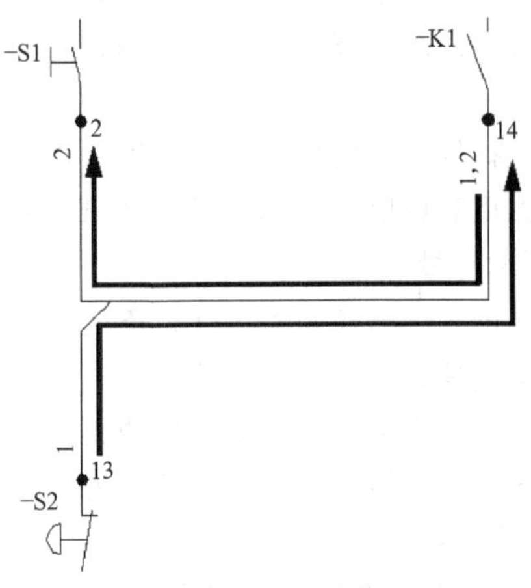

图 2-12 Y 型连接

如果需要编辑节点指示器，可以右击电线后选择“编辑连接路径”。

2.3 符号

elecworks 带有一套用于完整的原理设计所需的 IEC 和 ANSI 符号库，但不同的企业在设计时也会有自行使用的特定符号。在遇到符号库中不存在的符号时，工程师需要通过符号管理器创建符号。符号带有回路，而回路所带有的连接点可以让符号连接到电线上。

符号管理器用于管理所有的符号。可以对符号进行创建、修改或删除等操作。

2.3.1 创建或修改符号

打开“数据库”→“符号管理器”，在符号管理器中，选择需要创建符号的分类，单击“新建”按钮，打开图2-13所示的“符号属性”窗口。

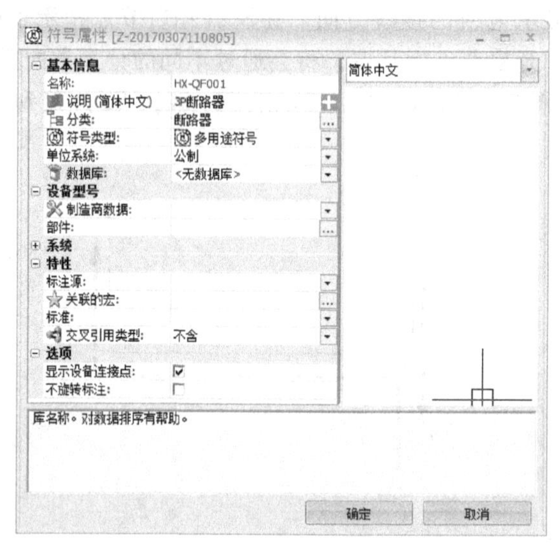

图2-13 “符号属性”窗口

在新建的“符号属性”窗口中，填写符号的属性。

- “名称”符号名称必须是唯一的，例如HX-QF001。
- “说明”，说明很重要，是来表述该符号的用途，将来在选择符号时也是通过说明查看，例如3P断路器。
- “分类”，分类中要选择好符号的类别，方便以后查找和管理。
- “符号类型”，符号类型是用以区分不同类型图纸中打开的符号。一般来说，用于原理图中的符号选择“多用途符号”。
- “单位系统”，在IEC的环境下单位系统保持不变，选择“公制”。
- “数据库”，为了方便管理和查找，建议数据库选择公司特有的数据库。
- “交叉引用类型”，交叉引用类型定义了符号的交叉引用。

结束配置后，单击“确定”按钮，关闭对话框，在符号管理器中创建了新的符号。双击符号，可以进入符号的编辑器。

在编辑器中，首先设置绘图参数，在右下方状态栏上右击就会弹出绘图参数对话框。

使用公制系统，需要设置捕捉间隔为2.5000，栅格间距为5.0000或10.0000，如图2-14所示。

提示：

- 创建符号连接点时，可以将捕捉间隔设定为2.5mm，这样能够确保放置连接点时符合标准的模数M为2.5mm的规定。

所绘制的符号，建议从原点（0，0）开始绘制，即出现的绿色坐标处。所加的变量和回路连接点之间间距建议选择5mm，如图2-15所示。

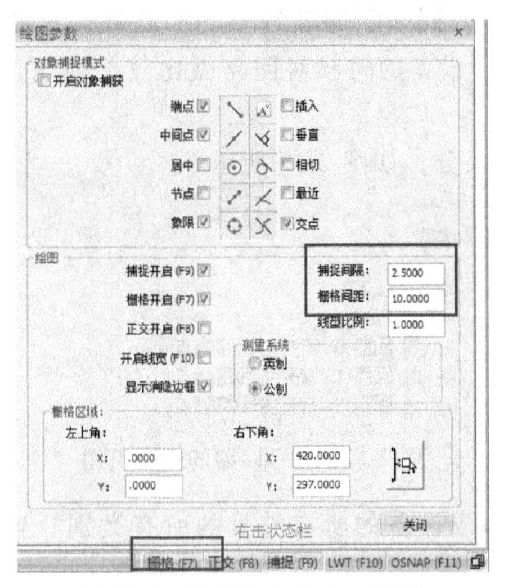

图 2-14 状态栏设置捕捉间隔

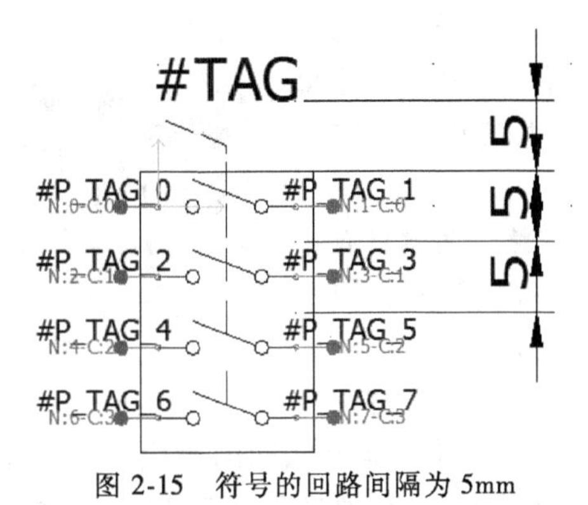

图 2-15 符号的回路间隔为 5mm

如果需要修改符号，只需要在符号编辑器中双击相应的符号，就可以进入编辑状态。当符号在图形界面中打开后，侧边栏会显示符号属性和回路的详细信息，如图 2-16 所示。

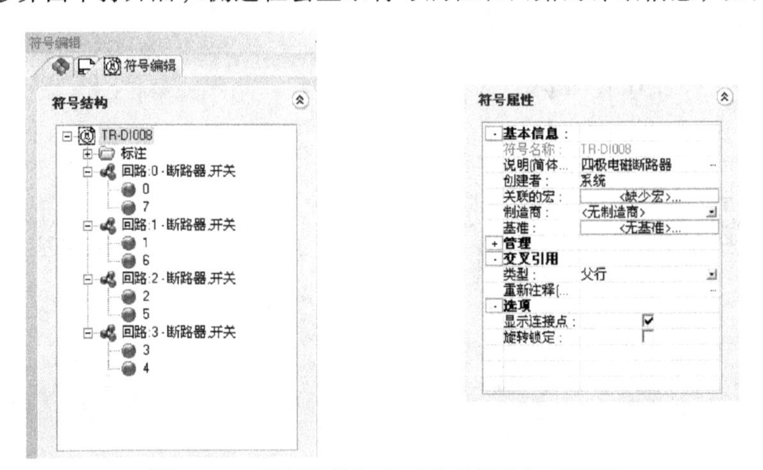

图 2-16 “符号编辑”和“符号属性”对话框

1. 回路的定义

回路具有编号，“回路 0”是所有回路的起始点。符号的接线能力是由回路来表述的，例如描述断路器的不同极，等同于断路器符号的回路数。这些回路会在制造商参数中定义，以便于 elecworks 在指定设备的时候对回路做比较。因此，两者必须匹配时才会正确赋予回路端子号。

回路通过 Key codes 来区分，如图 2-17 所示。

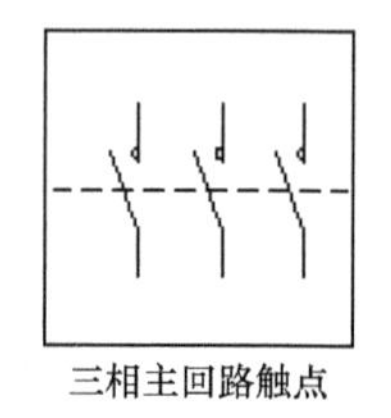

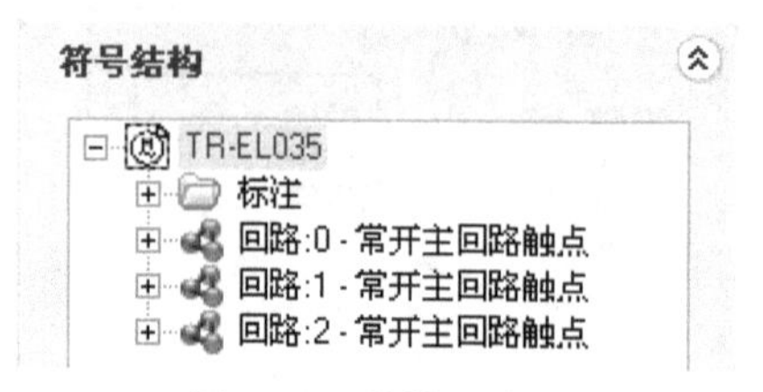

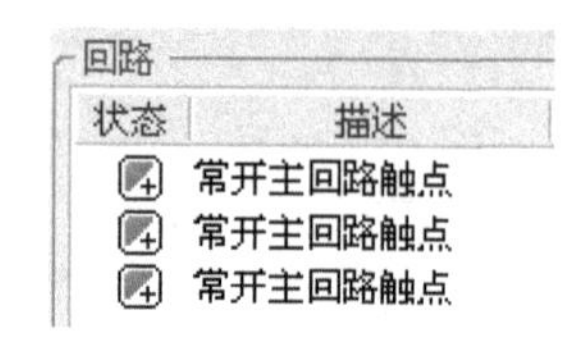

图 2-17　符号回路的交叉引用

设备的回路会关联到构成设备的所有符号的所有类别。当编辑符号时，侧边栏显示符号回路的类别和数量。

可以在“符号编辑”中通过单击“新建回路”添加一个新的回路，如图 2-18 所示。信息传送是回路的一个特殊属性，允许传递电位信息。

1）“可中断”：因为回路被中断，回路每侧连接的电位都不同。这是电气符号回路的主要应用类型。

2）“通过”：电位通过回路，两侧具有相同电线编号。最典型应用是端子符号，使用这样的端子，端子两侧线号相同。

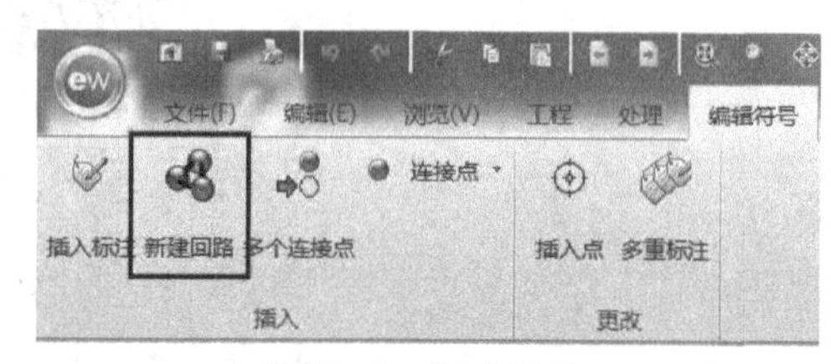

图 2-18　新建回路

3）“Hyper 通过”：这是连接器管脚符号的标准例子。“公”符号和“母”符号具有相同的源代码，如图 2-19 所示，符号可以插入在不同的图纸中（相同的名称）。电位通过两个符号，但电线是被隔断的。

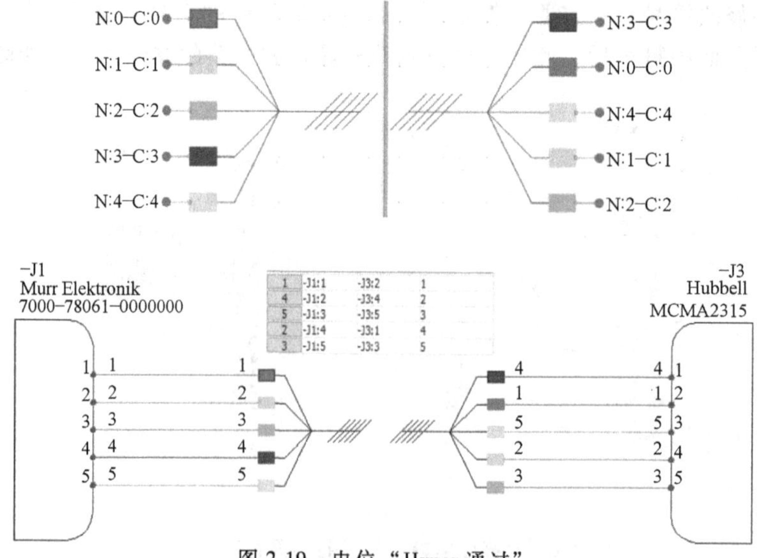

图 2-19　电位“Hyper 通过”

4）“Hyper Hyper 通过”：用于起点终点箭头的电位转移符号。这和“通过”具有相同的规则，但电线不被切断。“Hyper Hyper 通过”类型将不再出现在从/到报表。源和目标或方向箭头将会使用这类回路传递回路信息。

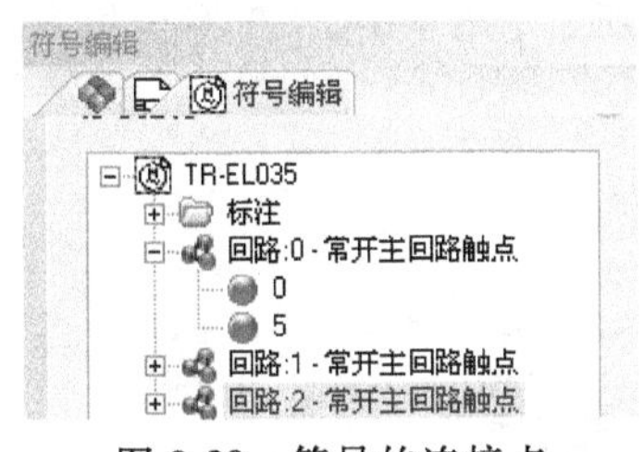

图 2-20　符号的连接点

2. 连接点的定义

连接点（图 2-20）是把符号连接到电线上的点，但连接点也可以通过属性植入设备的端子号。

连接点的插入是通过“符号编辑”中的“连接点”实现的，如图 2-21 所示。

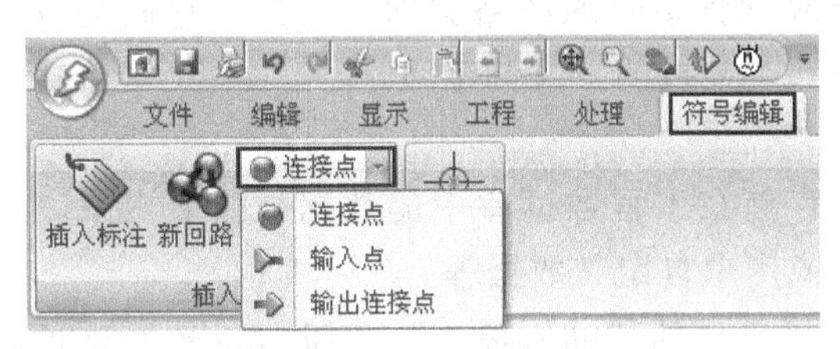

图 2-21　插入符号连接点

连接点有三种类型：

1）连接点（输入或输出）：这些连接点用在除了电位转移符号之外的所有的符号上。

2）输入连接点：用于转移符号，电位会从相关的源箭头植入。

3）输出连接点：用于转移符号，电位会从相关的目标箭头植入。

在侧边栏中选择相应回路的第一个连接点，单击“连接点”图标即可插入连接点。连接点必须要定位为切断电线时连接的方向。

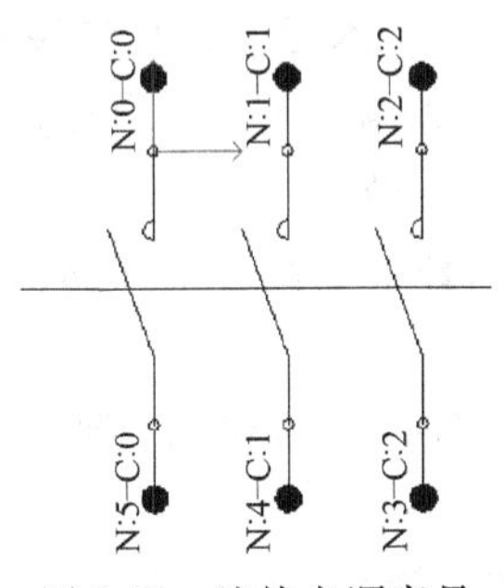

图 2-22　连接点顺序号

连接点关联到回路上并含有一个顺序号（图 2-22），这将会使指定设备型号后的端子号能匹配到相应的连接点上去。如：“N：0-C：0”意思是连接点编号是 0，属于回路 0；“N：4-C：1”意思是连接点编号是 4，属于回路 1。

提示：

- 通过键盘的空格键或鼠标右击空白处可以旋转连接点。

在插入连接点的时候，需要知道回路和设备端子号在即将关联到该符号上的设备型号中是如何关联的。如图 2-23 所示，N：0-C：0 将会植入端子号 13；N：5-C：0 将会植入端子号 14。

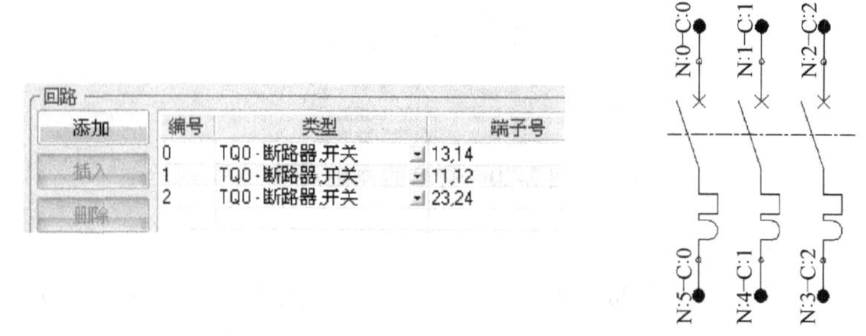

图 2-23　设备与符号的端子号对应关系

回路的类别是和对应设备型号的回路类别一致的，它们会自动关联。侧边栏会显示连接点的属性，也可以通过拖拽的方式调整回路。

3. 标注的使用

符号上的标注允许存储在工程数据库中的数据被提取出来。这些数据可以是关于符号、设备、制造商数据或用户自定义数据等。

在“符号编辑”中可以找到“插入标注”按钮，如图 2-24 所示。符号的标注随着软件版本的不同会略有增加。

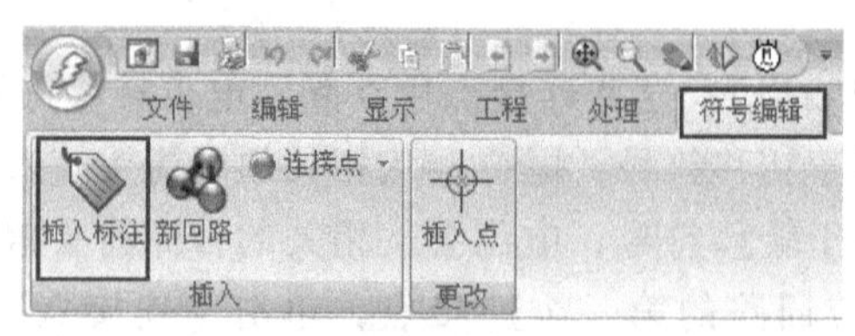

图 2-24　插入标注

回路和连接点的标注的特征在于，本质上是基于符号的回路和连接点方面的定义。

1）回路标注：回路标注仅仅提取输入到 PLC 管理器中的数据（通道地址，通道说明和通道助记）。它们的增量和回路号一致。

标注#C1_ 0 将会提取符号通道地址的第一个回路；#C1_ 1 将会提取符号通道地址的第二个回路，依此类推。

标注#AIO_0_TZ 将会提取符号第一个回路的说明；标注#AIO_1_TZ 将会提取符号第二个回路的说明，依此类推。

回路标注必须根据语言代码的翻译数据编号而定。

#AIO_ 0_ TZ_ 0_ L1：工程中第一语言的描述。

#AIO_ 0_ TZ_ 0_ L2：工程中第二语言的描述。

#AIO_ 0_ TZ_ 1_ L1：工程中第一语言的说明。

#AIO_ 0_ TZ_ 1_ L2：工程中第二语言的说明。

标注#AIO_ MNE_ 0 将会提取符号第一个回路的助记。

标注#AIO_ MNE_ 1 将会提取符号第二个回路的助记。

当设计含有所有回路的符号时，标注的格式将会使用#C1x_0，#AIOx_0_TZ_和#AIOx_

MNE_0（例如接线图符号）。

用两个符号表达同一个设备。一个符号定义成 TB0 回路（线圈），另一个符号定义为 TA0 回路（NO 触点）。我们希望植入 Info 1 到线圈上，植入 Info 2 到触点上。

可用的标注：

对于线圈：#C1_ 0（0 关联到符号的第一个回路）。

对于 NO 触点：#C1_ 0。

显然两个符号的标注是相同的。

相同元件的第三种符号定义有两个回路（TB0 和 TA0）。不可以把 #C1_ 0 用于植入数据（Info 1 和 Info 2）到符号的两个回路中去，因为此时是将之前两个符号组合了。因此需要对第一个回路使用标注#C1x_ 0 ，对第二个回路使用#C1x_ 1。

2）连接点标注：连接点标注会提取制造商参数的设备管脚号。它们的格式是基于构成符号的回路的编号和连接点的顺序编号。连接点标注需要在回路和连接点被定义后再插入。

连接点标注的格式如下：

#P1_ 0　连接点 0

#P1_ 1　连接点 1

#P1_ 2　连接点 2

……

关于回路标注，在设计一个面向含有所有元件回路的符号时，可以使用特殊标注。

#P1x_ 0 | 1：相当于回路 0 连接点 1 。

2.3.2　符号属性

选择需要修改属性的符号，单击“属性”按钮。在图 2-25 所示的“符号属性”窗口中出现的各种设置，目的是在将符号插入到原理图中时规范其行为，例如制造商参数的自动分配，或者交叉引用的自动生成。

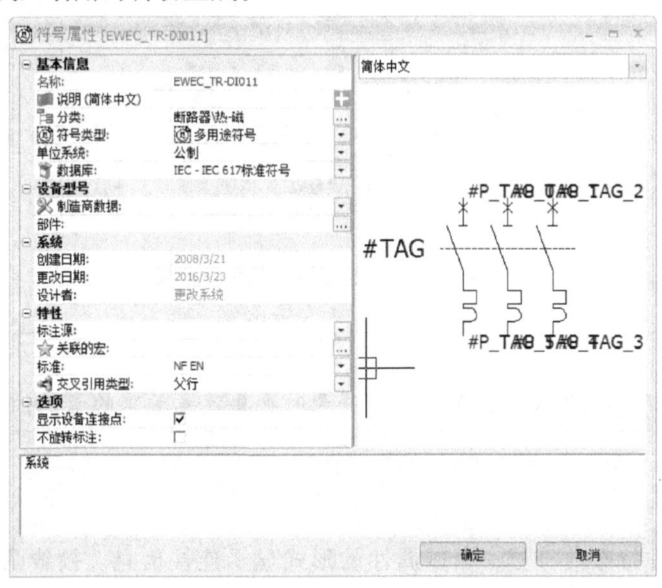

图 2-25　符号属性

图 2-25 中各项分别是：

基本信息：用于为符号命名和添加说明。

设备型号：符号应用到图纸中时自动加载指定的制造商或设备型号。

系统：用于指定符号创建和修改信息（默认不能更改）。

特性：用于设定符号关联的宏、标准和交叉引用类型。

选项：用于标注或者显示连接点。“旋转锁定”设置是用于限制符号旋转。

2.3.3 回路在符号与设备型号之间的对应

在触点使用时，软件把含有 3 个连接点的触点称为反向开关触点。如果需要创建一个具有反向触点回路的设备型号，需要注意设备型号的管脚顺序。

首先，需要查看符号中连接点的顺序，如图 2-26 所示。

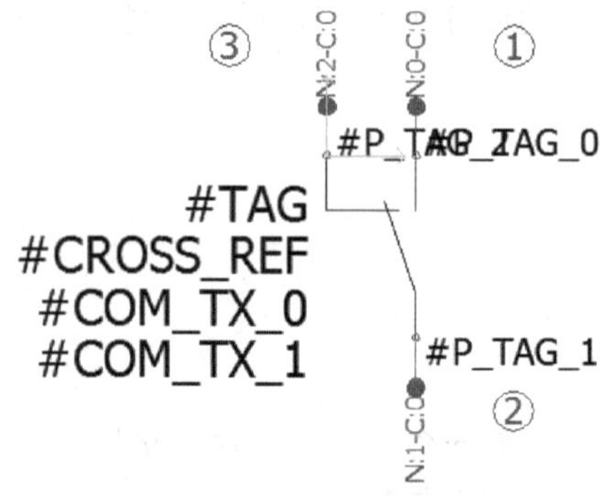

图 2-26 反向开关触点

管脚号的变量的顺序是 #P_ TAG_ 0、#P_ TAG_ 1、#P_ TAG_ 2，按照图中标出的顺序显示。因此，对应地建立设备型号时，也需要注意管脚的顺序，如图 2-27 显示对应地建立。

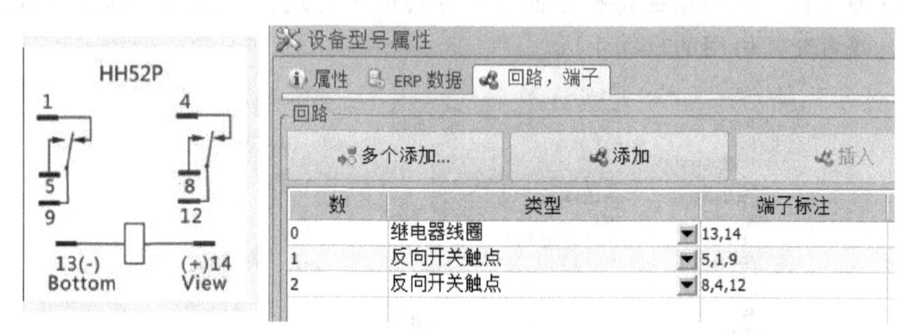

图 2-27 反向触点的回路与管脚号

提示：

- 对于奇数连接点的设备，做接线图符号时也要注意管脚的奇偶性对应关系。

2.3.4 接线图

接线图是一种特殊的符号，会以属性的形式显示连接信息。接线图符号可以在方框图，原理图、混合图或 2D 布局图中插入。

接线图符号仅用于通过变量提取设备信息，不可替代方框图符号或原理图符号，不可用于连接电线或电缆。

接线图可以以多种形式表达：

1）以表格的形式表达，如图 2-28 所示。

KM1
Telemecanique　　LC1D1210B7

从	到	电位	线号	线长	交叉索引	电缆	芯
A1	X1 7	7	7	887.968	05-2		
A2	Q3:2	2	2	916.093	05-2		
1/L1	Q4:2	L1-4	L1-4	389.52	04-8		
2/L1	X1 1	L1-5	L1-5	189.736	04-8		
3/L2	Q4:4	L2-4	L2-4	389.594	04-8		
4/T2	X1 2:0	L2-5	L2-5	189.78	04-8		
5/L3	Q4:6	L3-4	L3-4	391.714	04-8		
6/T3	X1 3:0	L3-5	L3-5	184.001	04-8		
13	S1:1；KM1:23	4	4；4	2049.01；33.9767	05-4		
14	X1 5；S1:2	5	4；5	281.368；1620.7	05-4		
23	X1 4；KM1:13	4	4；4	852.794；33.9767	05-8		
24	H1:X1	8	8	1898.62	05-8		

图 2-28　表格形式接线图

2）以符号的形式表达，如图 2-29 所示。

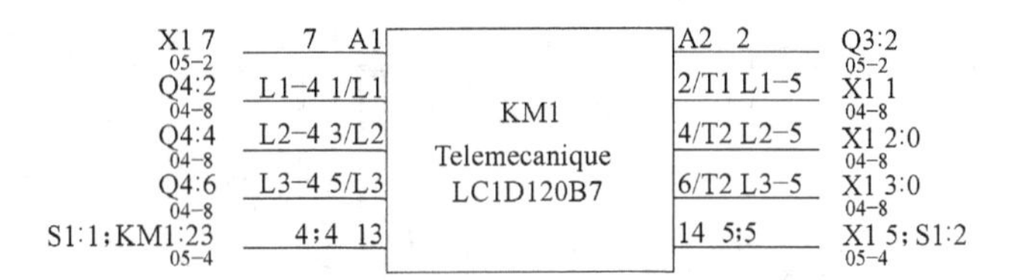

图 2-29　符号形式接线图

3）以备注的形式表达如图 2-30 所示。

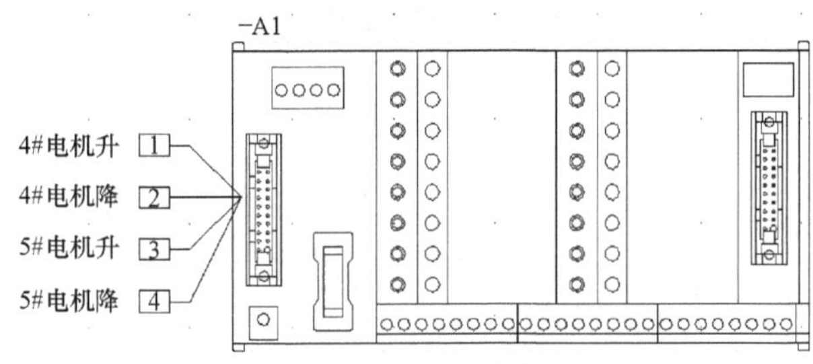

图 2-30　备注形式接线图

非常有必要为符号关联设备型号，这样设备的连接信息就可以被接线图提取。

1. 接线图符号的拓展

接线图符号是通过符号的方式显示各种接线数据（自动），例如，图 2-31 显示了 PLC 内部 I/O 的接线数据。

也可以是显示设备的数据，如图 2-32 显示了 PLC 底板排布图。

或者显示相关的连接数据，如图 2-33 所示。

接线图符号的可用属性涉及设备、描述、连接点、电缆、电线等，如图 2-34 所示。

Schneider Electric BMXDDO1602 Pos:6			PLC机架 SLOT 6	
端子	地址	描述1	描述2	位置
1	Q:6.00	Bomba aceite	油泵	20-1
2	Q:6.01	Giro 2	备用	20-1
3	Q:6.02	Giro Asientos 1	备用	20-1
4	Q:6.03	Giro Asientos 2	备用	20-1
5	Q:6.04	Giro 1 inferior	备用	20-1
6	Q:6.05	Presión OK	备用	20-1
7	Q:6.06	Presión Fallo	备用	20-1
8	Q:6.07	Seguirdades OK	备用	20-1

图 2-31　PLC 内部的 I/O 接线数据图

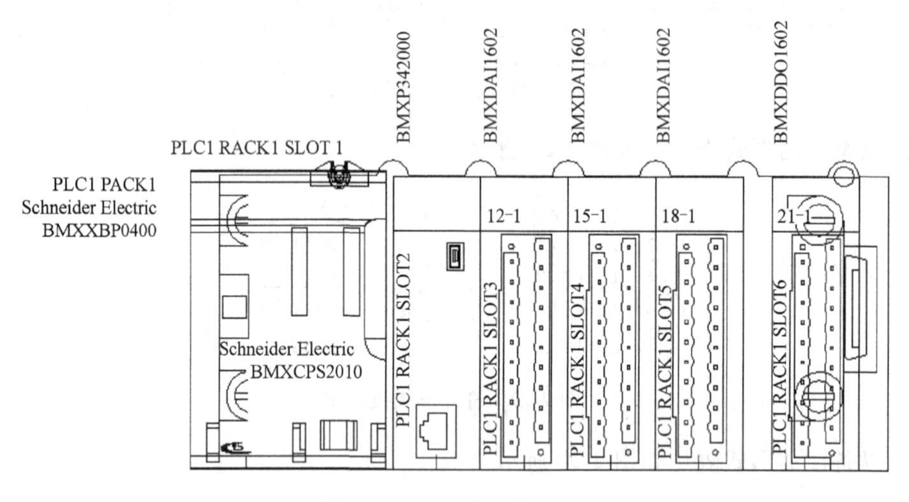

图 2-32　PLC 底板排布图

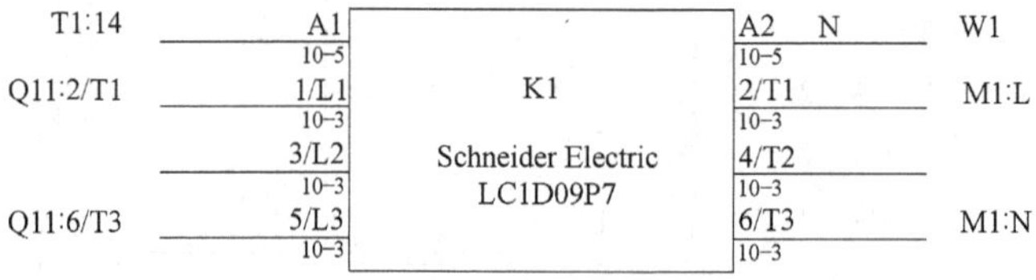

T1:14　A1 10-5　A2 10-5　N　W1
Q11:2/T1　1/L1 10-3　K1　2/T1 10-3　M1:L
3/L2 10-3　Schneider Electric LC1D09P7　4/T2 10-3
Q11:6/T3　5/L3 10-3　6/T3 10-3　M1:N

图 2-33　相关的连接数据：线圈触点综合接线图

2. 批量插入接线图符号

接线图符号是可以批量插入的，该操作必须在接线图导航器中完成。但是，在操作中会发现，不同的操作方式结果不同。

同时选中多个需要插入接线图的设备。

如果设备前面的加号没有展开，即没有显示设备型号，则默认是选中设备，如图 2-35 所示。

这样插入的接线图，是针对设备的接线图符号，这将会根据设备分类中定义的默认

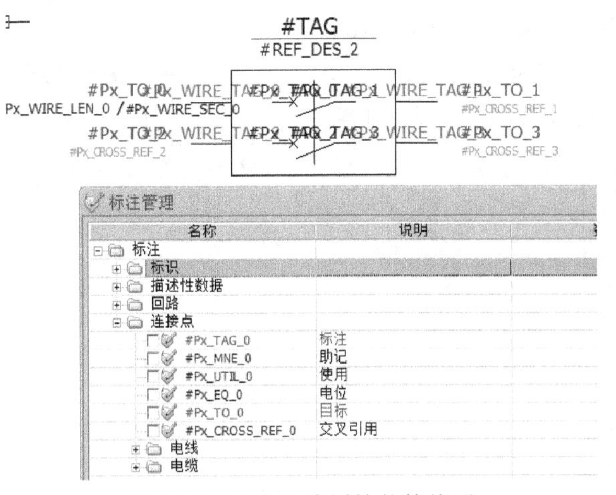

图 2-34 包含电线属性的接线图

图 2-35 批量插入设备接线图符号

接线图符号或自行选择的符号来生成设备的接线图，且所有符号均相同。

如果设备前面的加号展开了，显示出设备型号，则默认是选中设备型号，如图 2-36 所示（设备接线图和设备型号接线图所用菜单不同）。

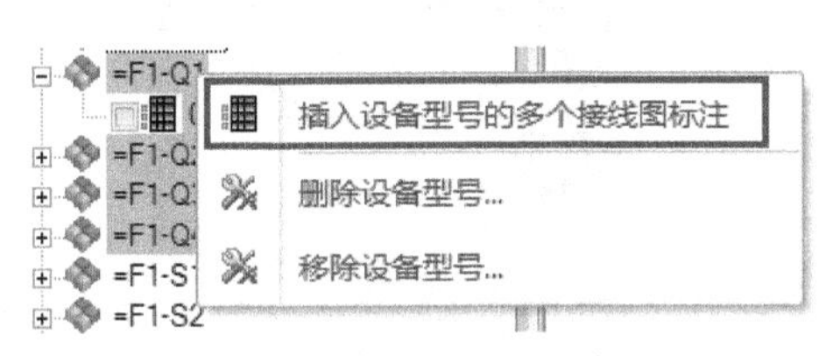

图 2-36 批量插入设备型号的接线图标注

这样的方式会自动生成每个设备型号对应的接线图符号。下面的例子是使用设备接线图得到动态设备清单（配电柜行业常用方式）。

3. 界面中插入动态设备清单

很多企业在电气图纸中都会要求插入设备清单。特别是在机柜布局图中，插入清单可以帮助操作人员了解领取物料的内容及对应图纸中的名称，这样的方式对于审核设备选型也非常有帮助。

首先需要创建用于显示数据的接线图符号。

单击“数据库”→“符号管理器”，在“其他”→“接线图符号”这个分类中添加新符号，符号的属性可以参考图 2-37 内容。

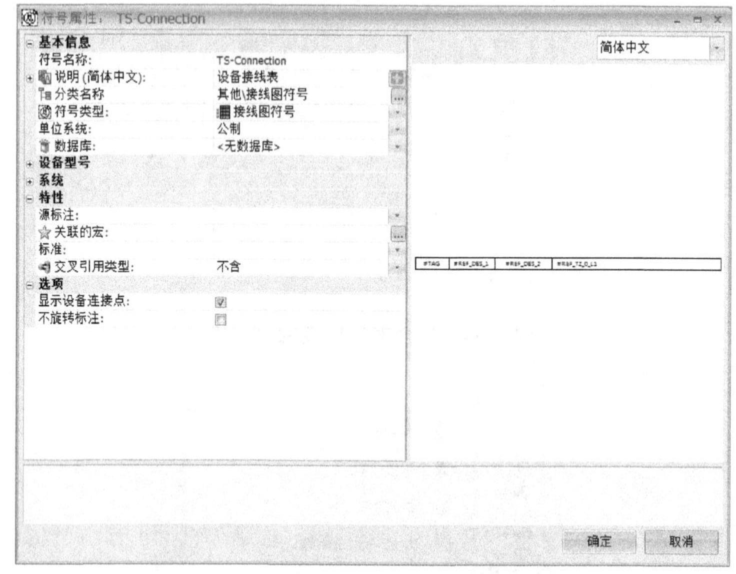

图 2-37 可供参考的“符号属性”窗口

图形的样式如下，一定要注意符号的尺寸。建议高度为 5，如图 2-38 所示。

图 2-38 数据接线图的尺寸和变量

完成这个符号后，就可以使用了。在机柜布局图中，打开接线图导航器。

选中所有需要批量插入的设备，右击，选择“插入设备的多个接线图符号”命令，如图 2-39 所示。

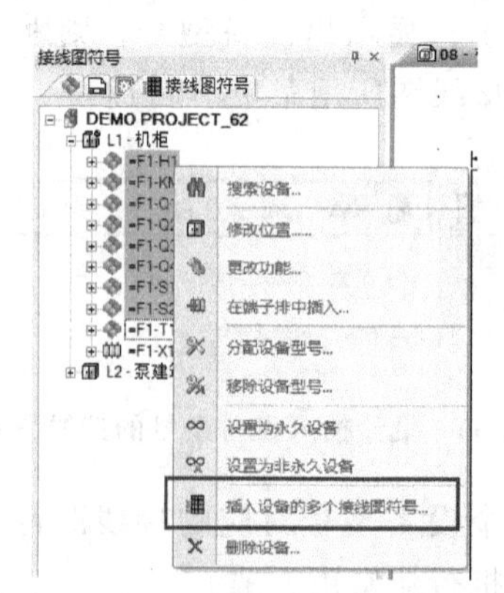

图 2-39 插入设备的多个接线图符号

在插入的时候，设置符号之间的间隔为 5，如图 2-40 所示。右击鼠标，使符号竖直，然后再单击鼠标，放置所有符号之后，选择新插入符号，得到图 2-41 的结果。

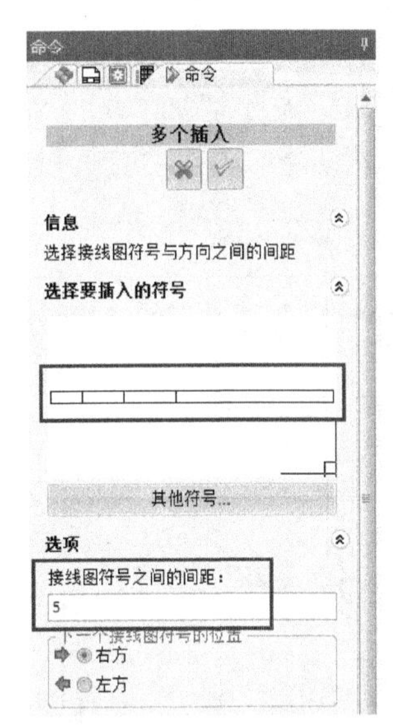

图 2-40　设置符号插入间隔

-H1	Siemens	3SB1212-6BE06	指示灯,22MM,W.带BA 9S完整凹槽，带减压器和白炽灯
-KM1	Telemecanique	LC1D1210B7	接触器 LC1-D - 3P - AC-3 440V 12A - 线圈 24VAC
-Q1	Legrand	06557	热磁断路器 -4P 3A
-Q2	Legrand	06468	热磁断路器LEXIC DX 6000 - 2P - 400 V~ - 16 A
-Q3	Legrand	06468	热磁断路器LEXIC DX 6000 - 2P - 400 V~ - 16 A
-Q4	Legrand	05573	断路器 LEXIC - 3P - 400 V~ - 20 A
-S1	Legrand	04453	推动按钮 LEXIC - 单功能 - 20 A - 250 V~ - 1 常开
-S2	Merlin Gerin	18039	带导航指示灯的常闭推动按钮 - GREY, RED LIGHT - 12..48 V
-T1	Legrand	04251	Decurity transfomer LEXIC - 16 VA

图 2-41　旋转符号进行放置

使用工具栏的“修改”中的“翻转”命令，将生成的表格旋转 90°，变成水平视图。这样就可以得到“智能”的报表了，如图 2-42 所示。

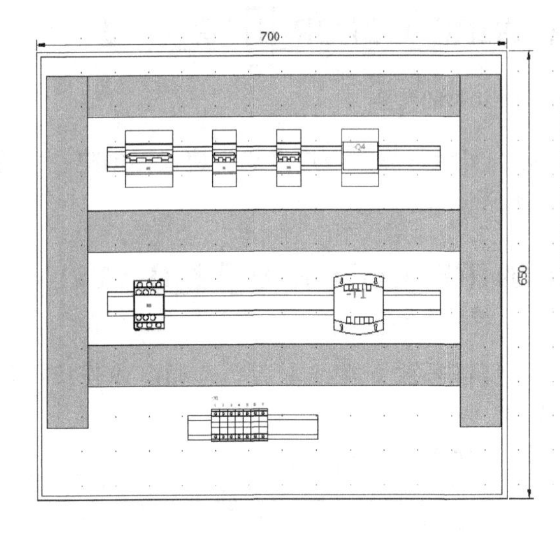

名称.	制造商.	设备型号.	说明.
-H1	Siemens	3SB1212-6BE06	指示灯,22MM,W.带BA 9S完整凹槽，带减压器和白炽灯
-KM1	Telemecanique	LC1D1210B7	接触器 LC1-D - 3P - AC-3 440V 12A - 线圈 24VAC
-Q1	Legrand	06557	热磁断路器 -4P 3A
-Q2	Legrand	06468	热磁断路器LEXIC DX 6000 - 2P - 400 V~ - 16 A
-Q3	Legrand	06468	热磁断路器LEXIC DX 6000 - 2P - 400 V~ - 16 A
-Q4	Legrand	05573	断路器 LEXIC - 3P - 400 V~ - 20 A
-S1	Legrand	04453	推动按钮 LEXIC - 单功能 - 20 A - 250 V~ - 1 常开
-S2	Merlin Gerin	18039	带导航指示灯的常闭推动按钮 - GREY, RED LIGHT - 12..48 V
-T1	Legrand	04251	Decurity transfomer LEXIC - 16 VA

图 2-42　“智能”报表

如果需要表头，可以另外做一个表头的符号，这样直接对第一个符号替换一下就可以了。

接下来的例子是显示电线的信息。

4. **电线接线图**

接线图就是用符号提取需要的属性。对于电线，也可以使用接线图来显示连接到对应设备的连线信息。

在“符号管理器”对话框中单击“其他”→“接线图符号”，能找到用于显示电线属性的接线图符号，如图 2-43 所示。

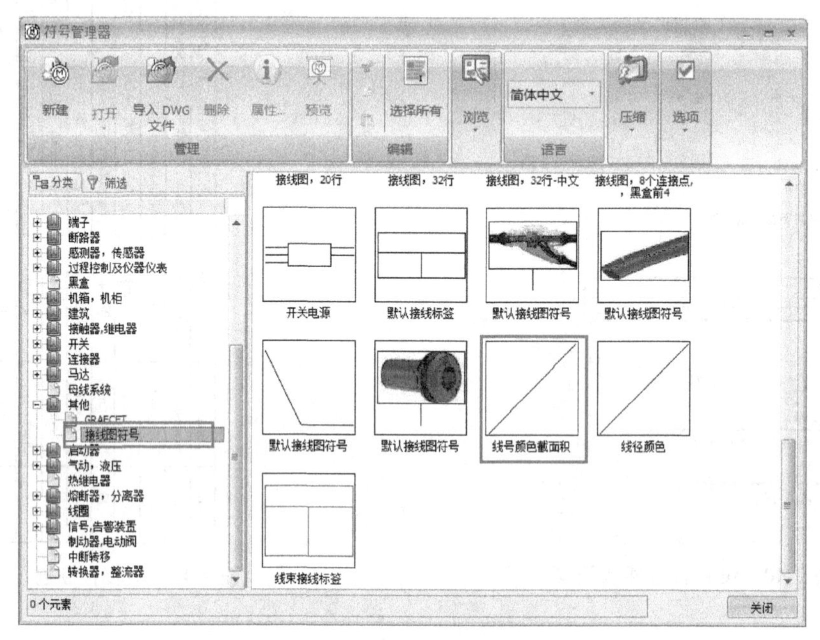

图 2-43　电线属性的接线图符号

打开符号，参考图 2-44 找到变量设置的规律。

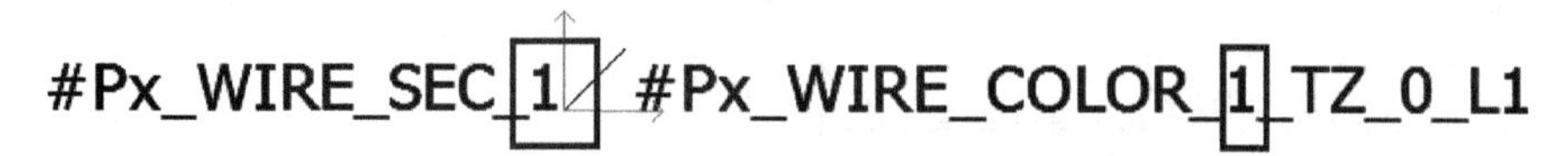

图 2-44　第二个连接点的变量

由于所有的标号是从 0 开始，所以这里的 1 实际是第二个连接点。建议再创建一个符号，修改为 0 显示第一个连接点，如图 2-45 所示。

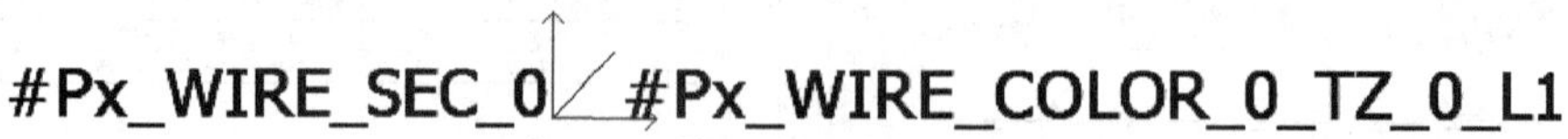

#Px_WIRE_SEC_0 #Px_WIRE_COLOR_0_TZ_0_L1

图 2-45　第一个连接点的变量

使用时，在原理图中，选择接线图符号。将符号放置在线上后，选择电线连接的设备。图 2-46 中将接线图符号与断路器-CB1 关联。

这样，就能显示-CB1 所连接电线的属性了，如图 2-47 所示。

提示：

● 使用电线接线图，一定要注意设定接线图符号的回路数和端子数。图 2-45 中设置了来自于设备的回路 0 端子 0 的电线参数。因此，将该符号关联到-CB1 后，实际上读取的是-CB1 的 1 号端子（第一个端子）所连电线的参数。

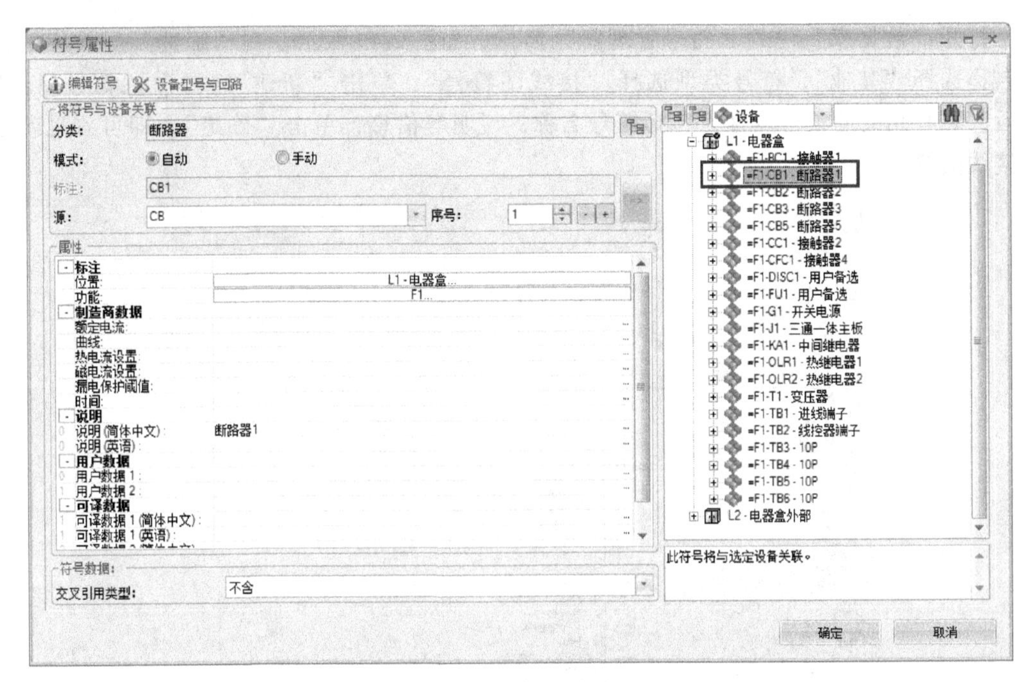

图 2-46　关联对应的设备

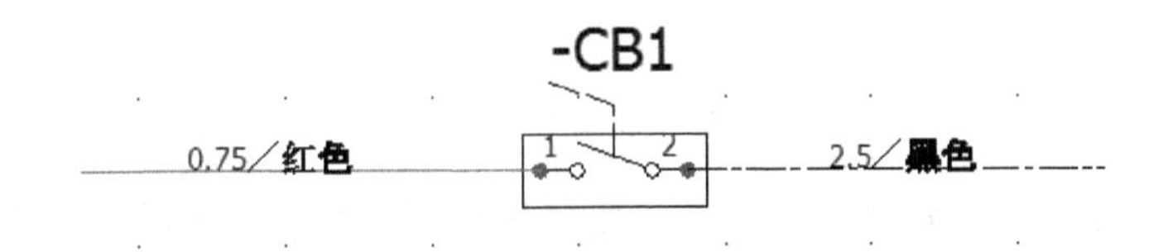

图 2-47　电线属性接线图效果

5. 电缆接线图

很多人在使用 elecworks 中都会遇到一个难题，就是在原理图中如何表达电缆的图形。实际上这个问题使用电缆接线图就可以轻易解决。通过电缆接线图符号，不仅可以显示电缆的信息，还可以显示电缆芯的内部数据，如图 2-48 所示。

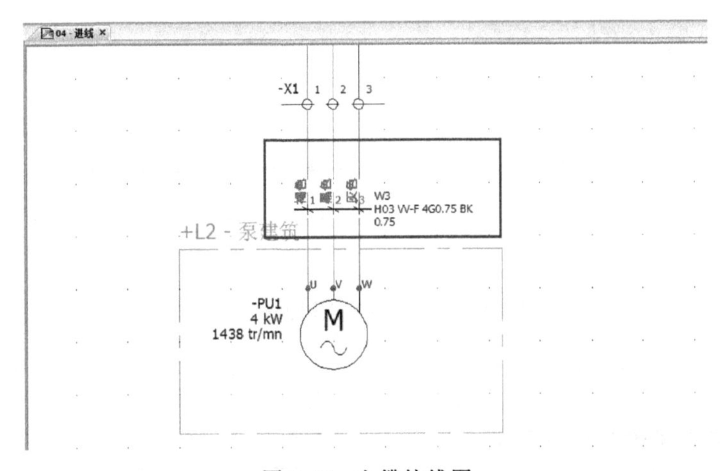

图 2-48　电缆接线图

打开“数据库”中的“符号管理器”窗口，如图 2-49 所示，在“筛选”导航栏中分类名称选择“其他”，符号类型选择“接线图符号”；单击“新建”，弹出“符号属性”框后，填写相关的符号属性，包括符号名称，说明等信息，单击“确定”，即可看见新建的接线图符号。

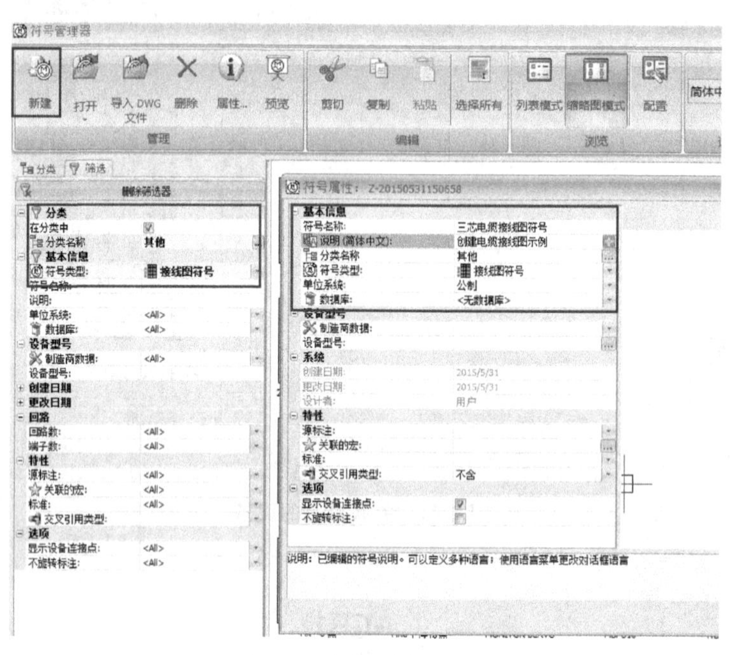

图 2-49　接线图符号属性

1）绘制电缆接线图符号外形。双击新建的接线图符号，进入符号编辑界面，绘制接线图外形，如图 2-50 所示。

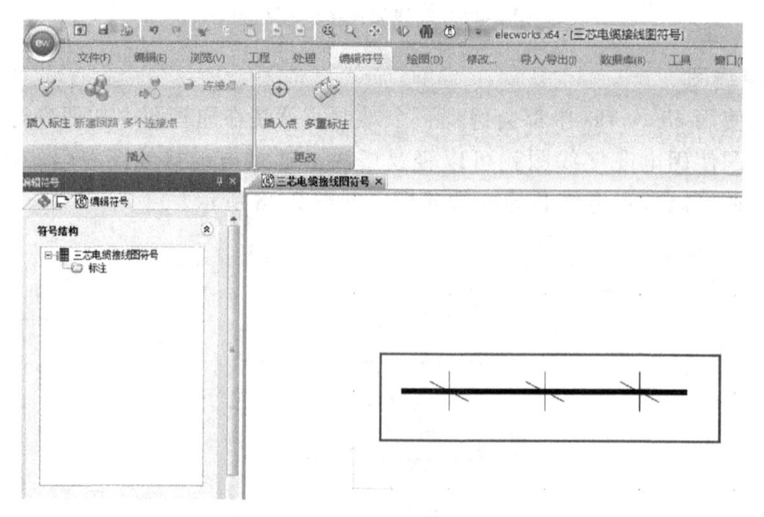

图 2-50　绘制电缆接线图符号外形

提示：

- 注意连接点间的距离为 5mm。

2）添加电缆接线图符号变量。在“插入标注”命令中选择电缆芯标号变量，拖拽至电缆接线图符号中的合适位置，如图 2-51 所示。

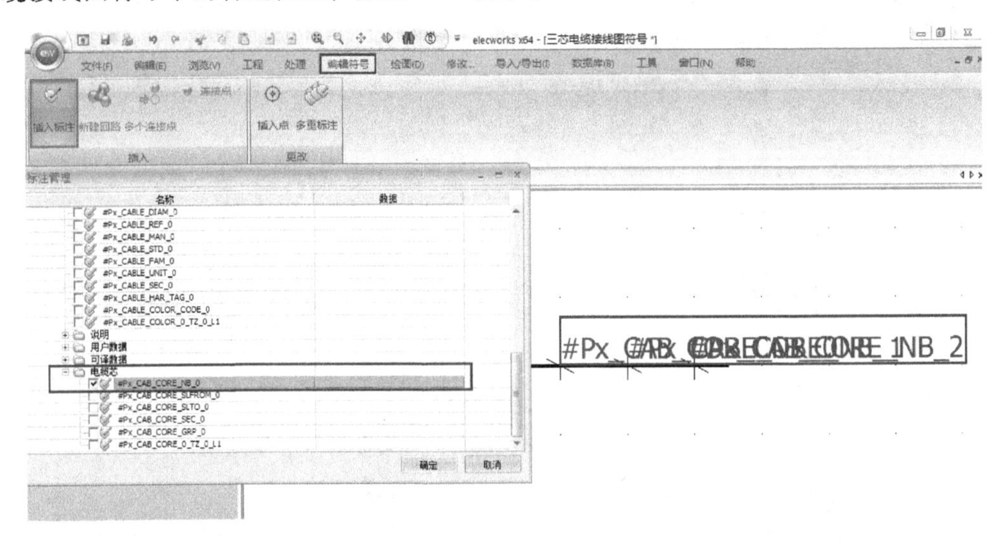

图 2-51　添加电缆芯标号变量

3）添加电缆芯颜色变量。在“插入标注”命令中选择电缆芯颜色变量，添加到电缆接线图符号中，如图 2-52 所示。

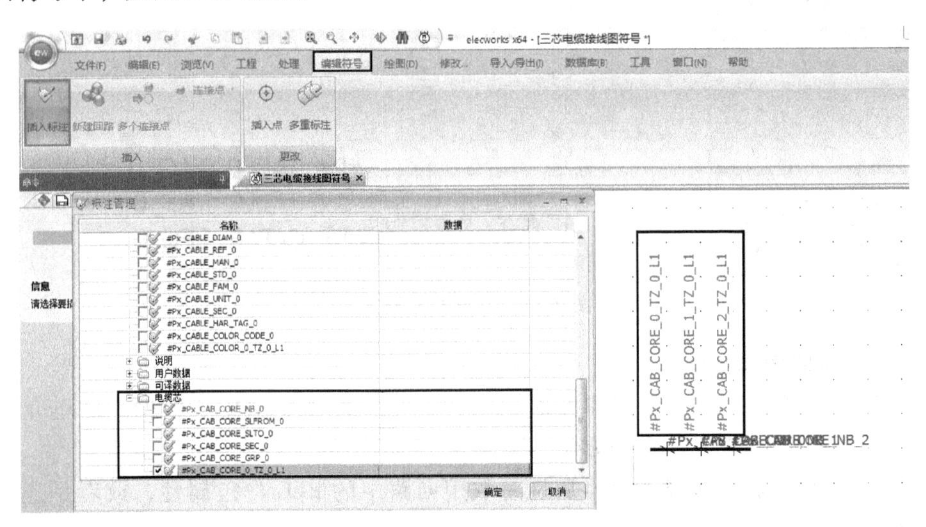

图 2-52　添加电缆芯颜色变量

4）添加电缆标注变量、电缆型号变量及电缆截面积变量。在“插入标注”命令中依次选择图 2-53 所示的三个对应变量，拖拽至电缆接线图符号中，如图 2-53 所示。

5）添加插入点。在“编辑符号”中选择“插入点”，将插入点放置在第一个连接点处，如图 2-54 所示。

完成以上步骤后，单击“保存”，即可完成电缆接线图符号的添加。

使用时，在图纸中添加该符号并关联电缆连接的下端设备（例如电动机）显示电缆信息。

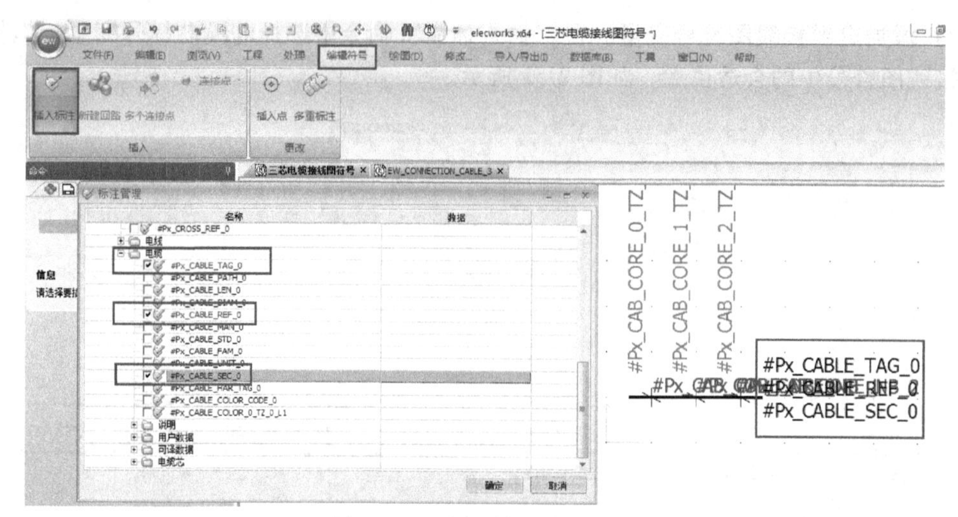

图 2-53　添加电缆的其他变量

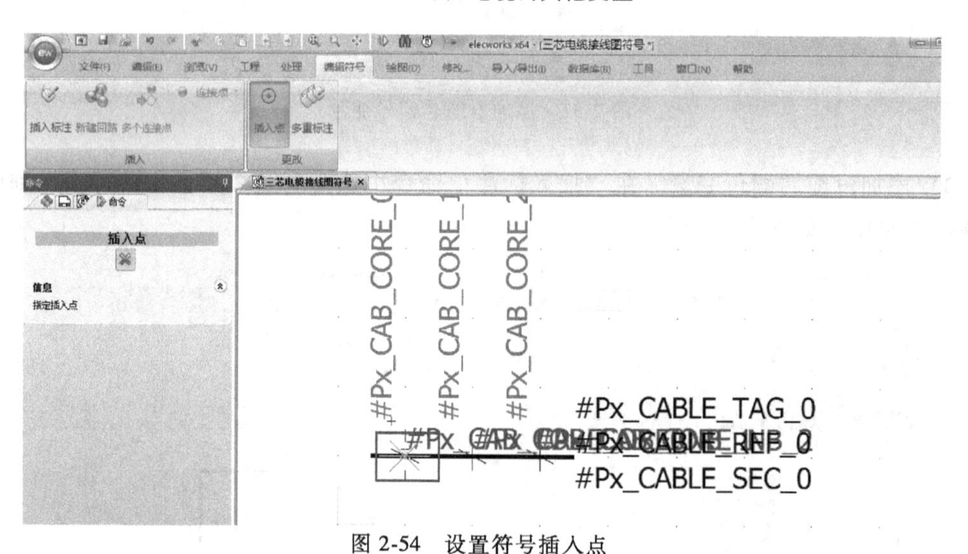

图 2-54　设置符号插入点

6. PLC 接线信息显示

PLC 的原理图会分散在不同的界面中，这不利于整体显示接线数据。这里介绍一种通过接线图显示 PLC 接线信息的方法。

图 2-55 显示了调用接线图符号属性时取用回路中的 PLC 电位属性，或者是连接点相关的属性。

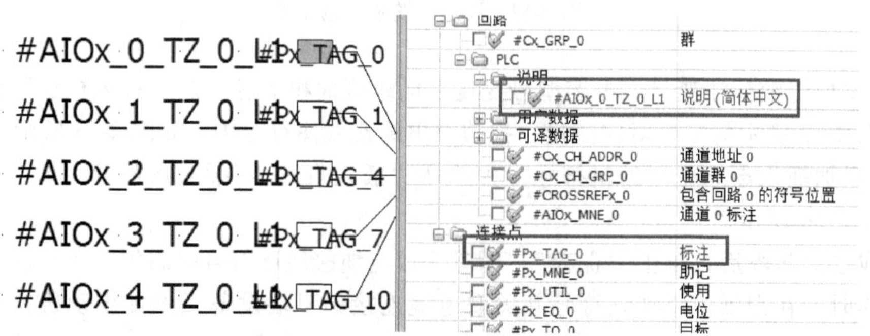

图 2-55　插入 PLC 接口的接线图变量

这样，在 PLC 的布局图中就可以显示 PLC 的连接信息了，如图 2-56 所示。

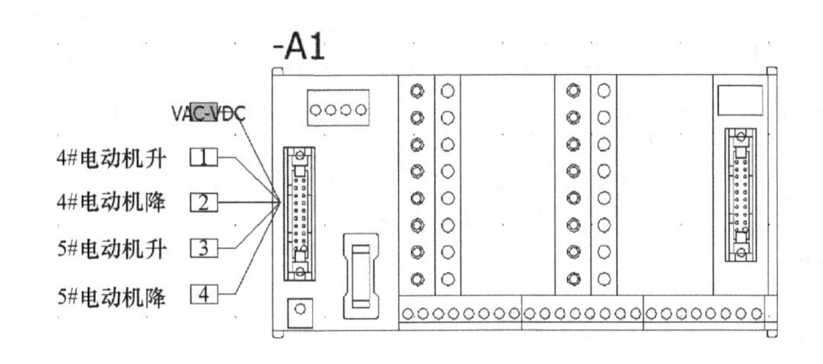

图 2-56 PLC 接口连接信息

2.4 设备型号

elecworks 界面中出现的基准，即设备型号。

2.4.1 批量导入设备型号

首先准备一个 Excel 文件，如图 2-57 所示，并按照需要导入属性的类别。

	A	B	C	D	E
1	存货编码	存货名称	制造商	数据库	最新成本
2	1-07-03-0-1-004	良信小型断路器NDM1-63D 1P-04A	良信	HUAXIN	
3	1-07-03-0-1-006	良信小型断路器NDM1-63D 1P-06A	良信	HUAXIN	21.359
4	1-07-03-0-1-010	良信小型断路器NDM1-63D 1P-10A	良信	HUAXIN	17.642
5	1-07-03-0-1-016	良信小型断路器NDM1-63D 1P-16A	良信	HUAXIN	17.641
6	1-07-03-0-1-020	良信小型断路器NDM1-63D 1P-20A	良信	HUAXIN	17.641
7	1-07-03-0-1-025	良信小型断路器NDM1-63D 1P-25A	良信	HUAXIN	19.863
8	1-07-03-0-1-032	良信小型断路器NDM1-63D 1P-32A	良信	HUAXIN	19.863
9	1-07-03-0-2-006	良信小型断路器NDM1-63D 2P-06A	良信	HUAXIN	51.496

图 2-57 导入数据的 Excel 文件

打开设备型号管理器，在设备管理器中选择“导入”命令，如图 2-58 所示。

选择导入的 Excel 路径，如图 2-59 所示。

在定义数据范围中不需要进行设置，直接单击“向后”。

设置标题行时，根据表格内容，设置标题行数和第几行为标题行，如图 2-60 所示。

通过鼠标拖动的方式，将左边的属性名称对应到 Excel 文件中相应的列，如图 2-61 所示。

完成匹配后，软件会比较新添加的内容是否与现有数据重复，如图 2-62 所示。

完成比较后会提示比较的结果，如果确定需要导入，单击“导入”，如图 2-63 所示。

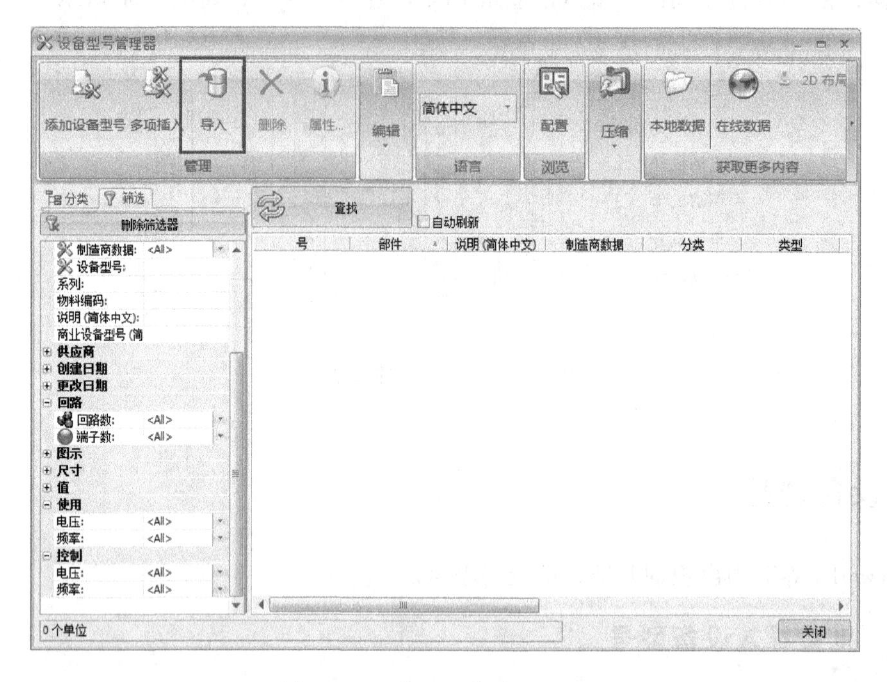

图 2-58　设备型号管理器的导入

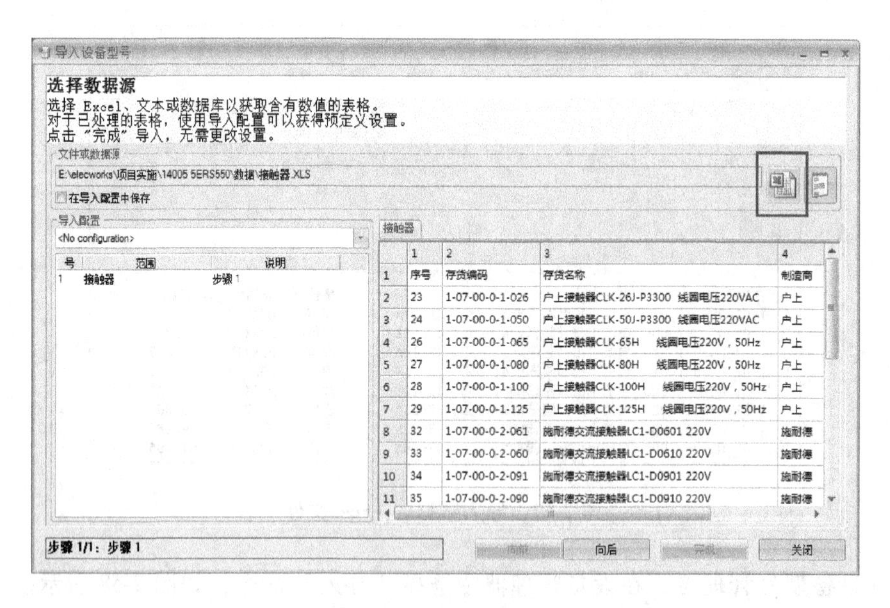

图 2-59　选择导入路径

完成导入后，可以在设备型号管理器中的"未分类元素"中找到新导入的数据，如图 2-64 所示。

根据数据的类别，选中多个设备数据，批量修改属性，如图 2-65 所示。

在属性框中直接单击分类名称，选中所需的类别，例如"接触器"，显示结果如图 2-66所示。

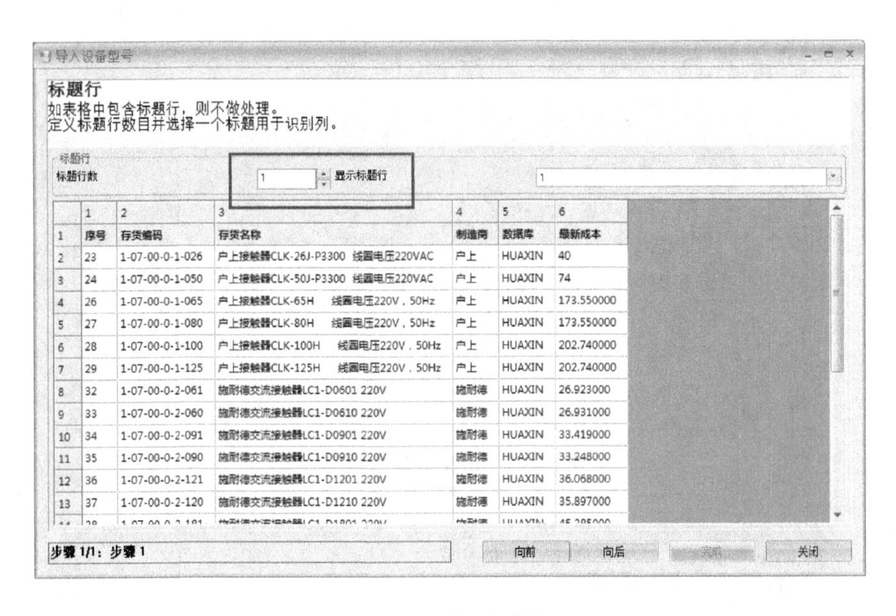

图 2-60 设置标题行

图 2-61 属性匹配

这样就完成导入并完成设备分类的设置。

2.4.2 批量替换设备型号

大多数情况下，在完成一个工程后，所做的图纸对于后期的设计是有参考价值的。通常情况下，工程师在开始新工程时都会参考并复制以往的工程，修改和完善相应内容后增加新的设计内容。这里介绍一种批量修改设备型号的方法。

在“处理”中选择“替换数据”命令，如图 2-67 所示。

在“工程数据替换助手”窗口中可以选择需要替换的内容，如图 2-68 所示。

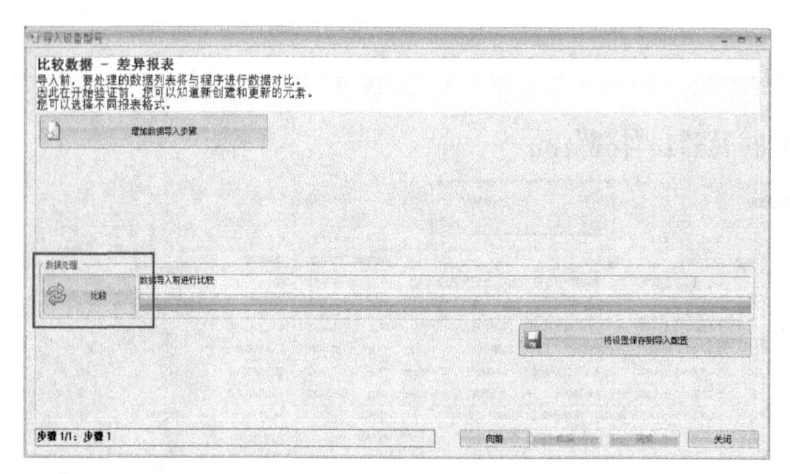

图 2-62 比较重复的内容

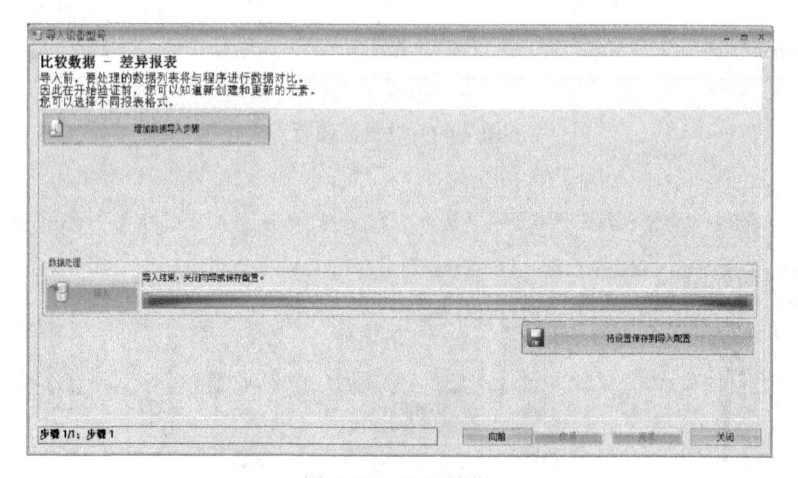

图 2-63 导入数据

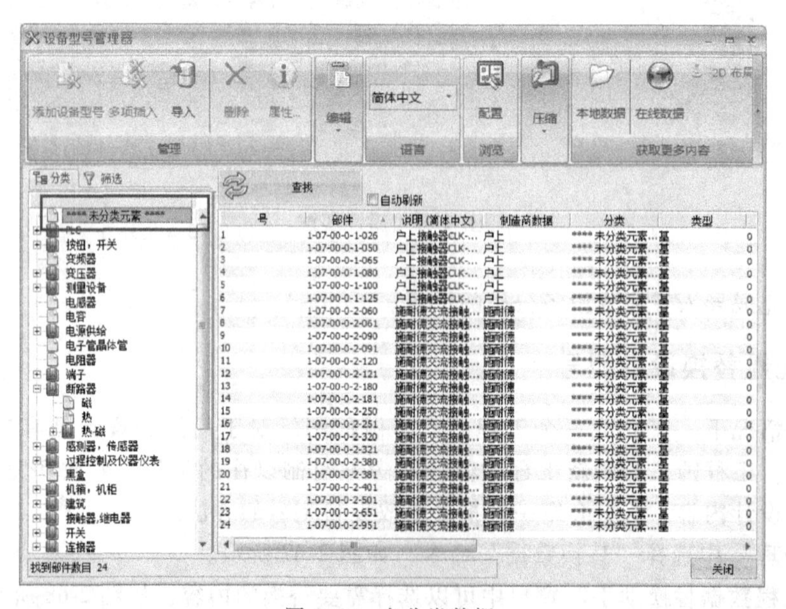

图 2-64 未分类数据

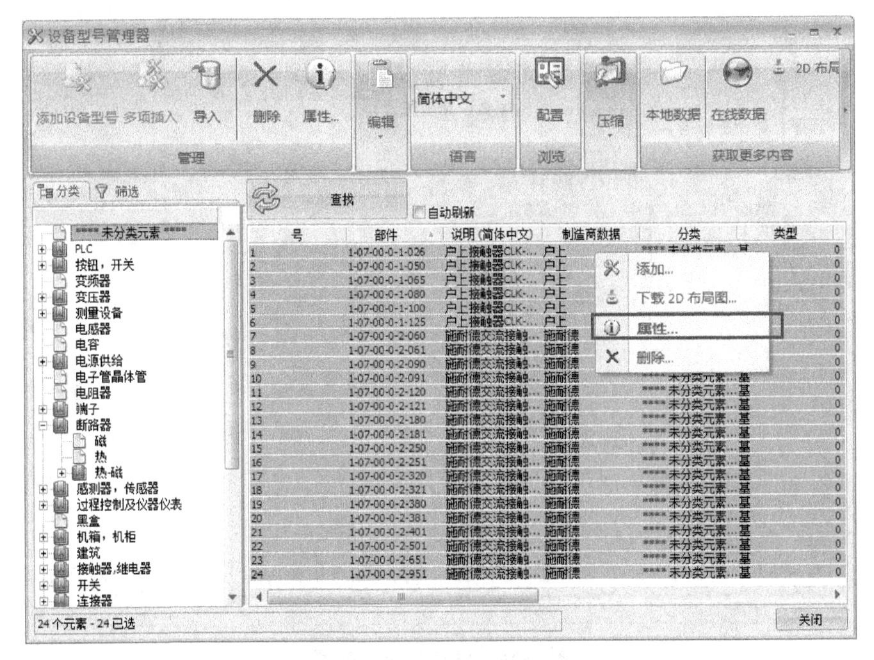

图 2-65　批量修改属性

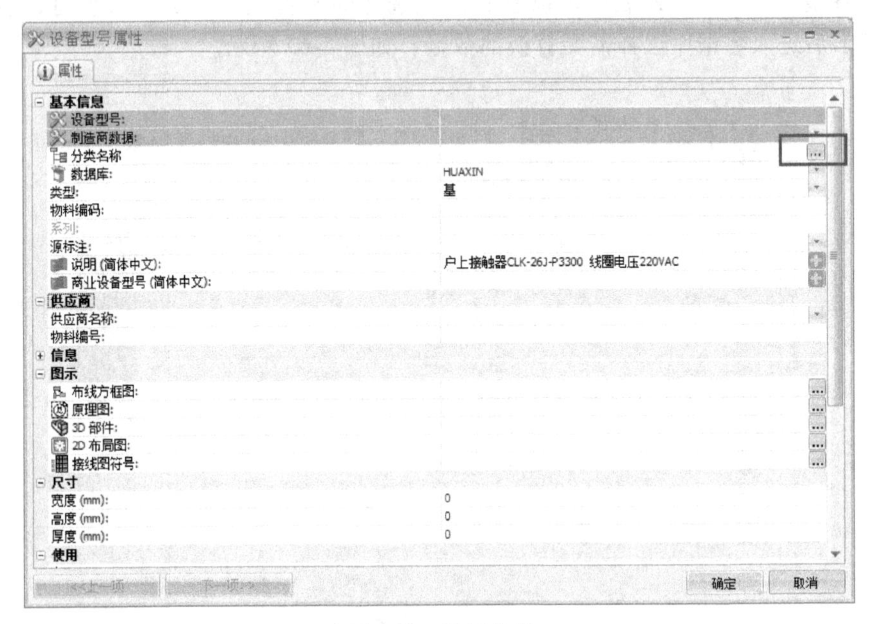

图 2-66　设置分类

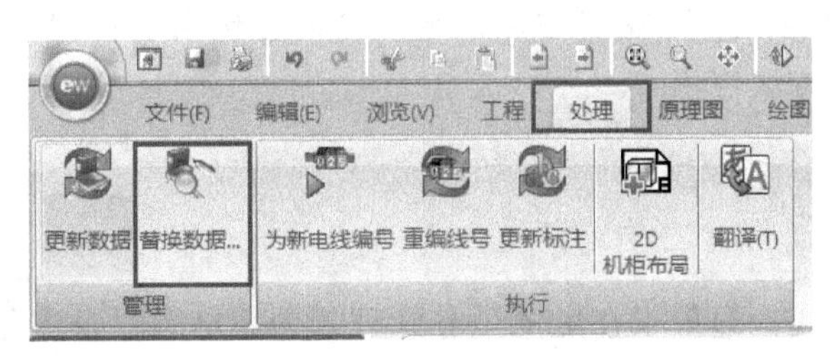

图 2-67　替换数据

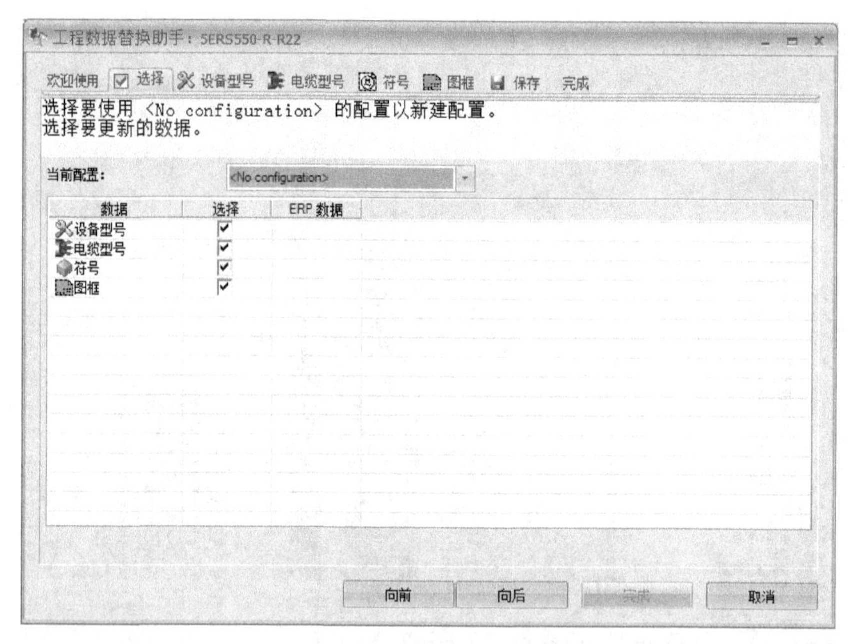

图 2-68 设置替换的内容

以设备型号为例，在列表中可以看到已经选择的设备型号数据，这里可以直接选择替换，双击后进入数据库选择需要替换的数据，如图 2-69 所示。

工程数据替换助手：5ERS550-R-R22

欢迎使用 选择 设备型号 电缆型号 符号 图框 保存 完成

选择要更新的数据。
- 您可以复制/粘贴到 Excel 中
- 未在数据库中找到与数据对应的红色单元格。

	状态	实例已存在	制造商数据	部件	制造商数据（替换为）	部件（替换为）	选择
1	...	3	华信	1-07-00-00-017		...	
2	...	2	华信	1-07-13-00-011		...	
3	...	1	华信	1-07-24-00-001		...	
4	...	1	华信	1-07-25-20-026		...	
5	...	1	华信	1-07-25-20-032		...	
6	...	3	华信	1-07-25-20-080		...	
7	...	1	华信	1-07-25-20-090		...	
8	...	1	华信	1-07-25-20-091		...	
9	...	1	华信	1-13-05-00-042		...	
10	...	1	华信	1-13-05-00-043		...	
11	...	1	华信	1-13-05-00-046		...	

向前 向后 完成 取消

图 2-69 选择替换数据

从“工程数据替换助手”窗口中可以替换的内容包括设备型号、电缆型号、符号、图框等，替换的操作方法均相同。

2.5 电缆

工程中使用的电缆，都集中在电缆型号管理器中。电缆目录中包含大量的电缆型号信息。当然，也可以创建自己的电缆。

2.5.1 电缆型号管理器

电缆型号管理器是创建和修改电缆型号的管理器，内容主要包括：

新设备型号：用于创建新设备型号。新型号将会获取被选择元素的属性。

多项插入：用于创建多个型号。一旦第一个型号创建完毕，elecworks 会自动创建其他型号。

导入：用于导入包含电缆型号的信息。所导入的型号会添加到电缆管理器中。

属性：用于编辑电缆型号的属性。

压缩/解压缩：创建压缩文件，以便于在其他计算机上再次利用。用此方法可方便地将电缆信息从一台计算机传递到其他计算机上。

2.5.2 电缆管理器

与电缆型号管理器不同，电缆管理器会列出工程中使用的所有电缆。在工具栏的“工程”中可以找到电缆。

电缆可以根据“从位置/到位置”或者功能做排序，如图 2-70 所示。

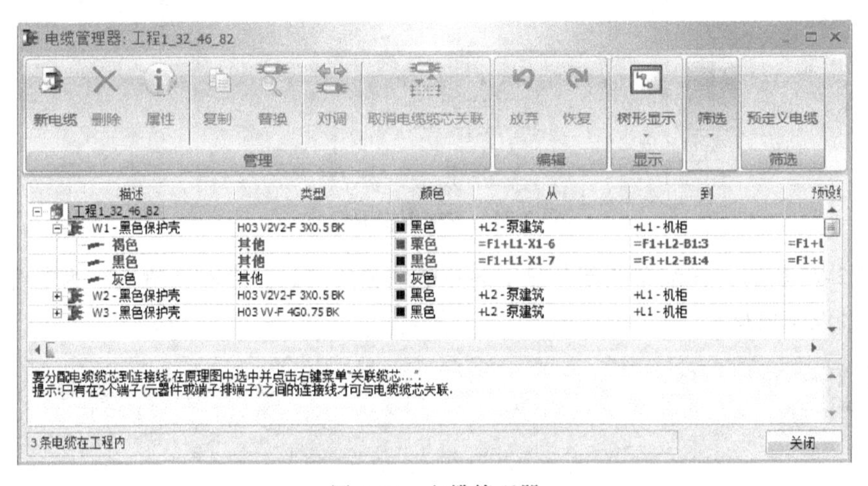

图 2-70 电缆管理器

图 2-70 工具栏中的主要命令按钮功能如下：

新电缆：工程中创建新的电缆。这个新的电缆不会赋予位置属性。

删除：用于删除电缆。删除电缆仅用于电缆没有被预设或者没有在图纸中被使用。

属性：用于打开所选电缆的属性。

替换：使用具有至少相同芯数的电缆型号替换当前所选型号。

对调：用于交换所选芯的“从”和“到”。

取消电缆缆芯关联：用于取消电缆芯的接线。

展开“电缆”后会看到详细的每根芯的信息，如图 2-71 所示。

工程1_32_46_82	
W1 - 黑色保护壳	H03 V2V2-F 3X0.5 BK
褐色	其他
黑色	其他
灰色	其他

图 2-71 电缆芯

已有连接的电缆芯为蓝色。

预设的电缆不会被接线，如图 2-72 所示。

图 2-72　预设电缆芯状态

有的电缆既没有预设也没有接线，如图 2-73 所示，为备用状态。

图 2-73　备用电缆芯状态

2.5.3　方框图中的电缆

在选择的电缆上打开关联菜单，如图 2-74 所示。

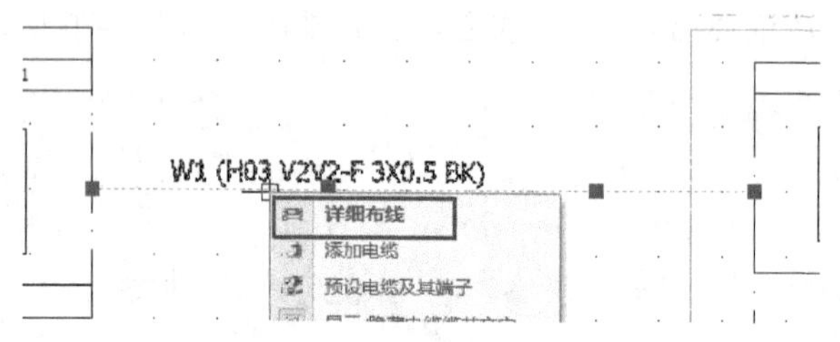

图 2-74　方框图中的电缆

如图 2-75 所示，详细布线部分显示的是电缆相关信息。左右两侧内容为电缆的“从”“到”连接设备信息。

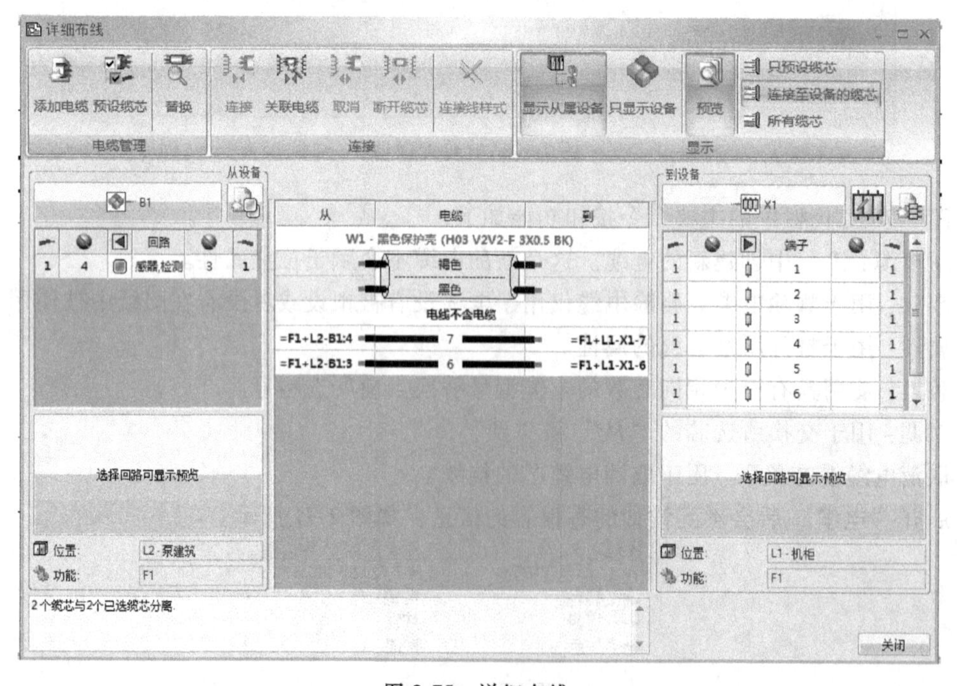

图 2-75　详细布线

有多种方式可以添加电缆接线关系：

1）拖动电缆芯到设备的连接点上，如图 2-76 所示。

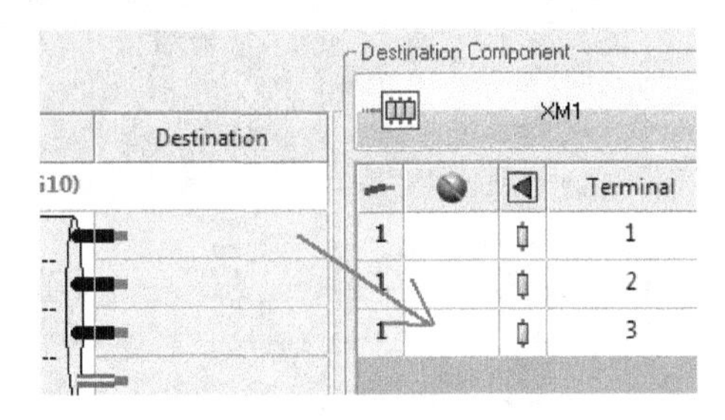

图 2-76 拖动电缆芯连接

2）如果有“未连接电缆”，选择电缆并单击“预设电缆”，如图 2-77 所示。

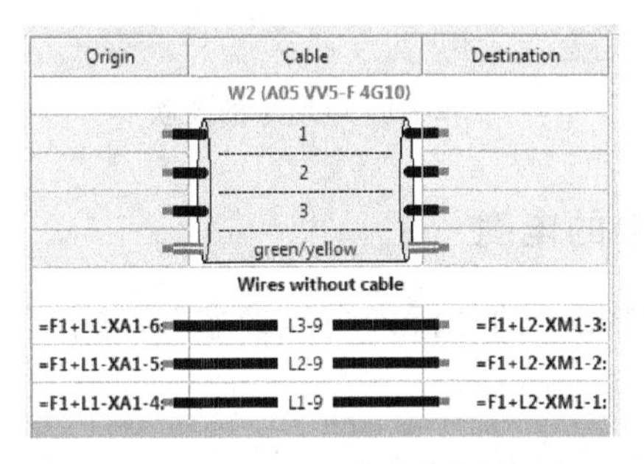

图 2-77 预设电缆连接电缆芯

2.5.4 原理图中的电缆

在原理图中关联电缆的命令是在选择电缆后右击的快捷菜单中，如图 2-78 所示。

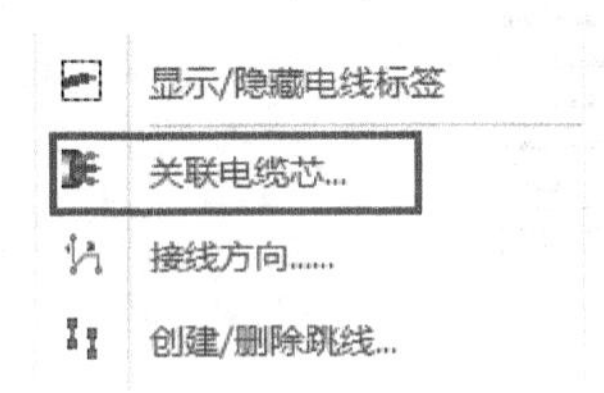

图 2-78 原理图中关联电缆芯

另一种添加电缆的方式为：右击电线，选择“接线方向”，在弹出的对话框中选择“关联缆芯……”，如图 2-79 所示。

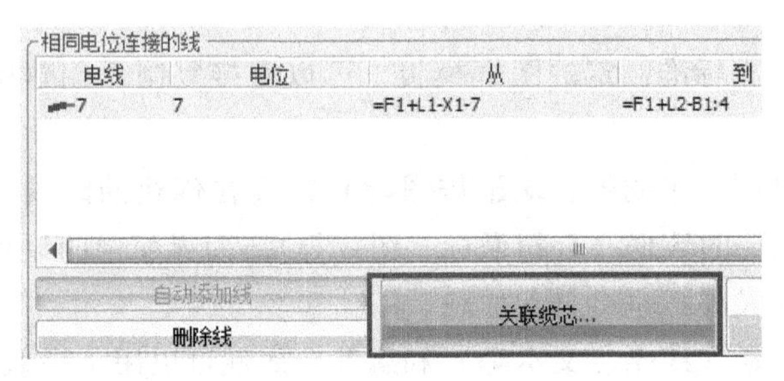

图 2-79 接线方向中“关联缆芯”

选择电缆芯和电线，单击“关联缆芯图标”，如图2-80所示。

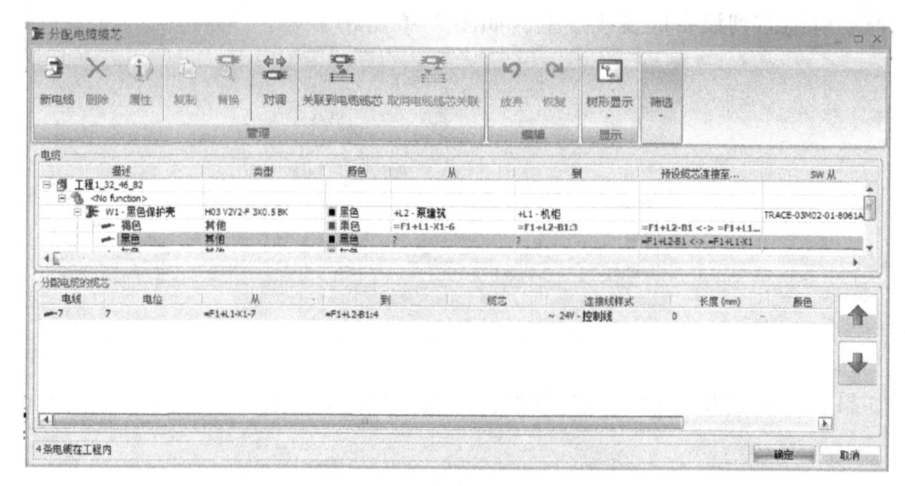

图2-80　电缆芯的关联

2.5.5　端子排编辑器中的电缆

选择端子，单击图2-81所示的“添加电缆缆芯”，按钮，打开“关联电缆芯”对话框，分配电缆芯。

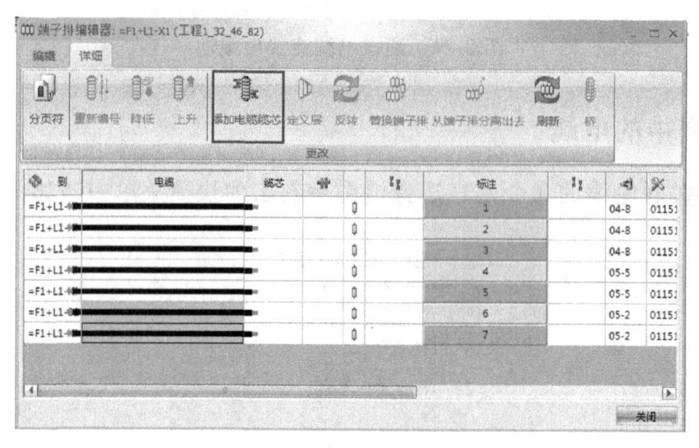

图2-81　端子排中关联电缆芯

2.6　图框

elecworks自带根据标准制定的图框模板，可以直接复制后创建副本，在副本上做修改以便提高效率。

所有界面（原理图、布线图、端子排图等）都会在创建的时候使用一个图框，以便于统一一些图中所需要的数据（公司徽标、图片等）。而界面中的设置（栅格的显示、线型的定义、文本的样式等）也会自动加载。

图框包括图形元素（线条、文本等）和属性，属性可以用于提取工程元素（文件集、文件夹、界面等）的属性值。

2.6.1 图框管理器

所有的图框都被存储在数据库中，便于管理已存在的图框或创建新的图框，如图2-82所示。

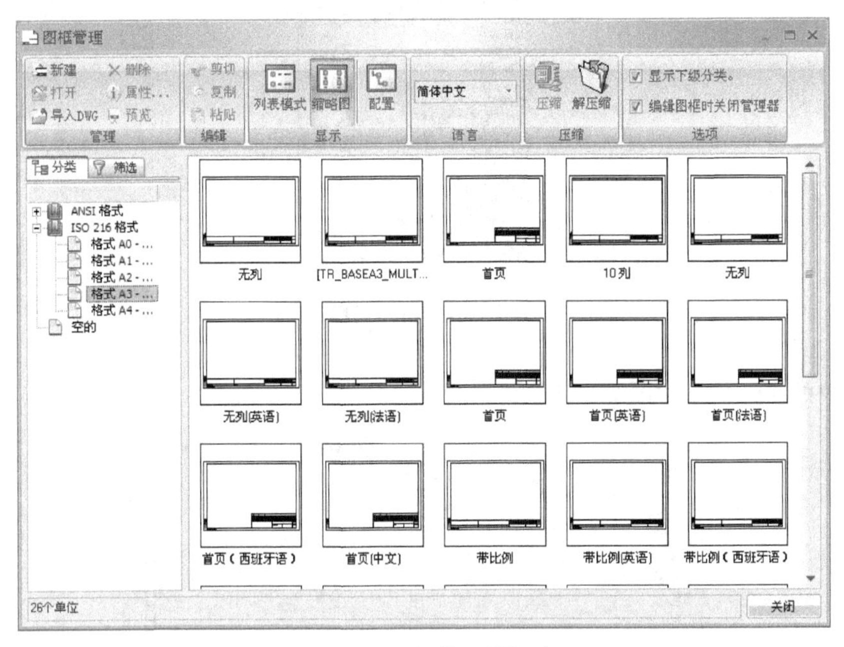

图 2-82 “图框管理器”窗口

工具栏中的命令按钮功能如下：

新建：用于创建新的图框。

打开：用于打开选择的图框，便于修改或定义属性。

导入 DWG：用于导入 AutoCAD 格式文件，并转变为图框。

删除：用于删除已选择的图框。

属性：用于打开已选图框的属性。

预览：用于打开已选图框的预览。

剪切/复制/粘贴：用于创建图框的副本。

列表模式/缩略图/配置：用于管理显示和图框在界面右侧的显示设置。

压缩/解压缩：压缩是用于生成 ZIP 文件。解压缩是将压缩后的图框文件添加到库中。例如，这个过程可以用来在公司之间交换图框。

显示下级分类：用于显示分类中的下一级的图框。

编辑图框时关闭管理器：如果配置了这个选项，管理器会在编辑图框时自动关闭。

图 2-83 图框属性按钮

2.6.2 图框属性

在“图框属性”中可以定义管理中分类的标准和用于交叉引用的行列的设置。选中图框后，在工具栏中单击“属性”按钮，如图

2-83 所示，即可以进行设置了。

这些属性也可以在编辑图框的时候显示在侧边栏中，如图 2-84 所示。

图 2-84　图框属性

图框中的属性信息如图 2-85 所示。

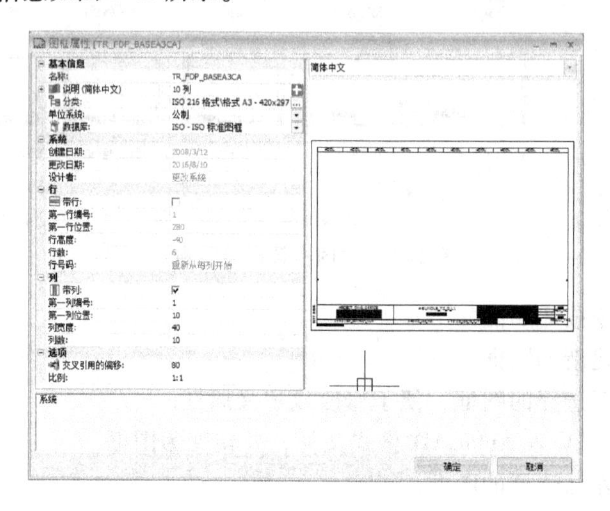

图 2-85　图框属性信息

图 2-85 中各项分别是：

基本信息：用于命名图框，分类图框，指定创建或者修改日期，配置唯一的测量系统。

系统：用于显示图框的创建、更改日期和设计者，该部分内容为系统默认，不可更改。

行：用于管理图框中“行”的设置，如图 2-86 所示。

1）带行：选中后使用行管理。

2）第一行编号：设置第一行的编号。

3）第一行位置：与（0，0）的距离高度和第一行的起点。

4）行高度：第一行的高度（所有的行必须使用统一高度）。行的编号是存储在相互关联的系统中（第一行关联到图框上的第一个部分）。可以使用“-”标记反向的值。

5）行数：指定图框中使用的行数。

6）行号码：用于列数据变化的时候确保行连续。

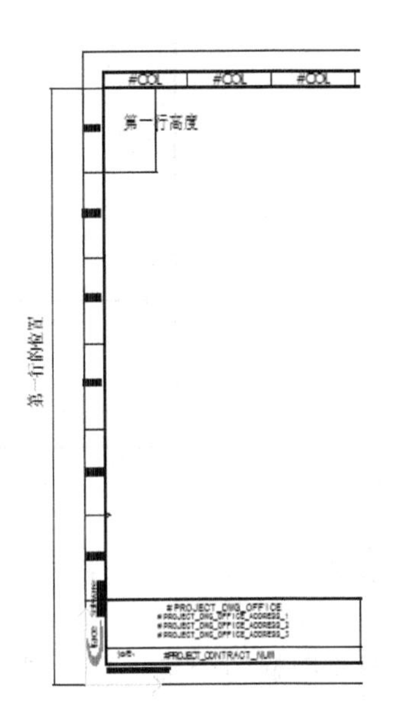

图 2-86 行的设置

列：用于管理划分图框“列”的设置，如图 2-87 所示。

1）带列：选中后使用列管理。

2）第一列编号：设置第一列的编号。(从右到左)。

3）第一列位置：与（0，0）的距离高度和第一列的起点。

4）列宽度：一列的宽度（所有的列必须具有相同的宽度）。

5）列数：设置在图框中的列的数量。

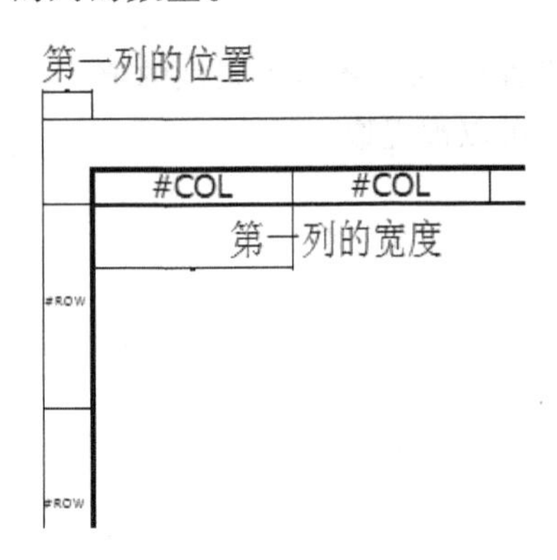

图 2-87 列的设置

选项：交叉引用的界限设置及图纸中显示的效果，如图 2-88 所示。

图 2-88 中，“比例”用于在 2D 布局图中符号显示的比例因素。

2.6.3 编辑图框

不管图框是导入的还是使用复制/粘贴创建的，都是可以修改的。在需要编辑的图框上右击选择“打开”命令，图框会打开一个图形化的编辑界面。

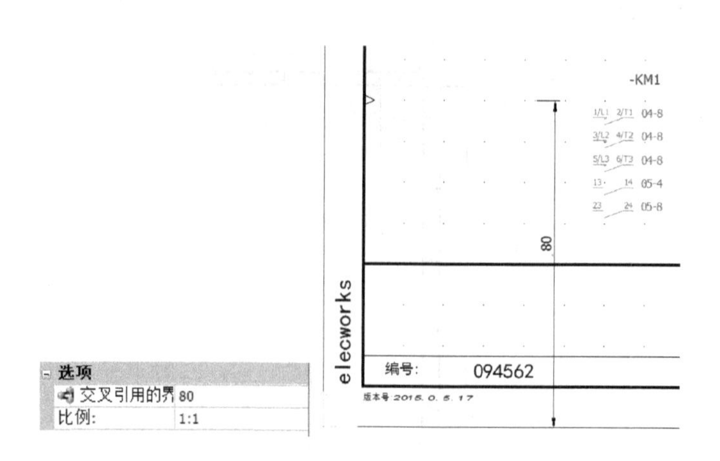

图 2-88　交叉引用的界限设置及图纸中显示的效果

在“绘图”中显示了用于修改图框的一些工具。侧边栏也会显示所需要插入的属性列表，和图框属性。

要插入属性，只需双击侧边栏上的“属性”，单击图形界面上要插入的点。一旦插入，软件中会出现关联菜单用于编辑属性的特征，例如字体、对齐方式、高度或颜色等。

图框在关闭的时候会自动保存。

提示：

- 不建议直接修改正在工程中使用的图框。修改后的图框在新建界面时使用。

---

1. 属性的定义

图框中的属性用于提取工程中不同级别的属性的值，如图 2-89 所示。显然，仅仅当属性出现在图框中之后，值才可以被提取。

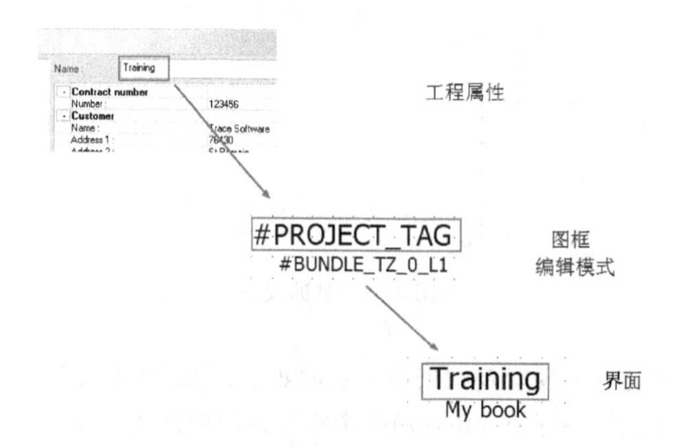

图 2-89　图框属性取值关系图

2. 插入图片（logo）

图框设计的最后一步是添加图片格式的图标。

在“绘图”中可以使用“插入图片”，如图 2-90 所示。

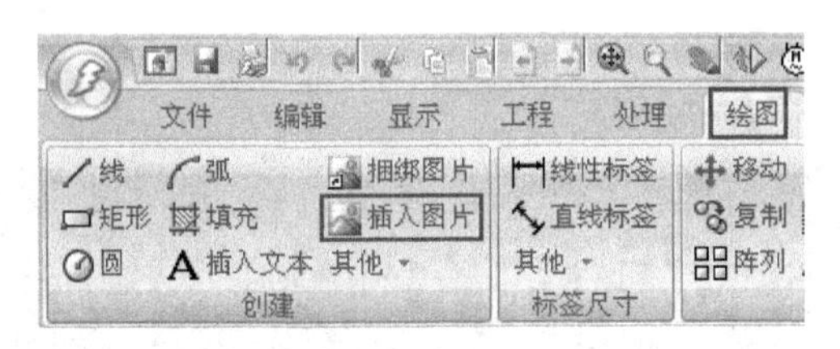

图 2-90 插入图片

注意：软件默认图片只能是 BMP 格式。如果需要插入其他格式图片，例如 JPEG 格式图片，可以先使用操作系统自带的画图工具编辑该图片。在保持编辑状态下，再次使用插入图片的工具，将选定格式选项更改为“全部文件”，选择正在被画图工具编辑的 JPEG 图片，就可以插入到图框中了。插入图片之前，应指定插入点和比例因子。

Chapter 3

第 3 章 数据的配置与使用

主要内容：

- ➢工程配置
- ➢交叉引用配置
- ➢接线方向配置
- ➢起点终点箭头配置
- ➢权限管理
- ➢协同设计

3.1 工程配置

一般来说，开始一个工程时，工程配置会默认采用工程模板中的配置。如果需要修改工程的配置，可以单击“工程”→“配置”，打开工程配置界面，可以配置的项包括工程语言、标准、图表、符号、文字字体设置、图框设置等。

3.1.1 基本信息

在“工程配置”对话框中，“基本信息”命令用于定义工程的基本配置，如图 3-1 所示。

图 3-1 中各配置项如下：

工程语言：可以设置工程的基础语言，如果工程为多语种，可以添加第二或第三种语言。这里设置的语言为图纸中可以显示的语言。例如，基础语言为简体中文，第二种语言为英语，则在工程中允许同时显示简体中文和英语。

在图 3-1 所示的语言配置中，打开界面属性时可以看到说明内容除了中文说明之外，同时出现了英语说明。完成中文说明和英文说明的填写后，由于文件导航器中界面说明默认显示基础语言，所以界面的说明会根据工程配置中基础语言的配置自动更新。

标准：一般来说，采用 IEC 标准时使用的是公制单位，截面积单位使用的是 mm^2。如果是 ANSI 标准，则采用英制单位，电缆采用 AWG 标准。

校对编号：可以设置从 0 开始，也可以从 1 开始，或者用字母，还可以自定义格式。

提示：

- “更新生成的图纸”为 2017 版本新增功能，用于关闭工程或同步 PDM 时自动更新报表。

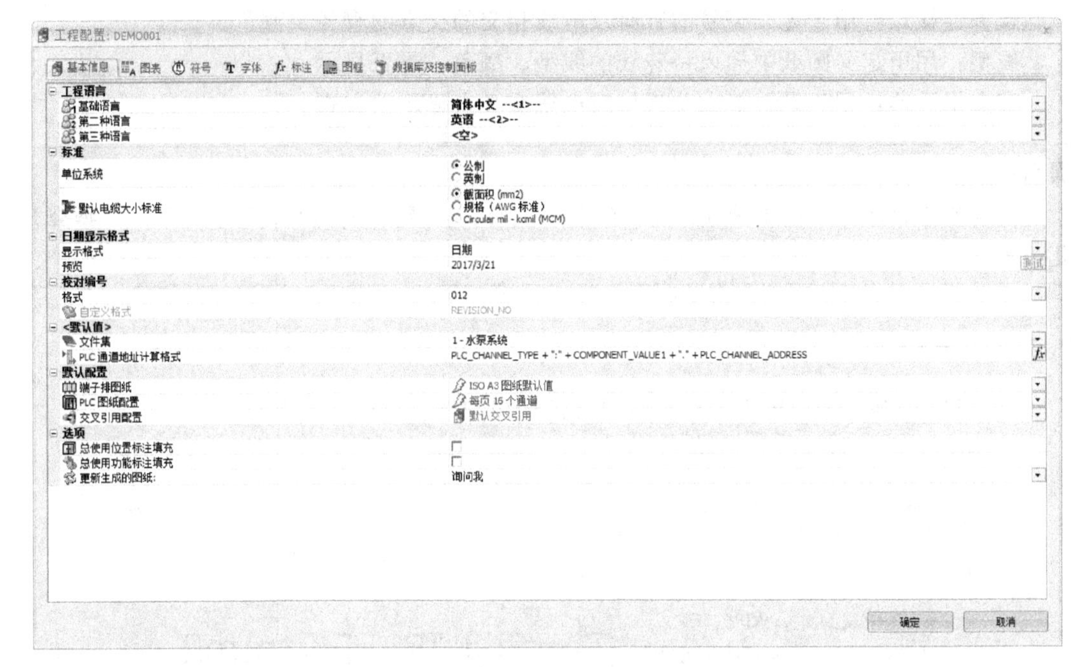

图 3-1 工程配置

3.1.2 图表

“图表”命令用于定义工程中显示的图形配置，例如颜色或符号样式，如图 3-2 所示。

工程配置: DEMO001

基本信息 图表 符号 字体 标注 图框 数据库及控制面板

设备连接点

说明	直径	颜色	显示
符号	1	12	总是
电线	1	221	☑

线型

说明	线型	颜色	显示	线宽
位置	中心线	21		0
功能	中心线	210		0
端子排	中心线	By block	☑	0
电缆芯	中心线	42	☑	0
跳线	分割线 (x 5)	55	☑	0
电位冲突	直线	蓝色	☐	1.2
电缆标注	中心线	蓝色		0

节点指示器

自动显示节点指示器 ☑

倾斜线尺寸 2.50000

确定 取消

图 3-2 “图表”对话框

图 3-2 中各配置项如下：

设备连接点：用于定义符号的管脚及电线相交的交点的直径及颜色。

线型：用于定义图纸中插入特殊线的线型、颜色、是否显示。

节点指示器：用于设置等电位连接时电线交叉点显示的方式。

提示：

● 设置直径时，最小值为 1。当数值小于 1 时，会显示 0，但关闭窗口后，数据会恢复为 1。

3.1.3 符号

“符号”命令用于设置界面中各种符号的调用配置，如图 3-3 所示。

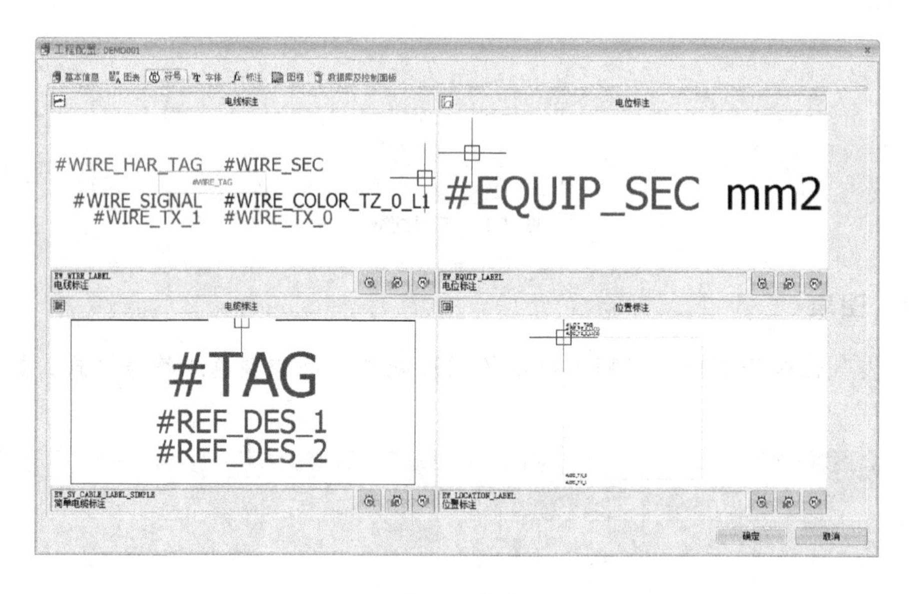

图 3-3 符号

例如，在方框图中右击电缆后选择电缆标签，可以得到如图 3-4 所示 W3 电缆标签：

如果需要调整或修改符号，可以直接使用符号右下角的编辑符号功能进入符号编辑状态，编辑方法与创建符号时使用变量方法一致，可以添加或删除对应的标注变量。

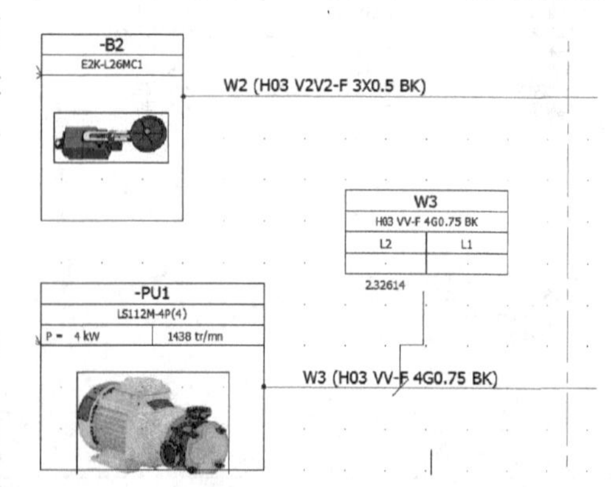

图 3-4 电缆标签效果图

3.1.4 字体

“字体”命令用于设定界面中自动显示的文字字体。

一般来说，推荐原理图中文本高度以 2 或 1.5 为宜，因为符号的标注一般为 2.5。如果这里设置的高度（例如电位文本高度设置为 2.5）所得到的效果会影响符号标注在图纸中的显示。

3.1.5 标注

“f_x 标注”命令用于定义工程中名称变量的格式，如图 3-5 所示。

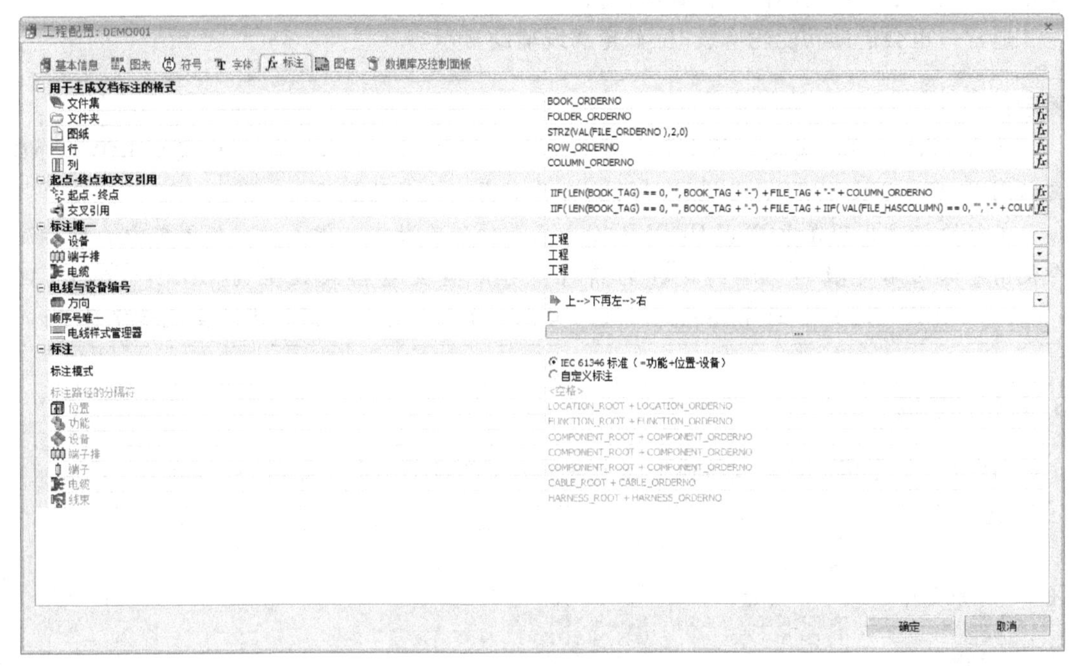

图 3-5 标注定义

标注过程中，默认出现的变量值为固定值，例如 BOOK_ ORDERNO 代表文件集的序号标注。

用户可以自行定义编号的格式。单击文件集右侧的 f_x 后进入格式管理器，可以将变量修改为 STRZ（VAL（FILE_ ORDERNO），2，0），这样文件集的序号就设置为两位数了。

文件夹编号、界面编号等编辑方法类似。

图 3-5 中，“标注唯一”用于定义工程中标注命名的唯一性。

一般来说，默认在一个工程中数据标注唯一。这种情况适用于一个项目是一台机柜或者一个设备。主要的目的是避免符号重命名错误。例如，默认在一个工程中禁止出现两个以上相同的符号名称，只能出现一个符号为 Q1 的设备。

如果一个工程需要创建两个机柜（或设备）时，可能会出现不同的机柜中设备名称相同。

这样，可以通过修改唯一性来实现，如图 3-6 所示。

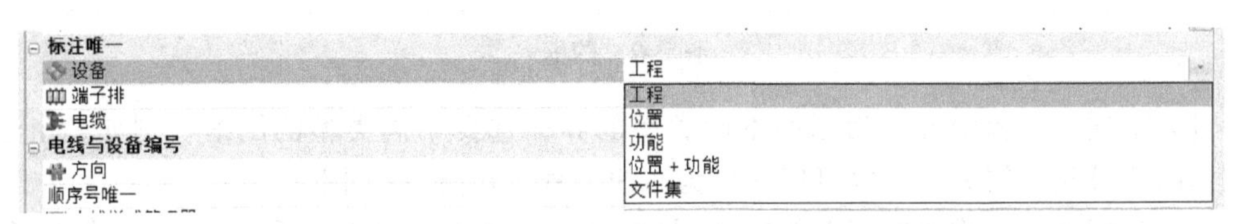

图 3-6 修改唯一性定义

“标注”用于格式化标注的命名。默认使用 IEC61346 标准定义。

在标准定义中，“=”代表功能，“+”代表位置，“-”代表设备。当设备的位置或功能属性与所放置界面的对应属性相同时，默认不显示相同的属性；当不相同时，会在设备名称上显示对应的功能或位置属性值。

通常，也会借助功能轮廓线/位置轮廓线辅助显示。

提示：

● 在 2015 版本之前使用的变量名称与之后版本不同，例如行标注代码从 ROW_ NO 更新到 ROW_ ORDERNO，但是这样的更新并不影响变量的使用。

● 行的标注代码是 ROW_ ORDERNO，显示的值为数字。但是，一般图框中的行标注会使用字母而不是数字。遇到这样的情况，可以将变量格式设置为 CHAR（64+VAL(ROW_ ORDERNO)），这个公式是将数字转化成字母。这样，图框中就会显示字母了。

3.1.6 图框

“图框”命令用于指定或替换工程中各种类型图纸的图框，如图 3-7 所示。

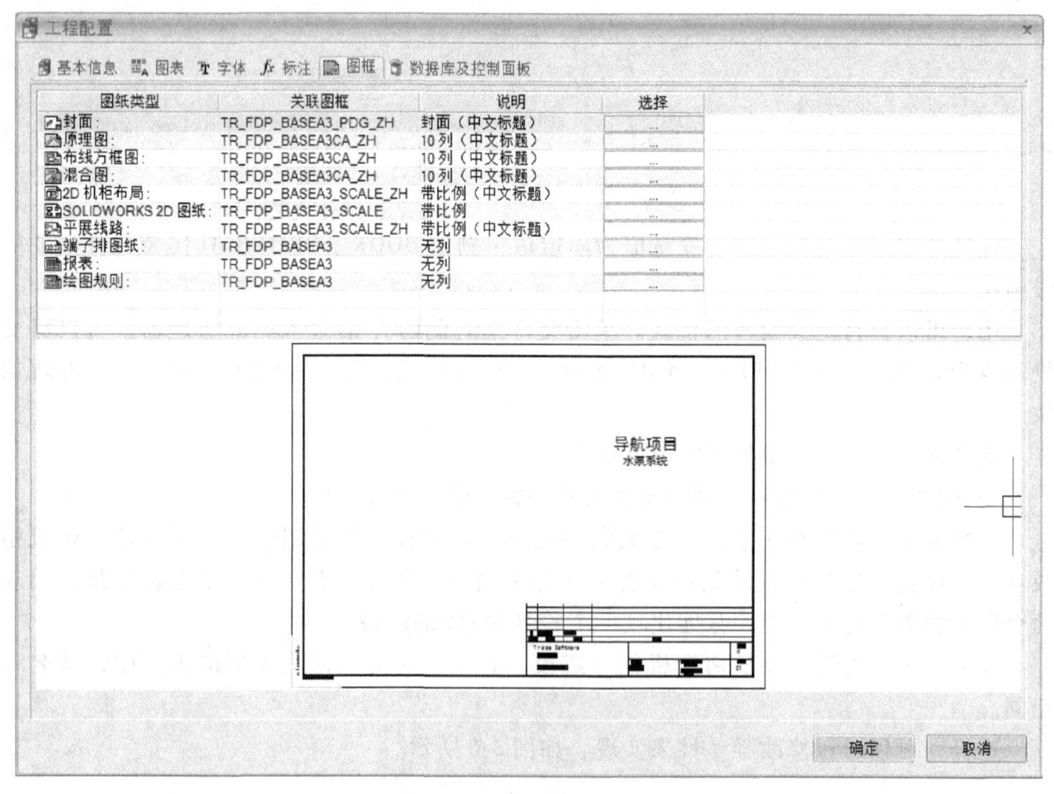

图 3-7 图框

可以看到，工程中可以为每种不同类型的界面选择不同类型的图框。例如，由于布线方框图符号相对较大，所以可以考虑为布线方框图设置 A1 图框。

在 IEC 标准中，推荐原理图使用 A3 界面设计，这样得到的图纸可以在 A3 或 A4 纸张上打印能够显示正确，不会出现线条或文字的像素失真。所以，一般来说在工程模板中都是使用的 A3 界面图框。

在为已有工程选择新图框时，会得到图 3-8 所示的提示：

“更新所有相关原理图”命令可以将已有的相同类型的界面图框全部切换成新图框。

“不做任何更改”命令仅更改工程配置，但不更新现有图框，设置对下一次操作有效。

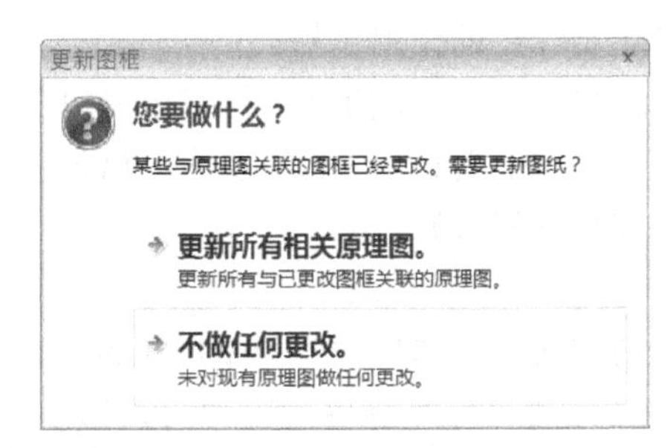

图 3-8 更新图框提示

3.2 交叉引用管理

一个装置可以由一个或多个符号来表示。当它由多个符号表示时，这些符号可以插入在不同的界面中。交叉引用就表达这些不同符号之间的关联关系，如图 3-9 所示。

根据使用的标准和符号的类型，分不同层次的交叉引用。

1）“父行”型符号（例如断路器）。

2）“父图表”型符号（例如线圈）。

3）“子”型符号（例如触点）。

4）“同等级”的符号（例如带灯按钮）。

5）“无”交叉引用（例如电源）。

交叉引用是实时计算的，关于连接符号的每一个动作（移动，删除等）都会引起交叉引用的更新。

交叉引用缩略图的自动生成是基于符号（回路）的预先定义或者参数的配置。

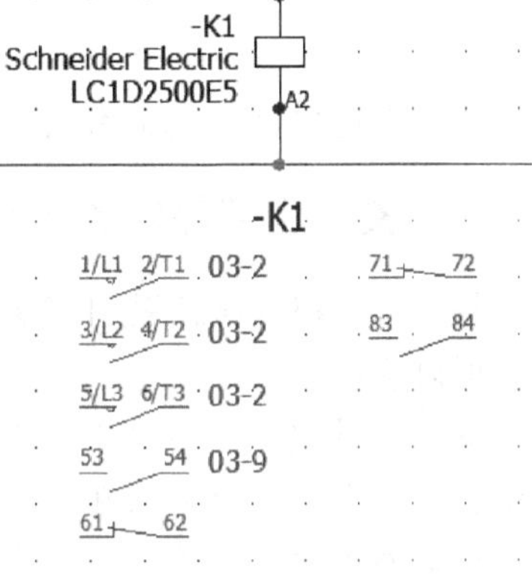

图 3-9 交叉引用

3.2.1 交叉引用配置

“交叉引用图形”的配置命令在“工程”菜单下面的“配置”命令中，如图 3-10a 所示。单击“交叉引用图形”按钮，打开“交叉引用图纸配置”对话框，如图 3-10b 所示。

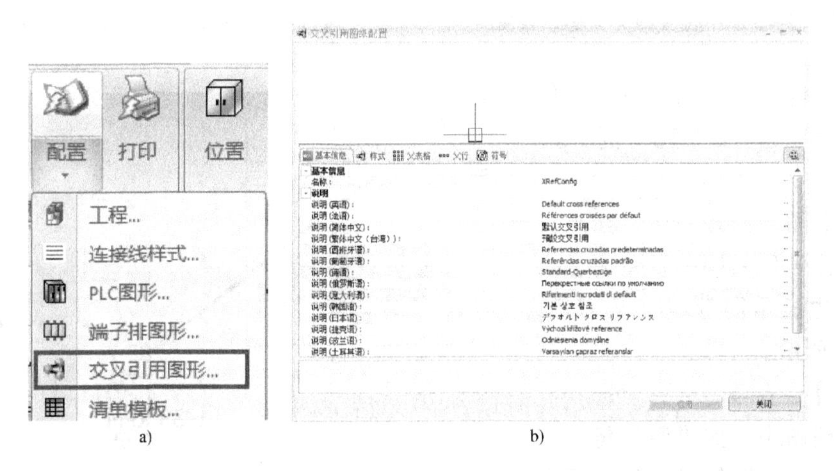

a) b)

图 3-10 交叉引用配置

其主要标注的作用包括：

1）在“基本信息”标签中可以根据目前回路的状态修改回路颜色。

2）在“父行”标签项中可以设置“断路器”类型符号的交叉引用的格式（生成的标签靠近符号）

3）在“父图表”标签选择中可以设置“线圈”类型符号的“交叉引用”格式（生成的交叉引用图形位于图纸的下部）

4）“符号”标签选项中可以修改回路和交叉引用的关联。

使用一个在工程配置中的公式（在图 3-11 所示的“标注”选项卡中）可以指定显示的回路文本在图纸中的位置（如图纸页码+列）。

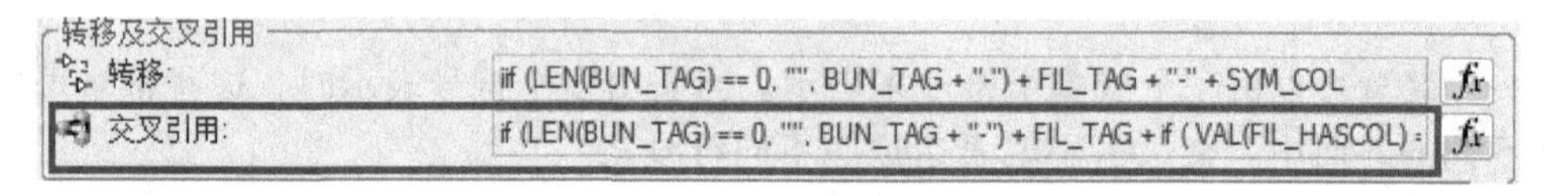

图 3-11　交叉引用公式

图框中也包含“交叉引用”的配置信息。

3.2.2　交叉引用等级的定义

每个符号都有交叉引用等级设置的属性。这是一个默认的设置，并且在插入符号的时候可以修改。

单击“数据库”→“符号管理器”，在打开的对话框中选择任意符号，单击“属性”按钮，可以看到“符号属性”中的“交叉引用类型”，如图 3-12 所示。

在页面中插入符号时，自动弹出的“符号属性”对话框中也可以单独对该符号修改交叉引用的类型，如图 3-13 所示。

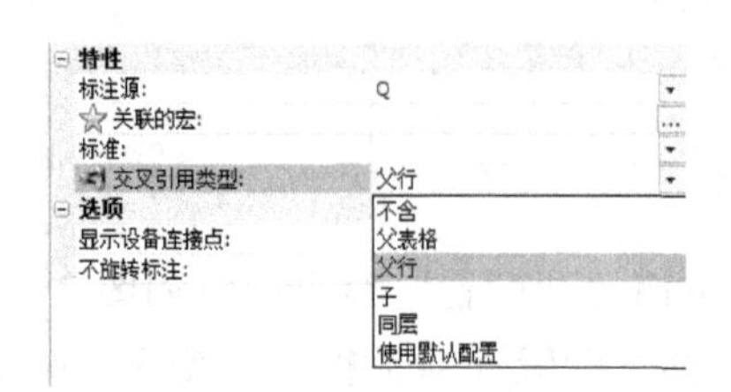

图 3-12　符号库中符号的交叉引用设置

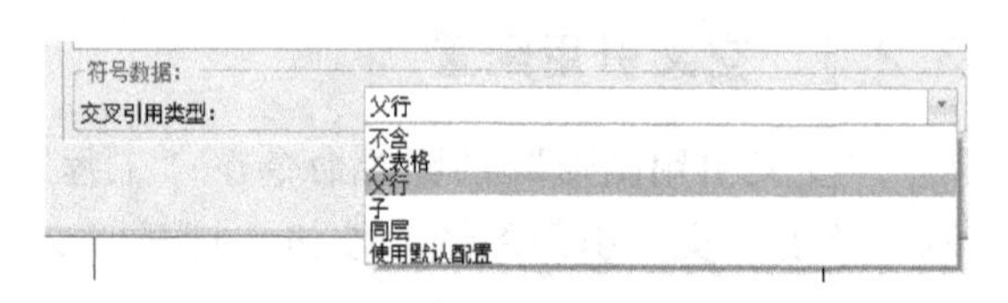

图 3-13　符号属性中的交叉引用设置

在各种等级中，比较难以理解的是同等级，这里给出两个例子。

【例 1】

在方框图与原理图中，如果使用不同的符号代表同一设备时，会在符号旁边显示同等级交叉引用，如图 3-14 所示。

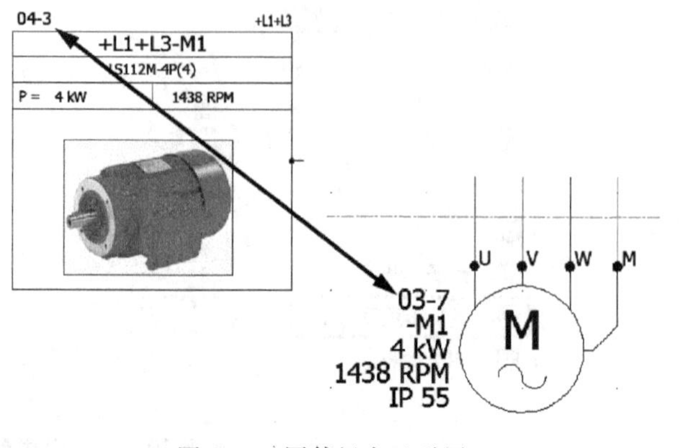

图 3-14　同等级交叉引用 1

【例 2】

在原理图中，如果需要将同一个设备的不同回路符号放置在界面的不同位置，也可以使用同等级，如图 3-15 所示的 Q5，虽然是两个符号，但是实际上是同一个设备 Q5 的两个不同回路对应的符号，端子号也分别为 1，2 和 3，4。

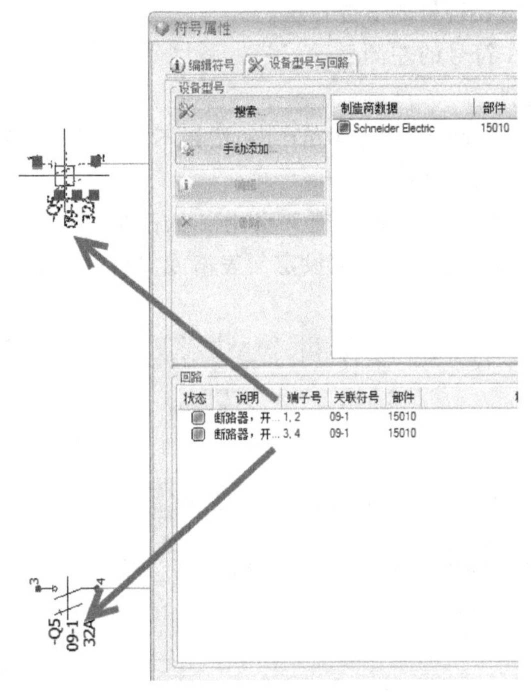

图 3-15　同等级交叉引用 2

这样的绘图方法在带灯按钮或机械连锁设备中也可使用。

提示：

- 本文采用 2015 版本之前的名称“同等级”，之后的版本称之为“同层”。

3.2.3　符号属性的交叉引用设定

符号库中，每个符号的属性中都会有交叉引用的设定。交叉引用的类型如图 3-16 所示。

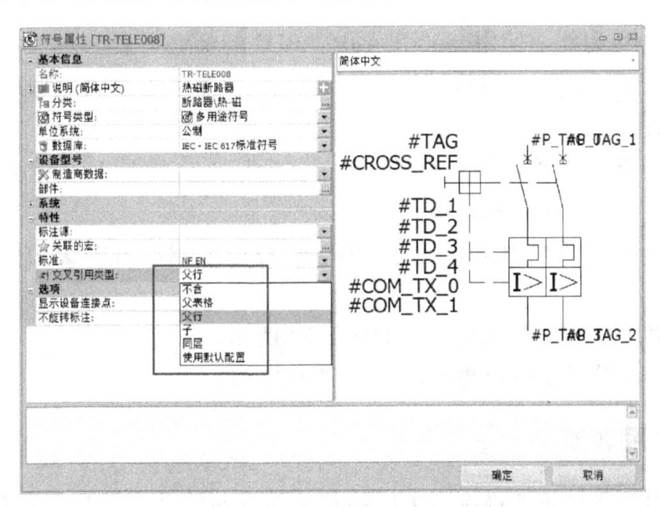

图 3-16　交叉引用类型

图 3-16 中，“交叉引用类型”包含下列 6 项：

- 不含：不使用交叉引用。
- 父表格：交叉引用在符号的下方显示。
- 父行：交叉引用在符号的左侧显示。
- 子：从属于父级别。
- 同层（同等级）：例如带灯按钮中的灯和按钮不存在从属关系。
- 使用默认配置：使用默认配置。

单击“工程”→“配置”，打开“交叉引用”的配置后，可以看到交叉引用的高级设定选项，如图 3-17 所示。这里，可以设定父表格或父行的文本间距及位置。

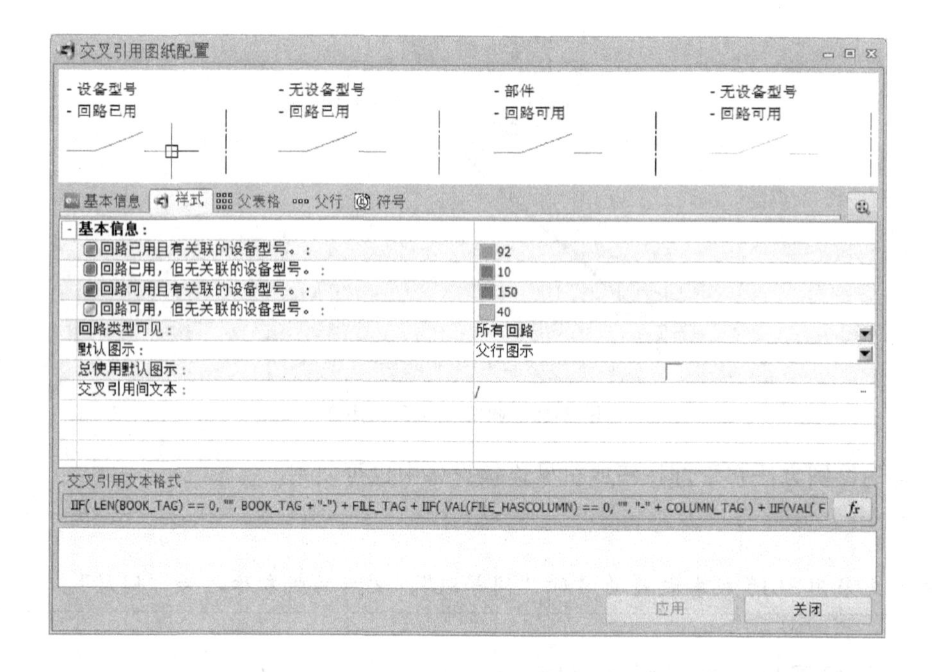

图 3-17 “交叉引用图纸配置”窗口

这里以 PLC 符号为例，使用交叉引用显示 PLC 的 I/O 列表。在“符号”一栏中设定了每个回路对应显示的交叉引用符号样式。例如 PLC 数字量输入，调用的符号显示在右侧，如图 3-18 所示。

基于此设置，如果界面中绘制了 PLC 的某些 I/O 点，如图 3-19 所示：

这些 I/O 符号，均为子类别，如图 3-20 所示。

那么，当设定 PLC 总图为父图表类别时，就可以显示所有的交叉引用数据了，如图 3-21 所示。

总图下方会显示所有 I/O 的位置，如图 3-22 所示。

交叉引用调用的符号是可以更改的，如图 3-23 所示。

3.2.4 交叉引用导航

可以直接使用关联菜单切换到所关联的其他部分的符号，如图 3-24 所示。

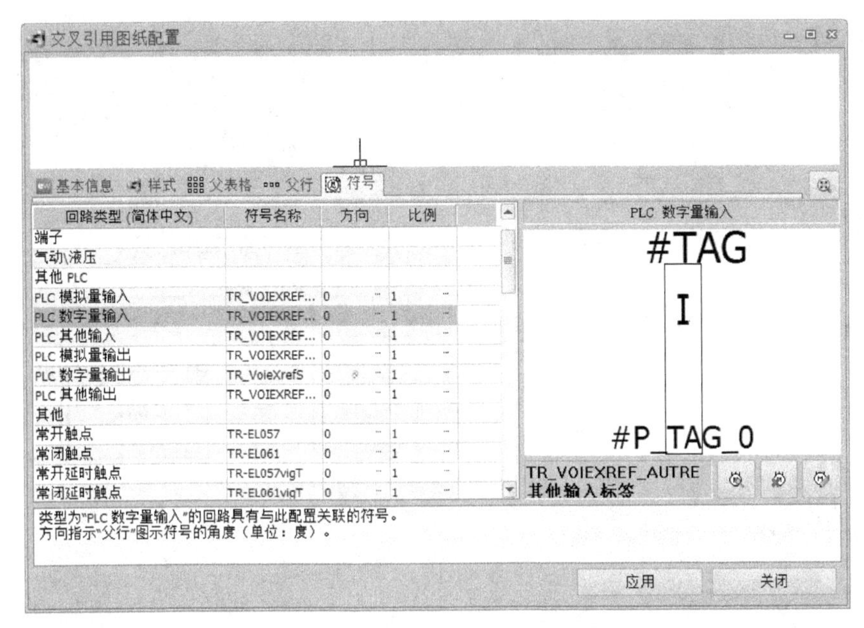

图 3-18 I/O 的交叉引用符号设定

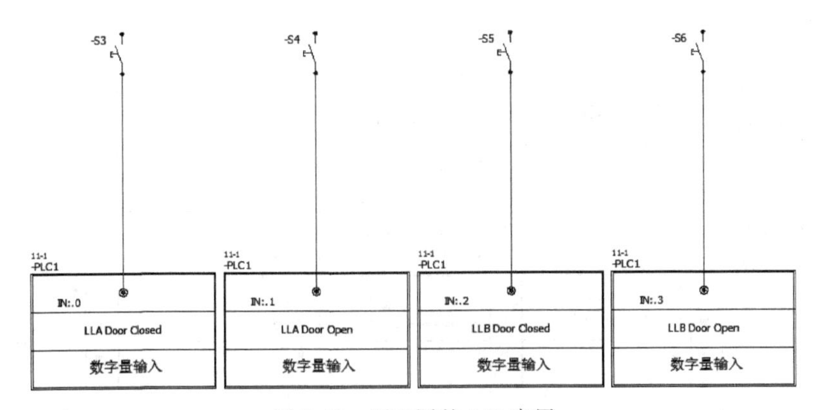

图 3-19 原理图的 I/O 应用

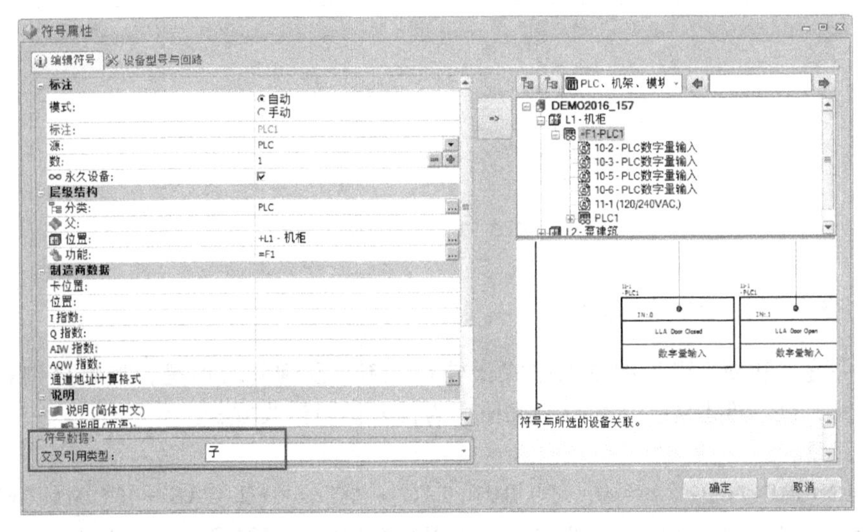

图 3-20 子类别的 I/O

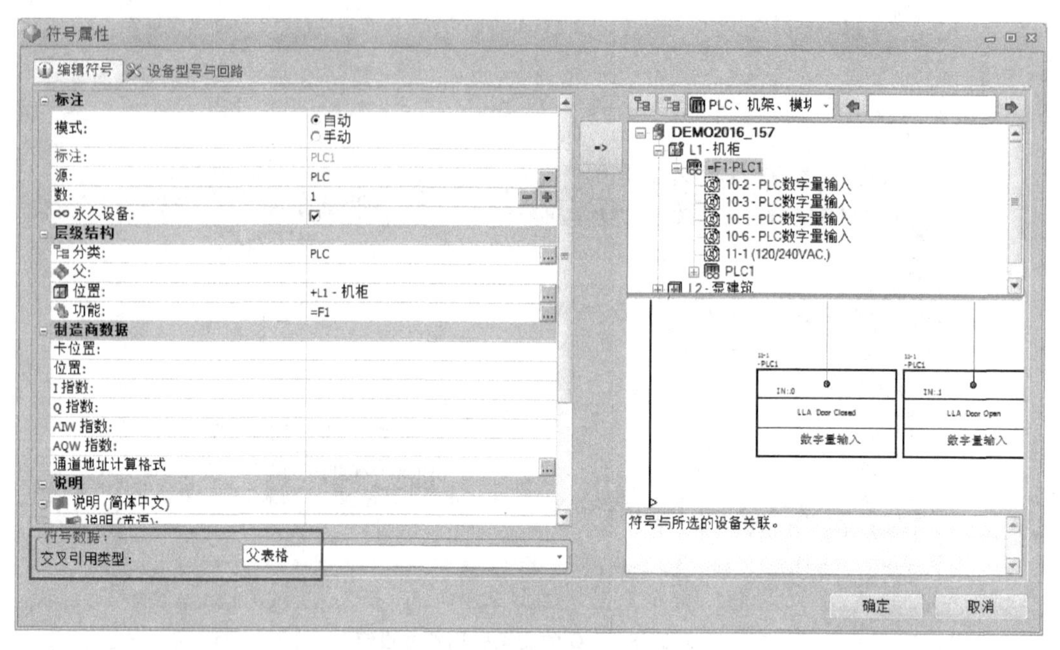

图 3-21　PLC 的父类别符号

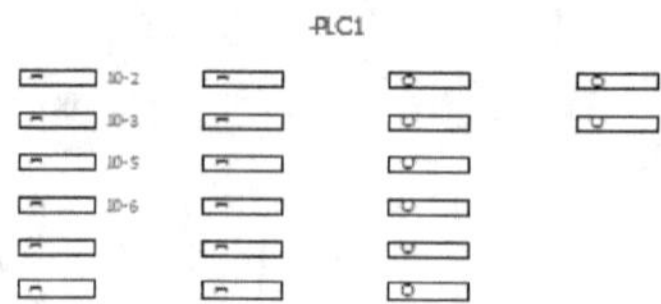

图 3-22　PLC 总图

3.2.5　交叉引用公式的修改

起点—终点和交叉引用的变量格式比较长，不容易理解。但是，如果分别查看里面的独立变量，也不难理解。下面以交叉引用为例来说明修改方法。

原格式是：

if (LEN(BUN_TAG) = = 0, "", BUN_TAG + "-") + FIL_TAG + if (VAL(FIL_HASCOL) = = 0, "", "-" + COL_TAG) + if(VAL(FIL_HASROW) = = 0, "", "-" +

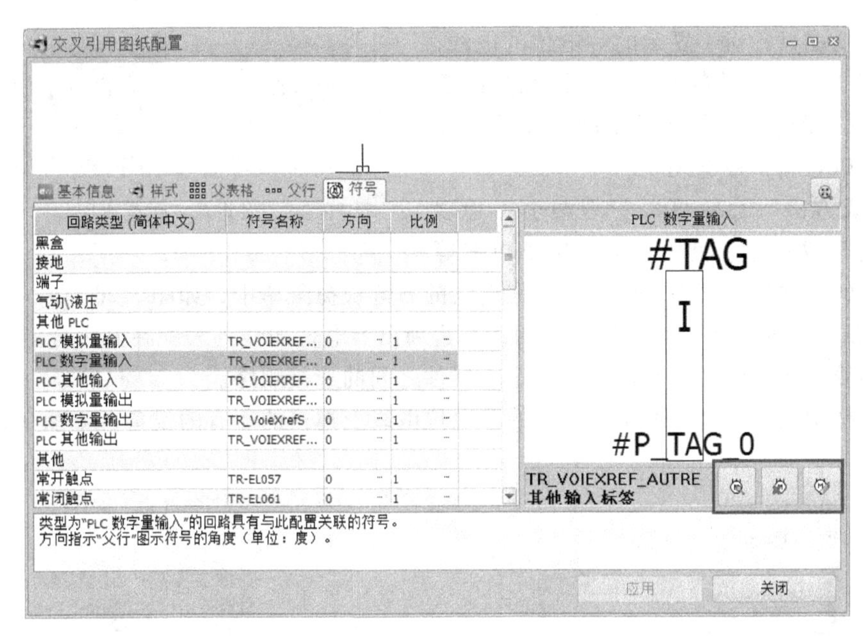

图 3-23　更改交叉引用符号

ROW_TAG)

仔细研读不难发现，FIL_ TAG 是页码，COL_ TAG 是列号，ROW_ TAG 是行号。知道这 3 个变量后，再看其他的就简单了。普通的文本（非变量）需要使用双引号，例如“-”。于是会得到如图 3-25 所示的结果，通常称为触点镜像。

如果将上述格式修改为：

if (LEN(BUN_TAG) = = 0, "", BUN_TAG + "-") +"/"+ FIL_TAG + if (VAL(FIL_HASCOL) = = 0, "", "." + COL_TAG) + if(VAL(FIL_HASROW) = = 0, "", "." + ROW_TAG)

结果如图 3-26 所示。

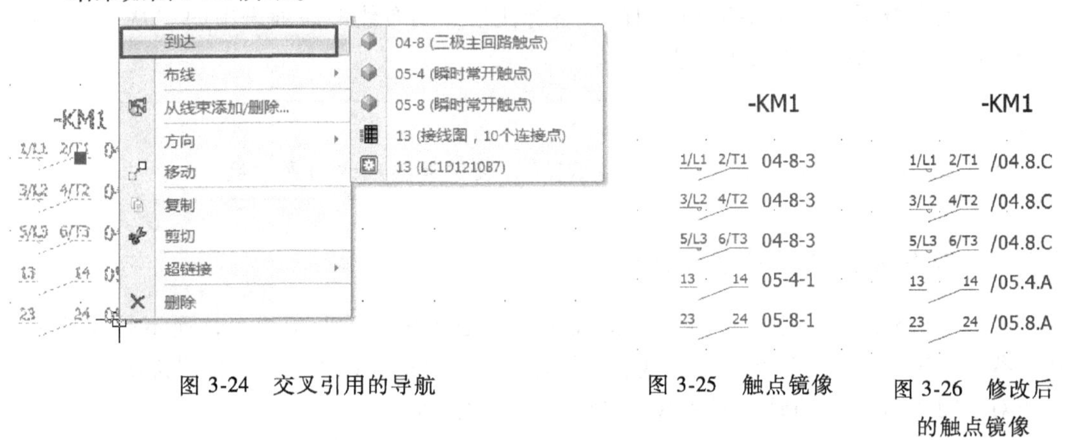

图 3-24　交叉引用的导航　　图 3-25　触点镜像　　图 3-26　修改后的触点镜像

3.3　接线方向管理器

定义接线方向的目的是定义这些连接在一起的设备的接线关系。

这个功能只针对于复杂的等电位的电线，例如连接3个以上设备的电线。接线方向管理器可以管理整个工程项目中的电线接线顺序，也可以管理一根电线。

显示
工程
处理
原理图
绘图
导入/导出
打印
位置
功能
转移
端子排
电缆
接线方向

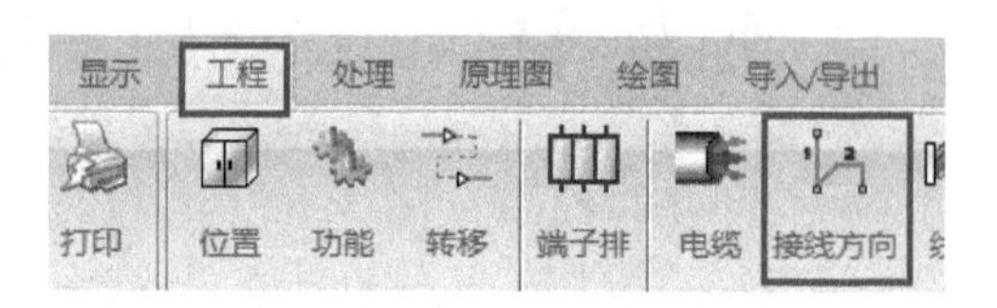

图 3-27　接线方向

“接线方向”命令可以管理整个工程项目，如图3-27所示。其中，可以用于单根等电位电线的接线顺序管理。这个命令在电线的右键快捷菜单中，如图3-28所示。

“接线方向管理器”对话框打开后，左边列出等电位的线列表。在其下面有两个按钮用来自动管理布线顺序，软件自己决定元器件之间的连接顺序。

对话框中间部分显示的是所选择的等电位电线上连接的所有的设备，如图3-29所示。

连接线样式
编辑线号...
对齐文字
显示\隐藏线号
关联缆芯...
接线方向...
创建/删除桥...

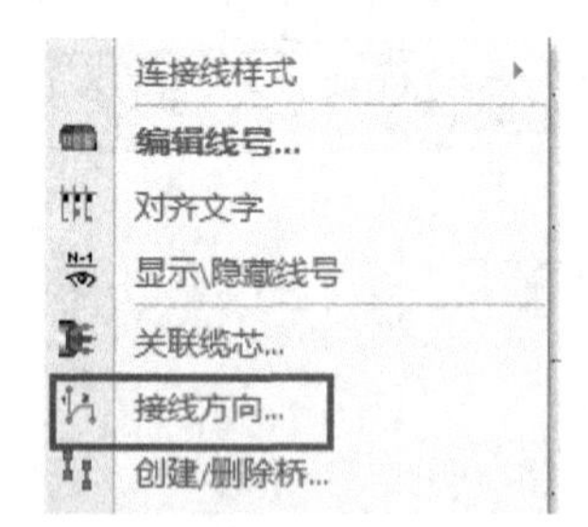

图 3-28　快捷菜单中的接线方向

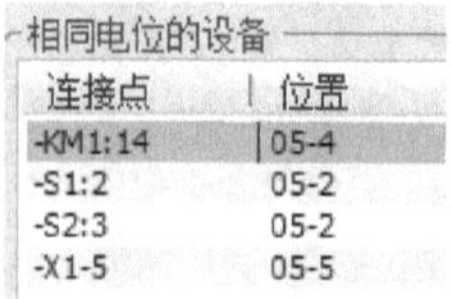

相同电位的设备
连接点
位置
-KM1:14
05-4
-S1:2
05-2
-S2:3
05-2
-X1-5
05-5

图 3-29　相同电位的设备

对话框最下面的部分显示设备的接线顺序，如图3-30所示。

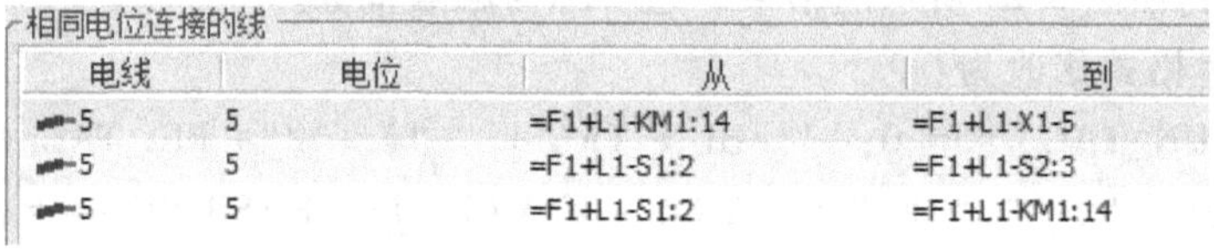

相同电位连接的线
电线
电位
从
到
5
5
=F1+L1-KM1:14
=F1+L1-X1-5
5
5
=F1+L1-S1:2
=F1+L1-S2:3
5
5
=F1+L1-S1:2
=F1+L1-KM1:14

图 3-30　电线的接线顺序

要管理布线顺序，可以拖动中间的设备标注信息到布线顺序列表中的“从”、“到”栏中。接线顺序同样可以管理电线。

提示：

- 自2016版本开始，增加“节点指示器”，使编辑接线方向更方便。

3.3.1　优化不同位置的接线方向

在设计机柜的行业中，通常工人接线所看的是接线图或者接线表，而不是原理图，在一些大的项目中尤为如此。所以报表在统计时就需要根据设备连接的位置排序。

对于图3-31所示的原理图来说，有两个不同的位置。

在完成绘制后，默认的接线顺序是这样的，如图3-32所示。

从图中就可以看出，从柜体到门（.Door）之间需要两根电缆，分别是：

+L2-S1：14 - +L1-K2：A1 和 +L1-K2：2 - +L2-H1：X1。

但是实际上只需要一根电缆，然后在另一个位置里面再连接电线就可以了。这时，可以使用elecworks的“优化接线方向”功能，如图3-33所示。

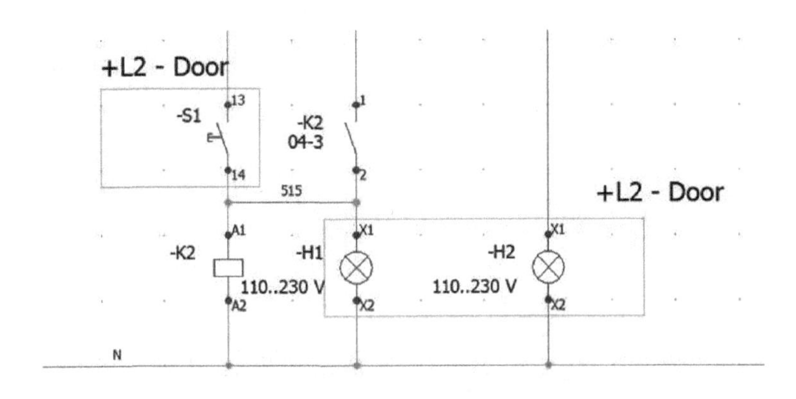

图 3-31 不同位置的原理图

Origin	Destination
=F1+L2-S1:14	=F1+L1-K2:A1
=F1+L1-K2:A1	=F1+L1-K2:2
=F1+L1-K2:2	=F1+L2-H1:X1

图 3-32 接线关系

图 3-33 选择“优化接线方向”命令

新的接线关系产生了，如图 3-34 所示。

Equipotential wires

Wire	Equipotential	Cabling order	Origin	Destination	Cable core	Wire style
515	515	0	=F1+L1-K2:2	=F1+L1-K2:A1		24V - Control
515	515	1	=F1+L1-K2:A1	=F1+L2-H1:X1		24V - Control
515	515	2	=F1+L2-H1:X1	=F1+L2-S1:14		24V - Control

图 3-34 新的接线关系

这样的接线方式，只需要+L1-K2：A1 - +L2-H2：X1 这一根电缆就可以了，其他的都是柜体内部的电线接线了。

3.3.2 优化 2D 布局图设备的接线方向

另一种 elecworks 优化接线方向的能力，是基于 2D 布局图的设备排布位置自动调整接线方向。例如图 3-35 显示的 F1：1 连接到 F2：1。

在完成机柜布局图后，确定了设备放置的位置。使用优化接线方向时，可以设定 2D 机柜布局中的接线方向，如图 3-36 所示。

再次使用优化接线功能就可以得到图 3-37 所示的结果，实际接线方向更改为 F2：1 连接到 F1：1。

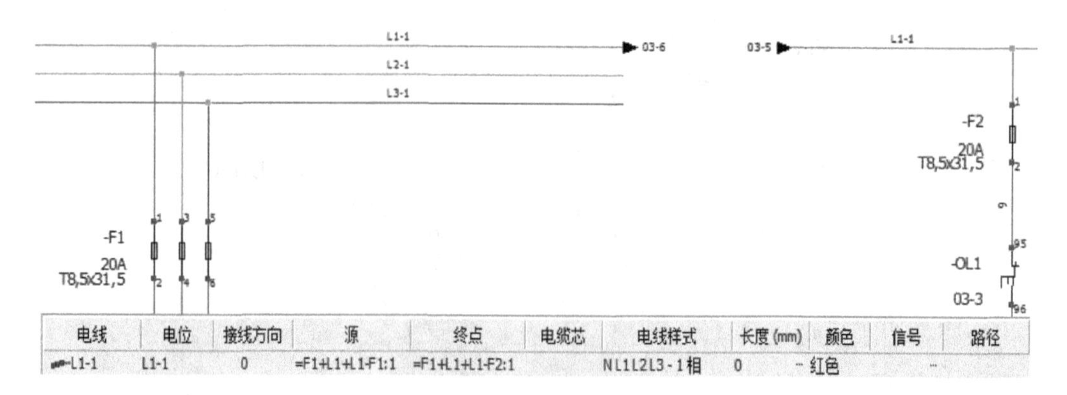

图 3-35　初始接线方向

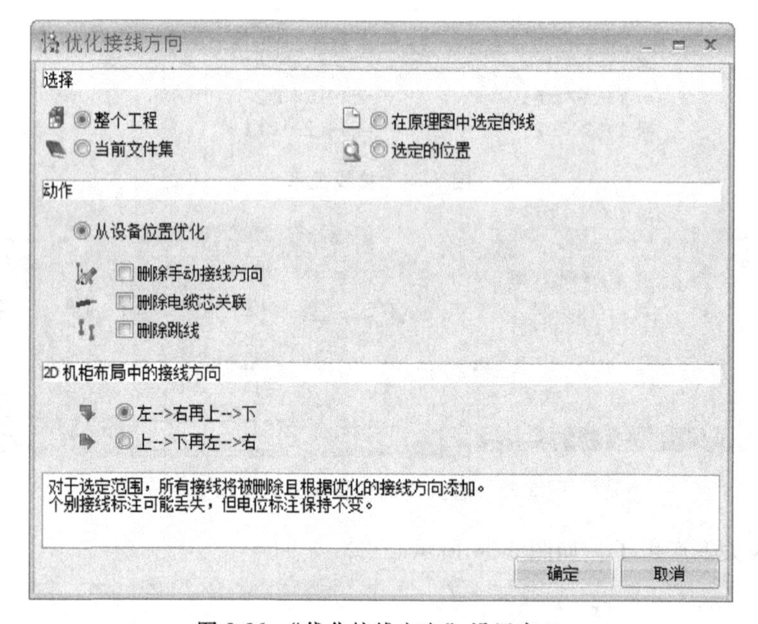

图 3-36　“优化接线方向”设置窗口

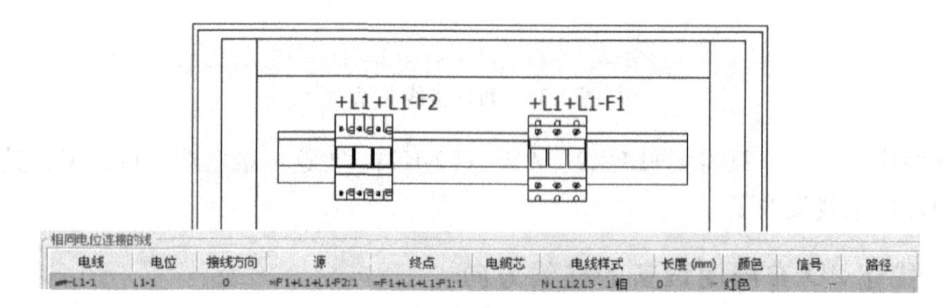

图 3-37　优化接线方向

3.4　起点终点箭头

elecworks 中的起点终点箭头是用于实现电位的不同区域连接的表达方式。如图 3-38 所示，电位出的位置出现箭头，并且用 06-1（第 6 页第 1 列）表示电位目标端的路径。

相应的，接收端也是列出来自 05-10。

具体的使用方法如下：

单击工具栏中的“起点终点箭头”。在弹出的窗口（如图 3-39 所示）中，工具栏分为几个部分：指令、更换图纸 1、切换两个图纸、更换图纸 2、符号、布局。

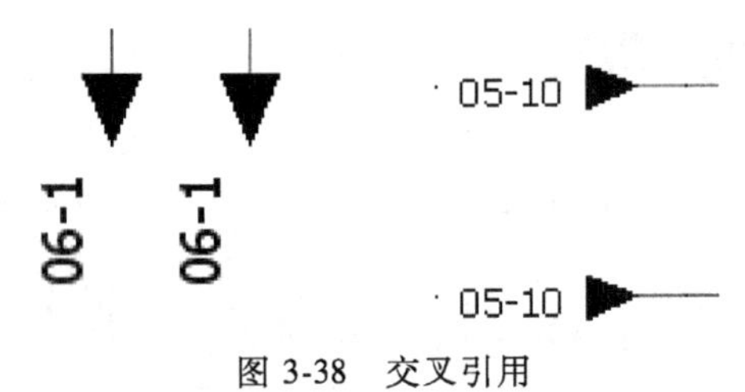

图 3-38 交叉引用

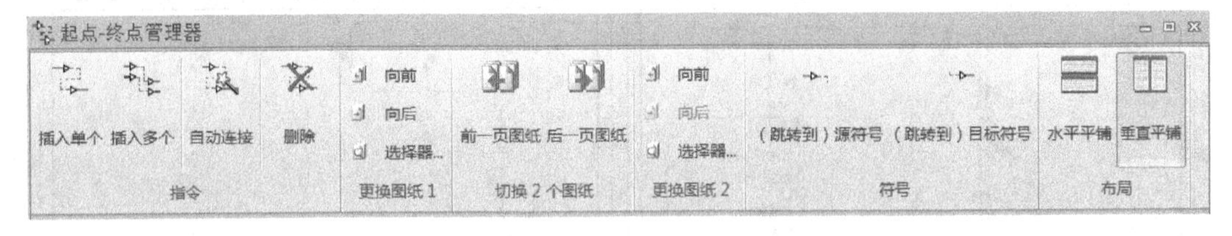

图 3-39 “起点-终点管理器”工具栏

指令部分是具体添加转移的；更换图纸是便于切换转移所在界面的。具体使用的时候，如果是希望插入单个转移，可以直接选择“插入单个”按钮，然后在左侧界面中选择需要添加转移的连线终端（会出现绿色圆圈）。设置了左侧的之后，再单击右侧的相应位置，这样就会自动在两个不同界面中插入电位转移符号了。

如果是多相的电线，需要使用“插入多个”一次性插入多个转移符号，方法基本与插入单个相同，但是在插入多个的时候先单击第一相，再单击最后一相，如图 3-40 所示。

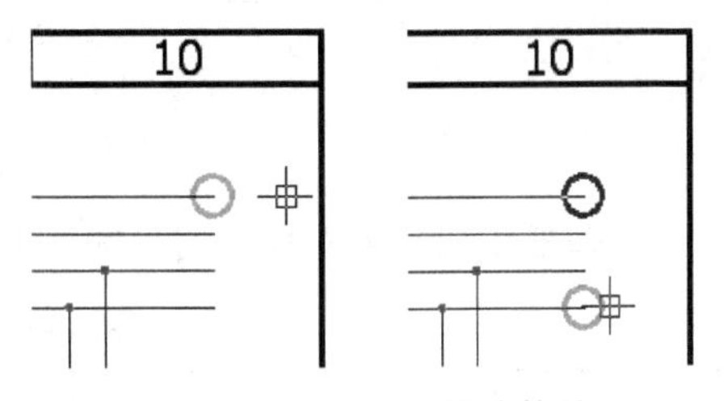

图 3-40 插入多个转移符号

提示：

- 只能在相同线型之间实现电位转移。
- 转移后的符号可以通过鼠标右键“到达”来导航到目标端。
- 转移后的符号也可以通过鼠标双击导航路径实现界面跳转。

3.4.1 手动连接

选择起点-终点箭头后，会出现如图 3-41 所示的对话框。

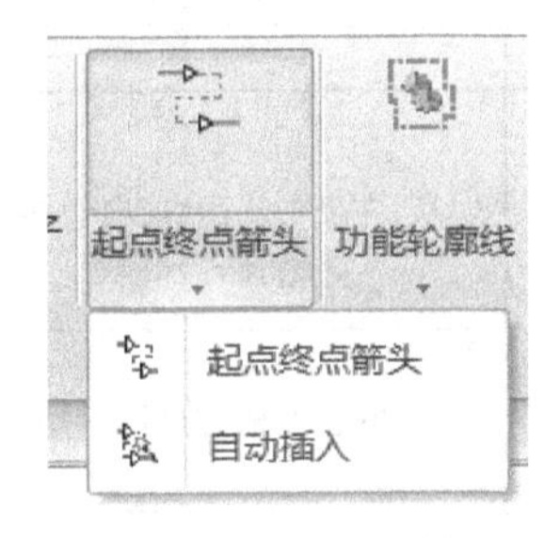

图 3-41 手动添加箭头

单击“起点终点箭头”后会出现图 3-42 起点-终点管理器。

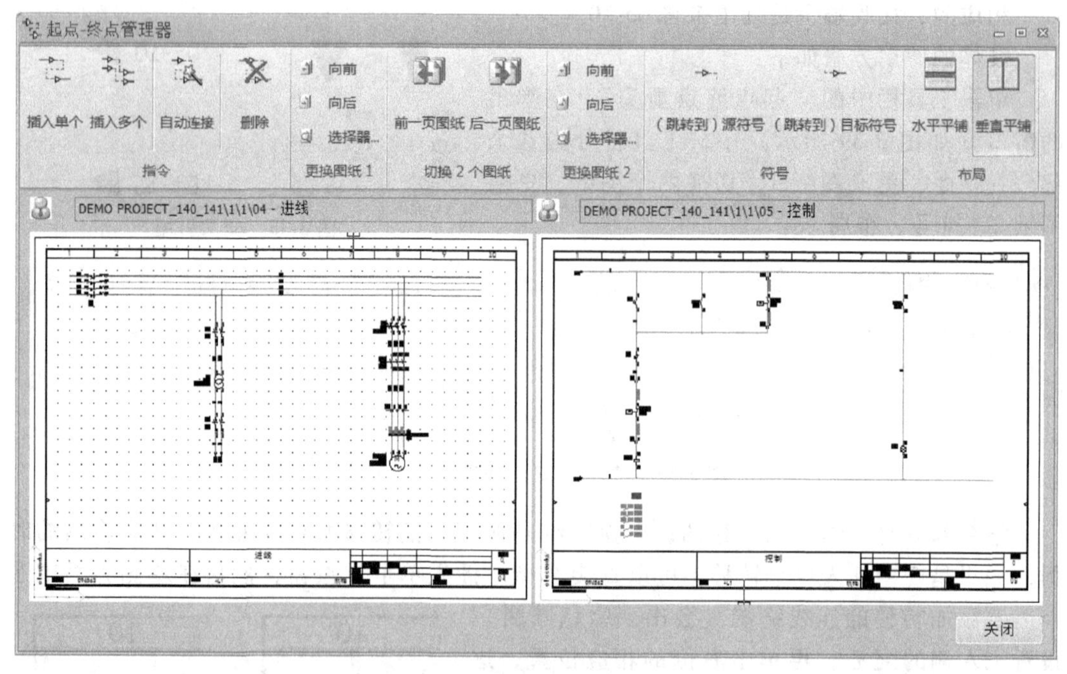

图 3-42 “起点-终点管理器”窗口

管理器中的功能对应说明见表 3-1。

表 3-1 起点终点管理功能表

	图标	描述	用途	操作
工具栏		插入单个	连接单线	选择起始和终点的电线
		插入多个	连接相同线型的多根电线	选择起始和终点的多线电线
		自动连接	连接所有相同线型的电线	
		删除	删除箭头	选择箭头符号
更换图纸 1		向前	切换，左侧的界面，前向切换一页	
		向后	切换，左侧，向后换一页	
		选择器	打开窗口，选择界面	选择界面

（续）

	图标	描述	用途	操作
切换两个图纸		向前	切换，两侧的界面，前向切换一页	
		向后	切换，两侧，向后换一页	
更换图纸 2		向前	切换，右侧的界面，前向切换一页	
		向后	切换，右侧，向后换一页	
		选择器	打开窗口，选择界面	选择界面
符号		起点箭头	改变起点箭头符号	选择起点箭头符号
		终点箭头	改变终点箭头符号	选择终点箭头符号
布局		水平	改变为水平方向的布局	
		垂直	改变为垂直方向的箭头	

3.4.2 自动连接

如果选择的是自动方式，则出现下面的对话框（见图 3-43）。

使用该功能，相同的电线或电位标注可以自动连接。

提示：

- 如果在添加转移之前已经对电线编号，那么就会出现同一个等电位的电线具有两个不同的电位号。图纸上会出现蓝色的圆点（电位冲突标记符号）。解决的办法是对电线重新编号。
- 建议所有的电线编号在完成电位转移操作后再执行，以避免出现电位冲突。

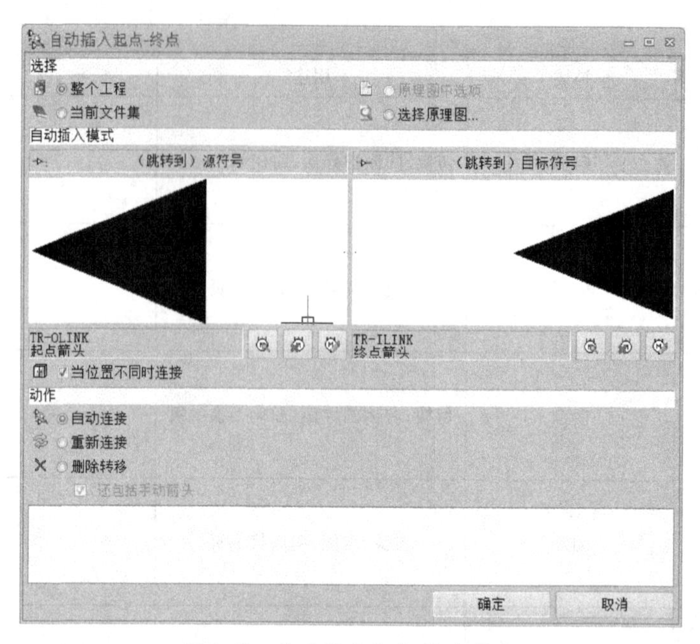

图 3-43　自动插入起点-终点箭头

由于箭头表示电线或电位的连接，所以在不同界面中的分隔应该具有相同的标注，否则电线或电位将会出现冲突。电线或电位的标注将会通过连接自动传输到另一侧。

3.4.3　电位冲突

如果预先对电线或电位完成标注编号，再使用箭头关联，则出现电位冲突。单击“工程”→“配置”→“工程”→“图表”，在打开的对话框中勾选电位冲突后面的显示，这样在出现电位冲突时可以在图纸中看到箭头处有蓝色圆圈。

如果需要解决电位冲突，可以直接右击电线，选择“解决电位冲突”命令，如图3-44所示。

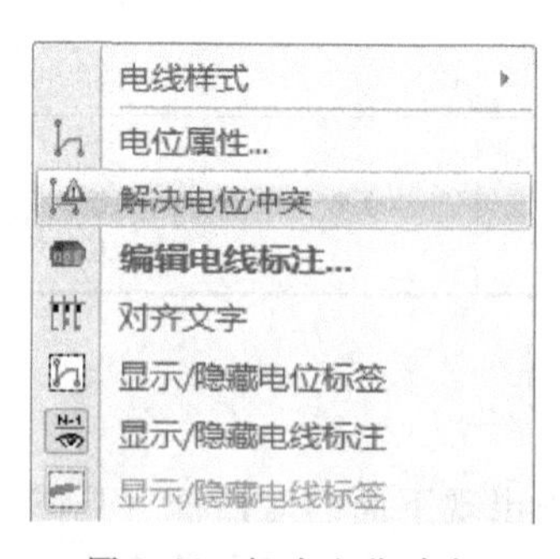

图 3-44　解决电位冲突

解决电位冲突的另一种方法是先删除所有编号后再使用重编线。

3.5　用户权限管理

合理的权限管理可以确保数据安全、维持工作流程。elecworks 为配合企业对工作流程的管理，开放了权限管理。

如果需要开通权限管理，可以单击“工具”→“界面配置”，再切换到“权限管理”窗口中，如图 3-45 所示。

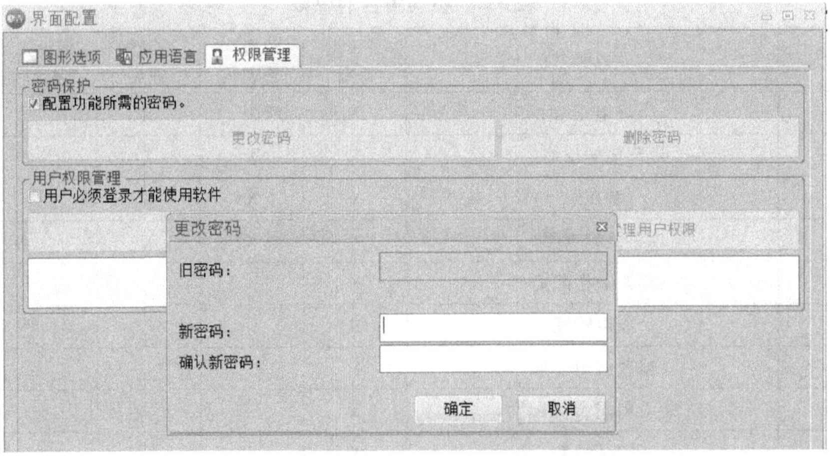

图 3-45 “权限管理”窗口

在 elecworks 中，可以设定不同的角色，自动完成角色对应的工程配置。不同的用户有不同的权限。

高级管理员：

—可以做任何事情，相当于没有权限限制。

数据库管理员：

—不可以改变软件配置。

—可以编辑数据库，工程配置。

—不可以管理用户权限。

—可以创建工程模板。

工程管理员：

—不可以编辑数据库。

—可以编辑工程配置。

—可以创建工程。

—不可以创建工程模板。

—可以定义工程数据的限制。

设计工程师：

—不可以编辑工程配置。

—不可以创建文件集。

—不可以创建工程。

—不可以定义工程数据的限制。

—可以创建界面和文件夹。

工程浏览者：

—不可以创建界面。

—可以编辑文档内容。

—可以更新已存在文档，例如端子排图纸、报表、绘图绘制报表等。

—不可以编辑工程/文件集属性。

详细权限见表 3-2。

表 3-2　不同角色的权限

分类	说明	高级管理员	数据库管理员	工程管理员	设计工程师	工程浏览者
通用	环境压缩	X	X	X		
通用	环境解压缩	X	X	X		
通用	解压缩	X	X	X		
通用	格式编辑器	X	X	X		
通用	用户数据配置	X	X	X		
工具	权限管理	X				
工具	修改应用配置	X				
工具	定义 PDM 导入配置	X				
工具	定义线型	X	X	X		
工具	显示标尺类型管理器	X	X	X		
工具	消息管理器	X	X	X	X	X
数据库	显示符号管理器	X	X			
数据库	显示 2D 布局符号管理器	X	X			
数据库	显示图框管理器	X	X			
数据库	显示宏管理器	X	X			
数据库	显示电缆型号管理器	X	X			
数据库	显示设备型号管理器	X	X			
数据库	下载 CAD 文件	X	X			
数据库	定义数据库属性	X	X			
数据库	设备分类管理	X	X			
数据库	外界数据库连接配置如 ERP	X	X			
工程管理器	新建工程	X	X	X		
工程管理器	编辑工程属性	X	X	X	X	
工程管理器	复制工程	X	X	X	X	
工程管理器	存为工程模板	X	X	X		
工程管理器	删除工程	X	X	X		
工程管理器	编辑数据	X	X	X		
工程管理器	SOLIDWORKS EPDM 检入	X	X	X		
工程管理器	SOLIDWORKS EPDM 检出	X	X	X		
工程管理器	更新数据到 PDM	X	X	X		
工程数据	显示 PLC 管理器	X	X	X		
工程数据	显示输入输出管理器	X	X	X		
工程数据	显示线束管理器	X	X	X		
处理	自动插入起点终点箭头	X	X	X	X	
处理	优化接线方向	X	X	X	X	

（续）

分类	说明	高级管理员	数据库管理员	工程管理员	设计工程师	工程浏览者
处理	更新数据	X	X	X		
处理	数据替换	X	X	X		
处理	新电线编号	X	X	X	X	
处理	电线重新编号	X	X	X	X	
处理	工程标注重新编号	X	X	X	X	
处理	根据位置创建布局图界面	X	X	X	X	
处理	翻译	X	X	X	X	
导入/导出	导入 DWG/DXF	X	X	X		
导入/导出	导入工程数据	X	X	X		
导入/导出	导入数据库数据	X	X			
导入/导出	导入 Excel	X	X	X		
导入/导出	导出 Excel	X	X	X		
导入/导出	导出 PDF	X	X	X	X	X
导入/导出	导出 DWG	X	X	X	X	X
导入/导出	发布 SOLIDWORKS eDrawings	X	X	X	X	X
工程配置	显示工程配置	X	X	X		
工程配置	电线样式配置	X	X	X		
工程配置	方框图线型配置	X	X	X		
工程配置	管理样式配置	X	X	X		
工程配置	PLC 配置	X	X	X		
工程配置	连接器配置	X	X	X		
工程配置	端子排配置	X	X	X		
工程配置	交叉引用配置	X	X	X		
工程配置	报表配置	X	X	X		
工程配置	绘图规则配置	X	X	X		
工程配置	用户数据配置	X	X	X		
工程配置	数据导入配置	X	X	X		
工程配置	Excel 导入/导出模板	X	X	X		
工程配置	数据替换配置	X	X	X		
工程配置	控制面板配置	X	X	X		
界面导航器	新建文件集	X	X	X		
界面导航器	文件集校对	X	X	X		
界面导航器	界面校对	X	X	X	X	
界面导航器	新建文件夹	X	X	X	X	
界面导航器	新建界面	X	X	X	X	
界面导航器	页码重新编号	X	X	X	X	
界面导航器	打开图框	X	X			

（续）

分类	说明	高级管理员	数据库管理员	工程管理员	设计工程师	工程浏览者
界面导航器	添加图框到库	X	X			
界面导航器	复制界面	X	X	X	X	
界面导航器	更改位置	X	X	X	X	
界面导航器	更改功能	X	X	X	X	
界面导航器	删除界面	X	X	X	X	
设备导航器	添加新位置	X	X	X	X	
设备导航器	添加新功能	X	X	X	X	
设备导航器	添加新 PLC	X	X	X	X	
设备导航器	添加新连接器	X	X	X	X	
设备导航器	添加新制造商数据	X	X	X	X	
设备导航器	删除位置	X	X	X	X	
设备导航器	删除功能	X	X	X	X	
设备导航器	创建永久设备	X	X	X	X	
设备导航器	设置永久设备	X	X	X	X	
设备导航器	分配设备型号	X	X	X	X	
设备导航器	制造商数据属性	X	X			
设备导航器	手动添加设备型号	X	X			
命令	PLC 动态插入	X	X	X	X	X
命令	插入接线图	X	X	X	X	X
命令	连接器动态插入	X	X	X	X	X
命令	插入电缆标签	X	X	X	X	X
符号编辑	界面上打开符号	X	X			
符号编辑	界面上更新符号至	X	X			
符号编辑	切换到其他界面	X	X	X		
绘制电线	线型属性	X	X	X		
绘制电线	电线属性	X	X	X	X	
符号群	添加面板群	X	X			
符号群	删除面板群	X	X			
符号群	重命名面板群	X	X			
符号群	编辑面板群	X	X			

3.6 组建多人协同设计

多人协同设计，是指在同一个局域网中实现多个人同时操作于同一个工程。具体过程是：

1）服务器共享“elecworksdata”文件夹，确保每个使用者连接到网络时可以看到和使用这个文件夹。可能需要临时关闭防火墙。

2）客户端和服务器需要做相同的协同服务地址和端口设置。

3）客户端和服务器需要使用同一个数据库目录。

4）客户端和服务器必须在同一个协同服务器版本上。

【例】

服务器端协同服务器配置如图 3-46 所示。

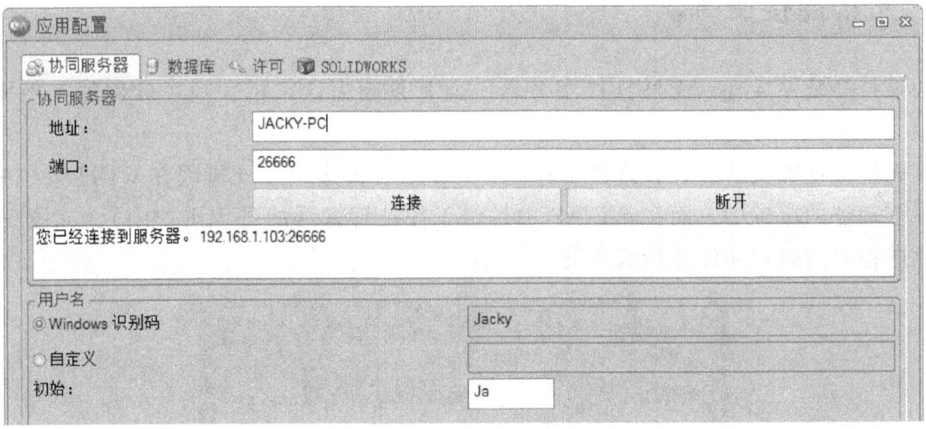

图 3-46 配置协同服务器地址

其中，地址是服务器 IP 地址，或服务器的计算机名。数据库设置如图 3-47 所示。

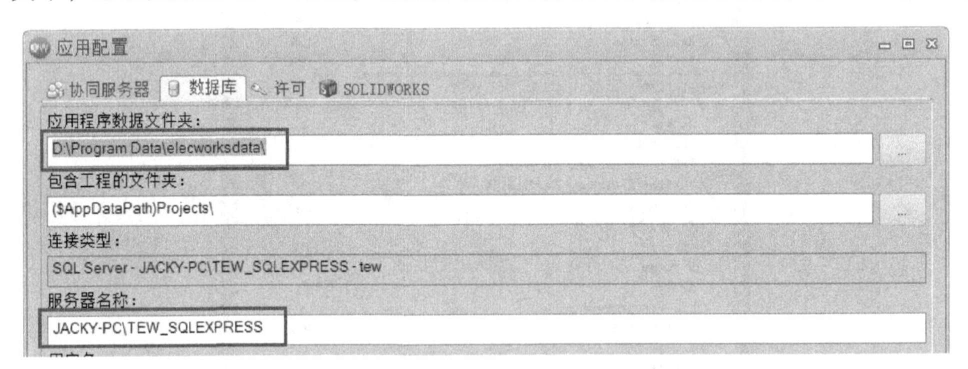

图 3-47 协同服务器的数据库设置

将客户端配置设置为服务器的相同配置，连接至服务器。

在多人协同设计环境下，多个人可以同时打开相同的工程。后期打开工程管理器时，已经被打开的工程名称为红色，如图 3-48 所示。

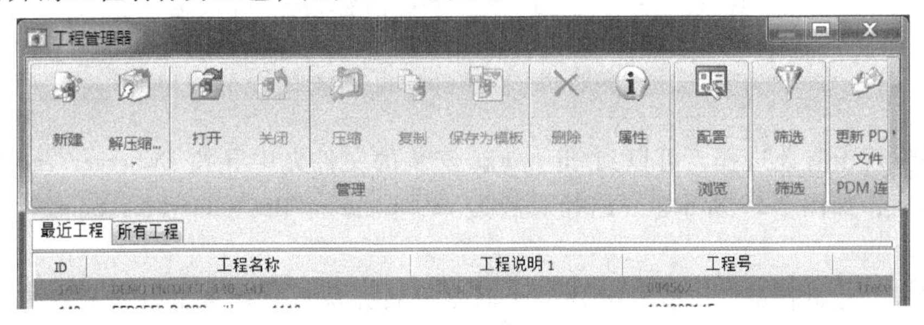

图 3-48 协同状态显示

多人协同设计，当已经有人用相同软件打开同一个界面时，界面会提示以只读方式打开。

允许在工程中操作同一个设备。例如工程师 A 在使用继电器的某个触点，工程师 B 在查看线圈的交叉引用时能够看到触点被使用。

多人协同设计，可以在工具的“已连接用户”中开启消息模式。

3.7 无法连接服务器

如果打开软件后显示无法连接服务器，通常是因为计算机关掉了软件的某项服务导致的。

首先检查计算机的进程管理器中存在 EwServer. exe 进程（此进程在 WIN7 系统中是位于任务管理器的服务中，而在 WINXP 中是位于任务管理器的进程选项中），如图 3-49 所示。此进程必须运行才能连接服务器。

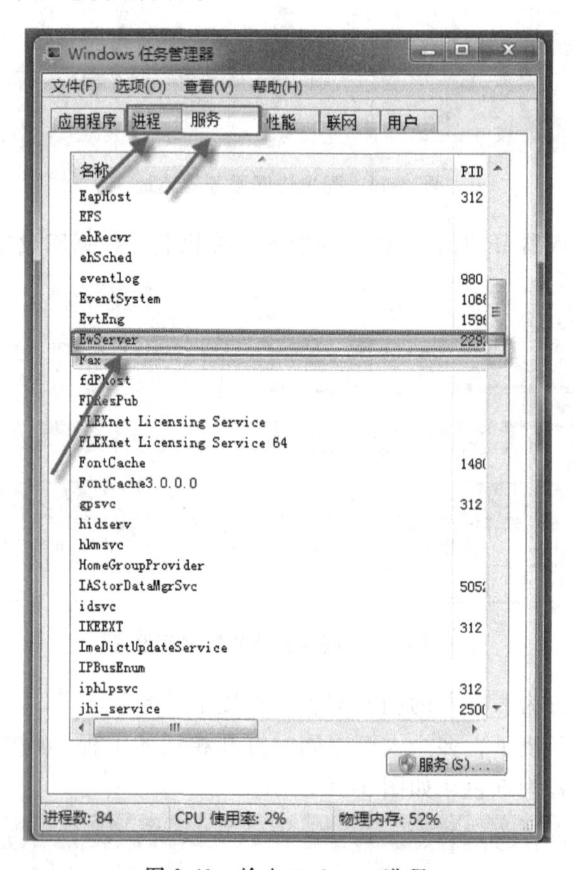

图 3-49 检查 EwServer 进程

如果发现没有此进程，可以到 elecworks 安装的文件夹中寻找 EwServer. exe 文件，并运行此程序，如图 3-50 所示。（路径一般为 xx: \programFiles\elecworks\Server，“xx”为盘符。）

若进程已经运行了，可能是另外一个问题导致无法连接服务器。打开计算机“控制面板”→“计算机管理”→“服务”，可以看 elecworks Collaborative Server2. 02 这个服务项是

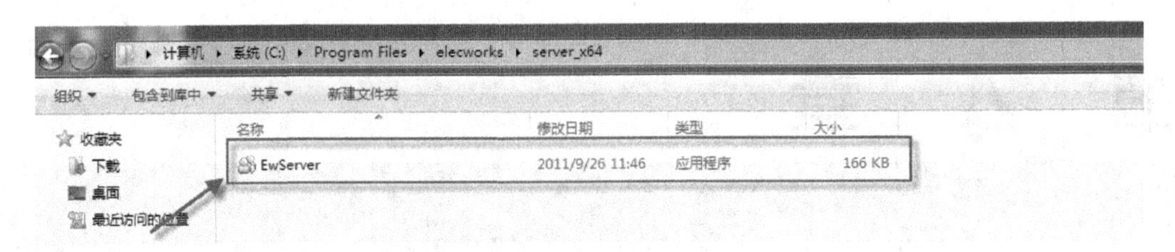

图 3-50 EwServer. exe 的位置

否已经启动，此服务必须启动才能连接服务器，如果没有启动，需要手动去启动这个服务，如图 3-51 所示。

Diagnostic System Host	诊断系统主机被诊断策略...		手动	本地系统
Disk Defragmenter	提供磁盘碎片整理功能。		手动	本地系统
Distributed Link Tracking Client	维护某个计算机内或某个...		手动	本地系统
Distributed Transaction Coordinator	协调跨多个数据库、消息...		手动	网络服务
DNS Client	DNS 客户端服务(dnscac...	已启动	自动	网络服务
elecworks Collaborative Server 2.02		已启动	自动	本地系统
Encrypting File System (EFS)	提供用于在 NTFS 文件系...		手动	本地系统
Extensible Authentication Protocol	可扩展的身份验证协议(E...	已启动	手动	本地系统
FLEXnet Licensing Service	This service performs li...		手动	本地系统
FLEXnet Licensing Service 64	This service performs li...		手动	本地系统
Function Discovery Provider Host	FDPHOST 服务承载功能...		手动	本地服务
Function Discovery Resource Publication	发布该计算机以及连接到...		手动	本地服务
Group Policy Client	[illegible]	已启动	自动	本地系统

图 3-51 启动服务项

如果以上两项都正确，则需要检查软件中服务器的地址指向是否正确。单机版的正确指向如图 3-52 所示。网络版的 elecworks 需要修改“地址”栏中的地址内容，更改为服务器的 IP 地址例如：192. 168. 1. x。

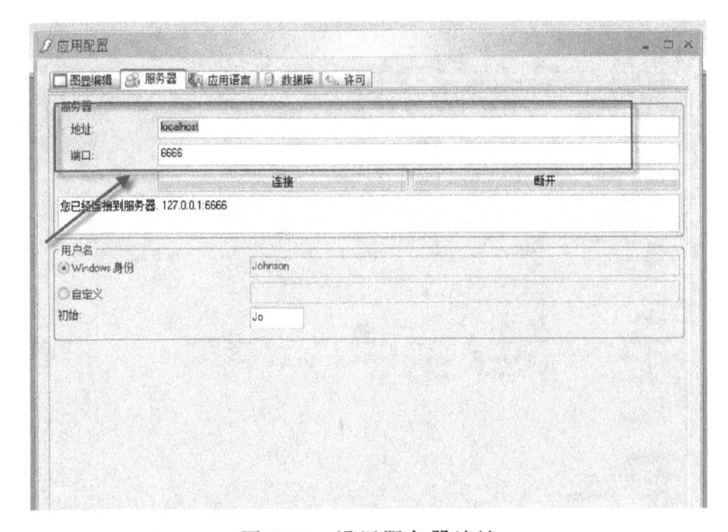

图 3-52 设置服务器地址

提示：

● 出现该问题比例最多的情况是，计算机安装了防护软件后阻断了协同服务器的连接。

Chapter 4

第 4 章 数据的存储与备份

主要内容：

➢ 数据的存储

➢ 数据的备份

4.1 数据的创建和管理方式

4.1.1 工程的存储

elecworks 软件使用 Microsoft SQL Server 作为数据存储工具，所有的数据都存储在 Microsoft SQL Server 中；实体文件（例如符号的图形，工程界面数据等）存放在 elecworksdata 文件夹下，如图 4-1 所示。

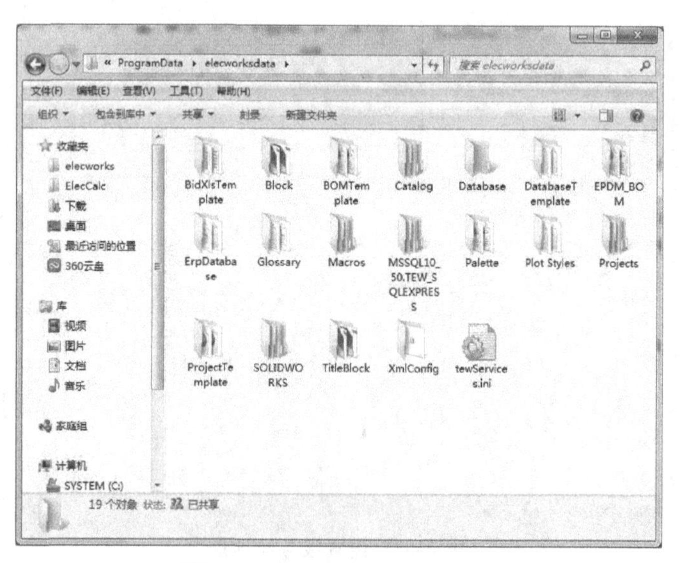

图 4-1　elecworksdata 文件夹图

在安装软件时可以设置 elecworksdata 的安装目录，在 elecworks 的工具栏中，可以通过“工具”→“应用程序设置”→“数据库”来查看。图 4-2 显示了数据库的配置界面，“应用程序数据文件夹”用于设定数据库的存放路径，“包含工程的文件夹”用于设定工程的存放路径（采用了 $AppDataPath 变量自动获取应用程序数据文件夹路径，不要轻易改变），“服务器名称”用于设定 SQL 的实例名称（一般默认为 TEW_SQLEXPRESS 实例）。

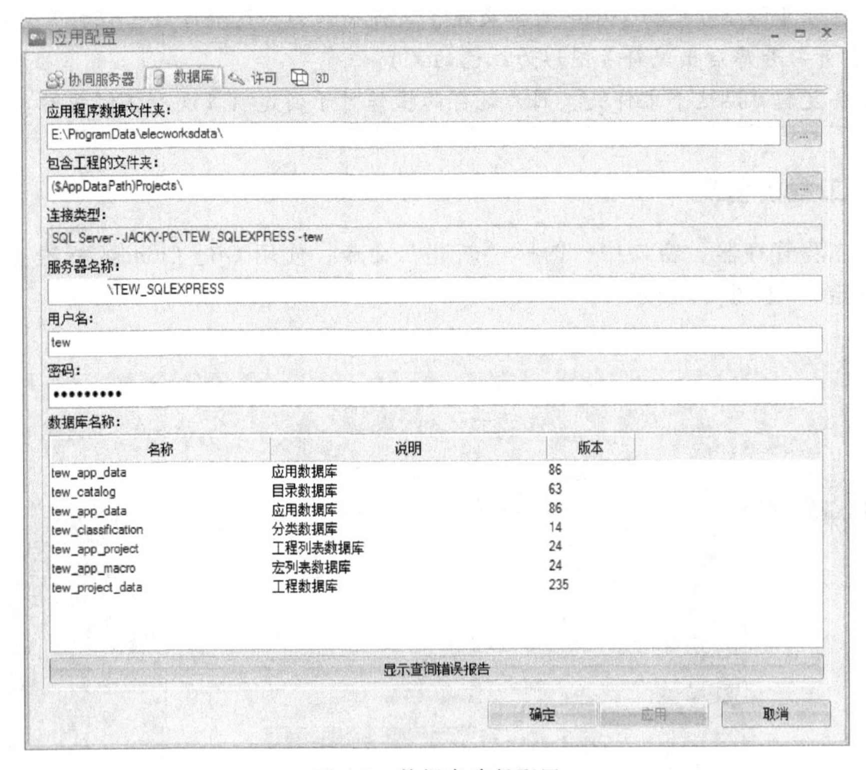

图 4-2　数据库路径配置

通常情况，当创建一个工程后，会在 Microsoft SQL Server 中创建一个数据库，并生成唯一的 ID 号，该 ID 号可以在工程管理器的 ID 列中查看。同时，在 elecworksdata 文件夹中会自动创建出工程的文件夹。

提示：

- 如果需要部署多人协同设计的“网络版”，可以根据实际设置更改“应用程序数据文件夹”和“服务器名称”的设置。
- 如果出现配置错误，可以通过“显示查询错误报告”来查看错误提示信息。

工程文件夹以工程的 ID 号为文件夹名称，存放在 elecworksdata/Projects 目录下。工程用到的所有配置文件及参数设置都存放在该目录下，例如图框、界面、报表模板等。

在工程压缩时，单击“工程管理器”窗口中的一个或多个工程后选择压缩，实际上会同时将对应这些工程 ID 的 Microsoft SQL Server 及 elecworksdata/Projects 目录下对应 ID 的数据全部压缩成后缀名为 proj. zip 的文件。反之，解压缩时也是一样。

如果需要将一些文档（例如设计说明文档，报价文档……）也包含在压缩包中，可以直接将文档放置在 elecworksdata/Projects 下的对应工程 ID 文件夹中。

提示：

- 如果希望将工程传递给别的工程师，不能复制或者压缩 ID 文件夹，而应该在工程管理器中使用压缩功能，否则会有大量数据丢失。

- 不要使用解压缩工具解压缩文件，必须通过软件的“工程管理器”解压缩工程。
- 不要轻易删除 elecworksdata 文件夹或子文件夹，因为这会导致工程打开后数据丢失（例如，打开符号库后出现符号图形为红色的叉）。
- 不要复制粘贴这个文件夹，因为这样的操作对于创建项目没有任何帮助。

4.1.2 工程的创建

在“工程管理器”窗口中，选择“新建”命令，使用 GB_ Chinese 标准工程模板，单击“确定”。如图 4-3 所示。

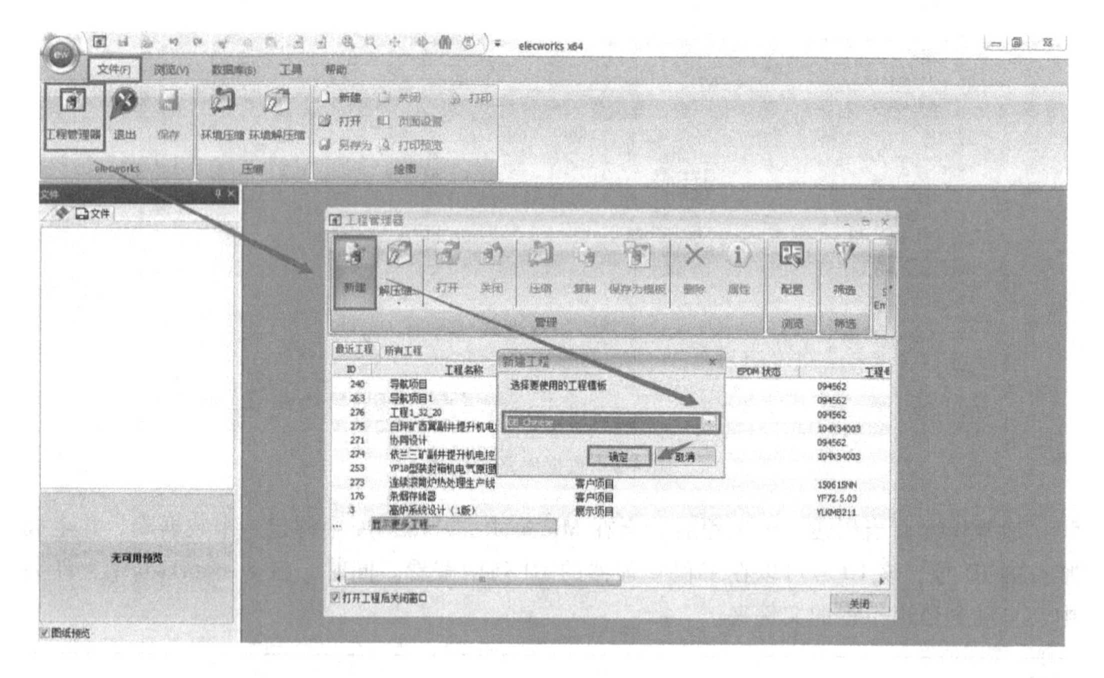

图 4-3　新建工程

在新弹出的工程属性界面中，填写工程属性。例如，工程的合同号、客户信息、设计院（一般来说设计院就是自己公司名称）、工程说明等。

提示：

- 工程管理器左下角有“打开工程后关闭窗口”选择框，若不勾选，管理器在打开工程后不会自动关闭。
- 工程的创建时间，默认不可以修改，当鼠标双击时间时无效。如果需要修改工程的创建时间，右击“创建日期”会显示“编辑日期”，单击编辑日期便可以修改工程的创建日期。
- “统计数据”功能只有在工程被打开状态下，显示在工程属性中。
- “自定义”是用于修改属性名称的。可以把界面中的“用户数据 1”更名为特定的名称。

4.1.3 工程的关闭

对于初学者，往往有个错误的理解：看不见了就是没有了。关闭了各种界面和导航器后，实际上只是关闭了显示的界面，并没有关闭工程文件。正确的关闭工程的方法有两种：

1）在工程名称上右击，选择“关闭工程”。

2）打开工程管理器，选择已打开的工程（一般为蓝色标题），单击“关闭”。

4.1.4 数据的操作方式

如果需要查看 Microsoft SQL Server 中存储的数据，可以安装 Microsoft SQL Server management Studio 来查看数据库实例。

完成安装后，使用 Windows 授权账户登录。在图 4-4 中显示的 SQL 数据库结构中，tew_ app_ data 用于存储数据库的符号、回路、图框等参数，tew_ app_ macro 用于存储宏参数，tew_ app_ project 用于存储工程的参数，tew_ catalog 用于存储设备型号各项参数，tew_ classification 用于存储设备分类参数。

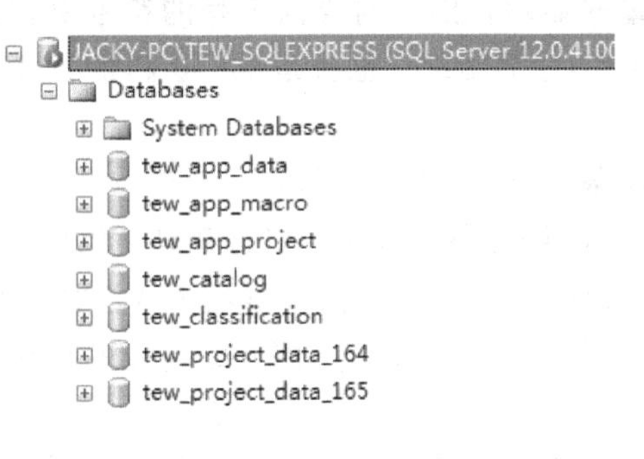

图 4-4 SQL 数据库结构

创建一个新工程，会自动生成工程的 ID（工程管理器中左侧第一列代号），SQL 中也会同步创建数据库，例如图中的 tew_ project_ data_ 164 对应的工程 ID 号为 164。

在工程内，所有添加的元素都会复制到对应 ID 号的工程中。例如在 164 工程界面中，添加一个符号，实际上是从 tew_ app_ data 中将符号参数复制到 tew_ project_ data_ 164 中，并创建新的工程参数，例如标注、设备说明等。

基于这个理论来探讨一下一些特殊状况的处理方法。

1. 情况 1——符号标注

图 4-5 中显示的编辑符号标注，是通过右击符号后，在快捷菜单中选择“标注/编辑标注”打开。在图中，如果需要隐藏额定电流 16A 这个参数，操作方法有两种。

一种方法是修改设备属性，在编辑符号标注对话框中勾选#TD_ 1 的“不可见”选项。这样的方式，实际上是设置设备-Q2 的原理图符号在工程界面中隐藏该参数，并未更改符号库中符号数据，不会影响其他工程对符号的使用。

另一种方法是编辑符号，取消显示该变量的显示。右击符号，在快捷菜单中选择“符号/打开符号”，在符号编辑状态下，删除#TD_ 1 这个变量。保存符号后关闭符号编辑窗口，回到界面后右击符号，在快捷菜单中选择“符号/更新符号”。这样的方式是控制

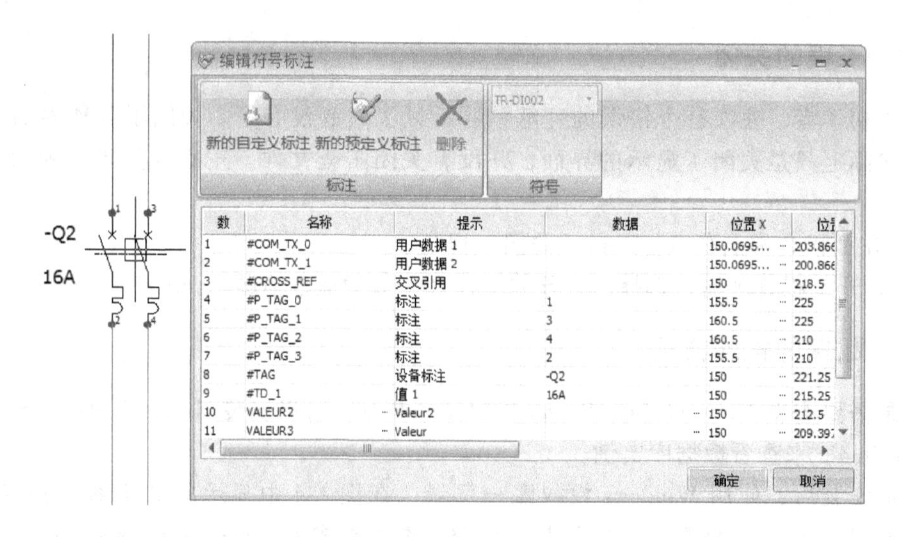

图 4-5 设备标注

符号库中的符号取消变量的显示，然后对当前工程的符号更新，被修改的符号在别的工程中使用时将不会再显示#TD_1 变量。也就是说，这样的方式会影响其他工程对该符号的使用。

2. 情况 2——设备参数

上一个例子中使用的-Q2 断路器，双击可以打开设备属性。在属性中，如果将额定电流从 16A 改为 32A，确定修改后可以在界面中显示 32A。这样的更改是对当前工程中的-Q2 设备修改了参数，并没有更改设备型号。因此，这样的操作一般是在工程设计初期未对设备选型时使用。

另一种用法是在“设备型号与回路”中选择一个 32A 的断路器型号，则设备属性中会自动更改为 32A。这是利用了数据库中设备型号参数驱动工程中设备参数的方法实现的。

3. 情况 3——设备型号

还是这个例子中，进入“设备型号与回路”后选择设备型号。双击设备型号后修改某参数，保存关闭时会出现图 4-6 所示的提示。

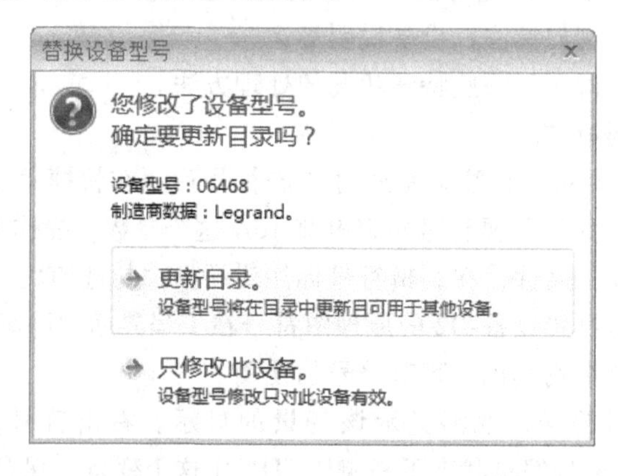

图 4-6 修改设备型号

如果选择“更新目录”，则意味着首先更改数据库中的设备型号，然后将新的型号参数更新到当前工程中-Q2。这样的选择会更改设备库的数据，也即会影响该型号数据的下一次使用。

如果选择“只修改此设备”，则意味着不更改设备型号，只是对引用到当前工程的-Q2 设备数据进行更改。这样的选择不会更改设备库的数据，不会影响该型号数据在下一个工程中的使用。

4. 情况 4——更新数据

对于情况 1 和 3 列出的内容，如果先在工程中使用了符号或设备，但是后期更改了符号或设备。将数据库中数据同步到当前工程中的最快方法是在“处理”界面中使用“更新数据”。更新数据，可以使用数据库中的元素替换当前工程的元素（包括符号、设备型号、电缆型号和图框）。

提示：

- 一般来说，用户会在设计的同时调整配置或数据库数据，这就会涉及数据的更新问题。值得注意的是，所有配置的更改或数据库数据的更改，都只是对下一次操作有效，对于工程中已经存在的数据，需要通过“更新”实现同步。

4.2 环境数据备份

elecworks 中所有的元素（符号、设备、电线、电缆……）都存在于数据库中，如果数据意外丢失将会损失较大，所以需要定期备份数据。

elecworks 提供了环境备份功能，建议设定一个时间，对所有的数据定期备份。

在“文件”中提供了“环境压缩”和“环境解压缩”命令，如图 4-7 所示。

图 4-7　环境压缩和解压缩

环境，将会包含所有用到的数据，例如工程、符号、设备型号、电线型号等，如图 4-8 所示。

在图 4-8 的左下角可以设置定期提醒存档的时间间隔。及时备份数据，能够最有效地保护数据。

单击“向后”，可以分别对各项数据进行设置。每个数据都可以选择保留或不保留。

在环境解压缩时，软件会自动比较是否有重复数据。对于重复数据，elecworks 自动设定为“取消”解压缩。

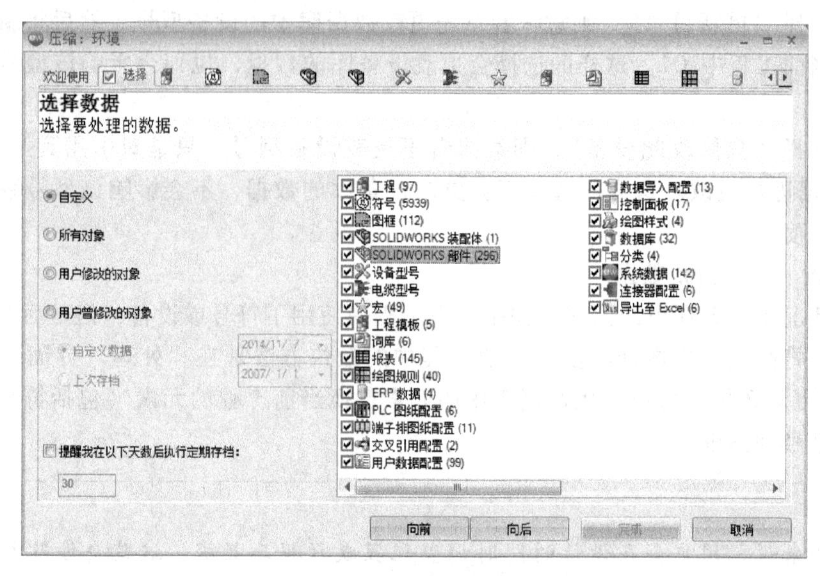
压缩：环境
欢迎使用
选择
选择数据
选择要处理的数据。
自定义
所有对象
用户修改的对象
用户曾修改的对象
自定义数据
上次存档
2014/11/ 7
2007/ 1/ 1
提醒我在以下天数后执行定期存档：
30
工程 (97)
符号 (5939)
图框 (112)
SOLIDWORKS 装配体 (1)
SOLIDWORKS 部件 (296)
设备型号
电缆型号
宏 (49)
工程模板 (5)
词库 (6)
报表 (145)
绘图规则 (40)
ERP 数据 (4)
PLC 图纸配置 (6)
端子排图纸配置 (11)
交叉引用配置 (2)
用户数据配置 (99)
数据导入配置 (13)
控制面板 (17)
绘图样式 (4)
数据库 (32)
分类 (4)
系统数据 (142)
连接器配置 (6)
导出至 Excel (6)
向前
向后
完成
取消

图 4-8　选择环境范围

Chapter 5

第 5 章 PLC

主要内容：

➢ 配置 PLC

➢ 设计 PLC

➢ 输入/输出管理和关联

elecworks 无需创建 PLC 符号，而是由 PLC 设备型号自动驱动生成 PLC 图形符号，且驱动过程可配置。通过 Excel 快速导入 I/O 的说明和地址信息，自动生成在 PLC 的原理图中。

5.1 PLC 配置

PLC 配置可以定义 PLC 图形外形和调用的信息。

打开“工程”→“配置”→“PLC 图纸”，显示 PLC 图纸配置管理。

将“应用程序配置”中的 DefaultAutomateDrawingConfig_ Metric 添加到工程。双击配置，打开配置界面。

“基本信息”用于配置名称及说明。

“尺寸”定义 PLC 的轮廓尺寸。

“标注”定义 PLC 卡，可以更换、修改或者删除属性变量。可以通过定义属性变量的位置参数将其放置在相关位置。

“布局”定义 PLC 插入图纸时的位置。

“连接点”可以替换、修改或者删除包含每个 PLC 端子连接点参数的属性变量。

“回路”中包含各种回路类型下的 PLC 通道符号及宏，能够替换、修改或者删除。可以通过 PLC 图纸的中的通道方向分别定义 PLC 通道符号及关联宏，每一种 PLC 回路类型设置都是唯一的。对话框上方有预览，可以查看 PLC 修改的情况。

“附件”中定义的内容将填充到自动生成的 PLC 界面中，例如界面说明。

如果需要修改 PLC 生成的图形中连接点的参数，可以进入“回路”，将回路类型调整为“PLC 数字量输入”，下方列出对应的属性内容，如图 5-1 所示。

一般来说，输入的符号会放置在界面的下方，接收上方来的信号。因此，在配置中需要将“方向”设置为“图纸下方”。

这样，在生成 PLC 图纸后，将自动调用“符号在底部”的信息和宏。

如果需要更改信息变量或宏内容，可以直接单击右下角的“编辑”，进入符号或宏的编辑状态。

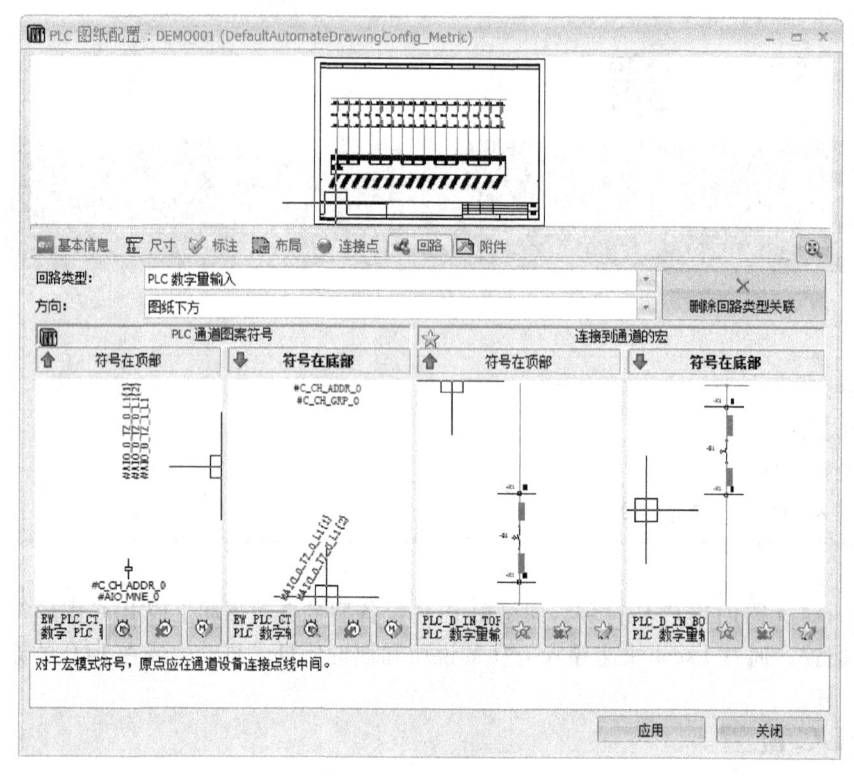

图 5-1　PLC 图纸配置

提示：

● 软件默认自带的信息文本是垂直于符号，但推荐将文本斜向放置，如图 5-1 中“符号在底部”所示，这样可以充分利用界面空间，也便于图纸阅读。

5.2　绘制 PLC 的四种方法

经过整理，在 elecworks 中可以列出四种绘制 PLC 的方法。

5.2.1　使用 PLC 符号

在符号库中可以创建 PLC 符号。在创建时，需要注意 PLC 的连接点回路与端子号的设定，如图 5-2 所示。

PLC 的回路/端子号需要与设备型号的回路/端子号完全一致，才能在使用时正确显示。制作符号时，也可以将图片等元素加入，如图 5-3 所示。

5.2.2　PLC 管理器生成图纸

单击“工程”→“PLC”按钮，在“PLC 管理器”窗口选择工程名称后，单击“添加 PLC”→“PLC 设备型号”按钮。在 PLC 选型界面中，选择 ALLEN-BRADLEY 的 1747-L20A。这样，在 PLC 管理器中会自动添加 N1。然后单击工具栏的“生成图纸”。在文件存放路径中选择文件夹或文件集，自动生成 PLC 图形界面和 PLC 图形。在图 5-4 中显示

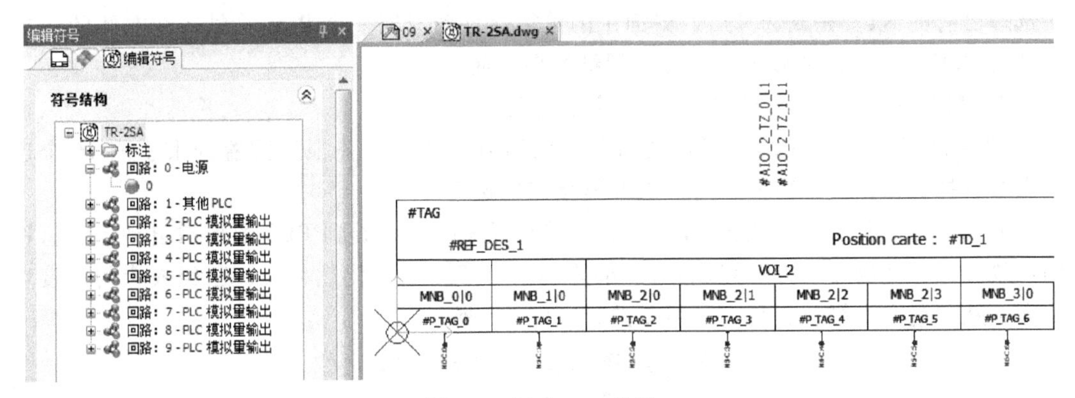

图 5-2 创建 PLC 符号

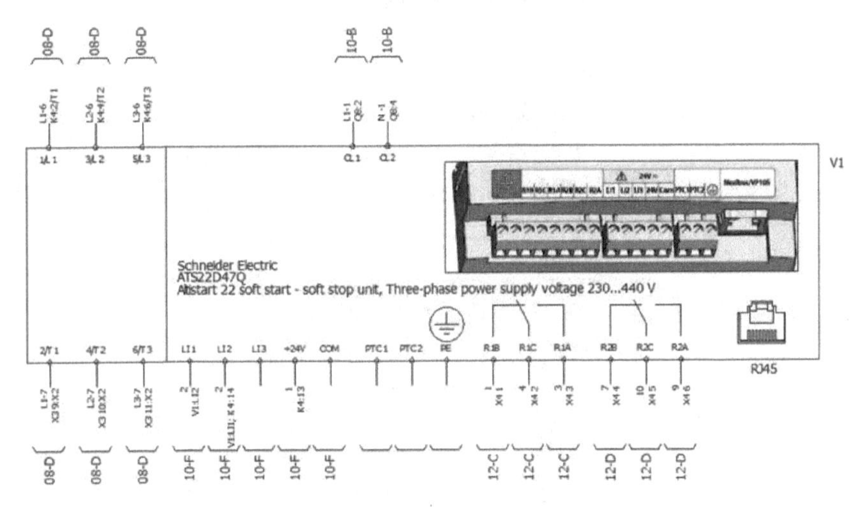

图 5-3 加入图片等元素的 PLC 图形

了 PLC 的符号，设备型号的回路与连接点会自动转变为图形和连接点。

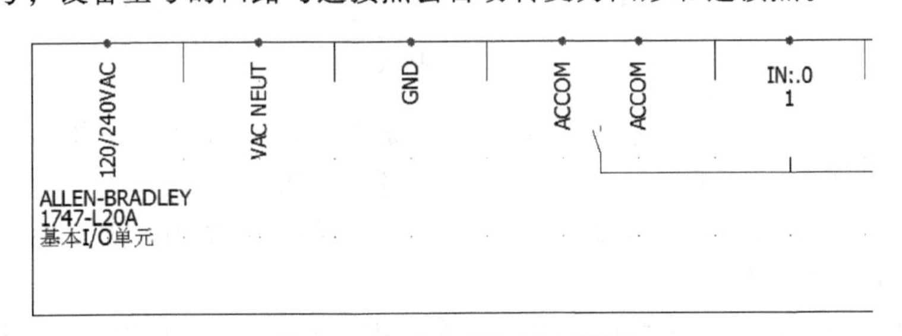

图 5-4 自动生成的 PLC 图形

5.2.3 动态插入 PLC

上一个插入 PLC 的方法，虽然是自动的，但并不能控制 PLC 点插入的顺序和位置，使用动态插入的方法可以弥补这一缺陷。

继续上一个例子，删除自动生成的 PLC 界面。新建一个原理图界面，使用动态插入的方式在新建的原理图界面中添加 PLC。

单击“原理图”→“插入 PLC”，在确认对话框中选择“确定选择已有 PLC 吗?”，然后选择已有的 N1。完成选择后，界面中的鼠标会自动提取一个 PLC 符号。在左侧的“插入动态 PLC”命令栏中显示了配置和图纸管理界面。

在“选择配置”中选择“每页 16 个通道”。

“图纸管理”窗口中显示了设备所包含的所有连接点，并根据配置约束了前 16 个连接点被选择。根据实际需要，可以更改连接点的选择。

取消 IN:.5 到 IN:.10 的选择，当鼠标移至界面时可以看到 PLC 图形被自动更新。将图形放置在界面的左下方，完成后，“插入动态 PLC”窗口仍然存在，已经放置的连接点状态会从蓝色变为绿色，且不可再复选，如图 5-5 所示。

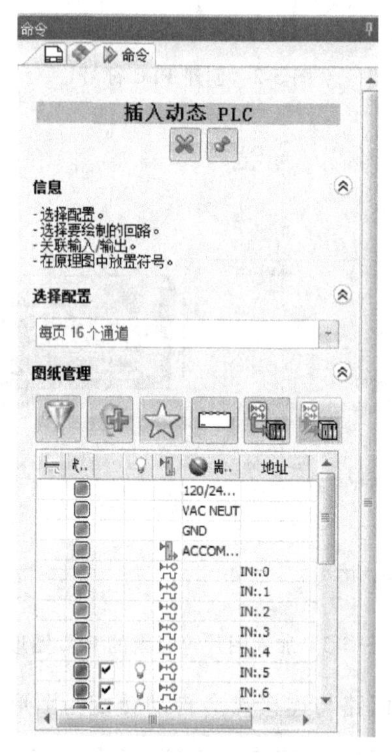

图 5-5　动态插入 PLC

界面中 PLC 图形是基于所选的 PLC 配置生成的，如果需要更改自动给出的 PLC 图形，可以单击“工程”→“配置”→“PLC 图纸”，进行更改。

由于 PLC 的连接点并未完全放置，所以鼠标依然抓取剩余的 PLC（根据配置只有 16 个连接点）。这时可以结束插入。

如果更换界面后，希望继续插入 PLC，可以继续使用“插入 PLC”。如图 5-6 所示，

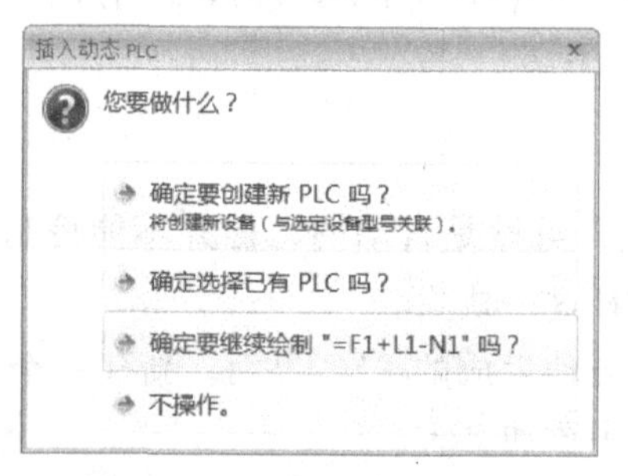

图 5-6　继续选择 PLC

选择“确定要继续绘制“=F1+L1-N1”吗?”。

提示:

- PLC回路与输入输出回路对应后，才可以使用“插入宏”，并可以分别设定每个回路关联的宏。
- 更改“通道方向”可以切换PLC符号的方向。

5.2.4 通过回路插入 PLC

除了将整个PLC的连接点连贯地插入界面，还可以把每一个连接点都定义成独立的一个符号，插入至界面中。后一种方式在以德国为代表的欧洲应用较多。可以参考图5-7创建PLC连接点的数字量输出符号。

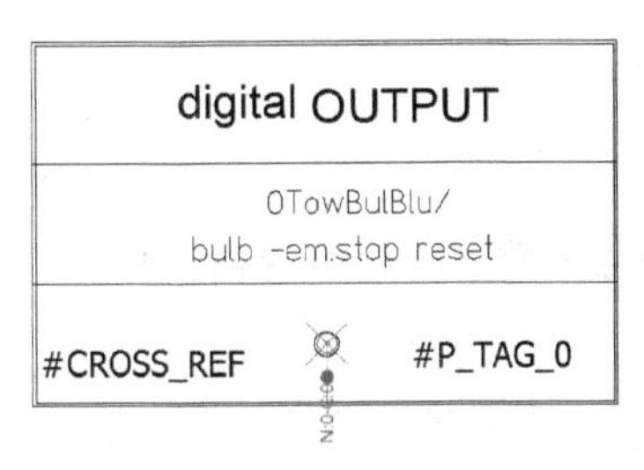

图5-7 I/O符号

如果使用这样的做法，推荐将设备型号中的回路设定对应的符号，如图5-8所示。

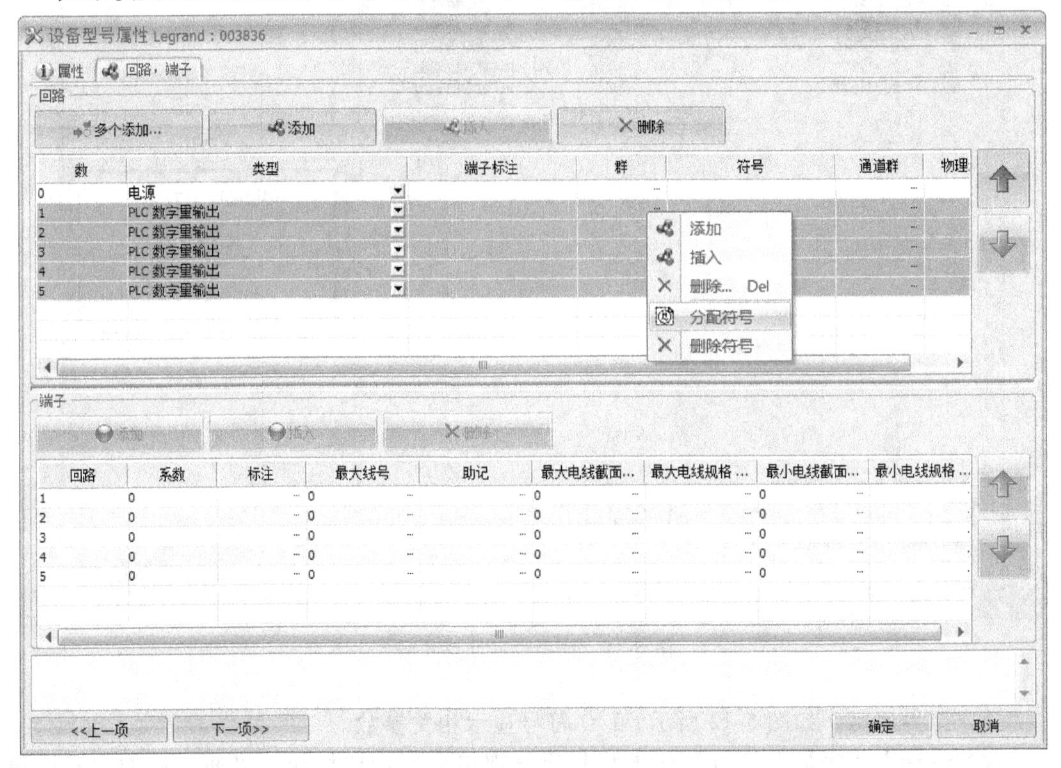

图5-8 型号回路分配符号

这样，在 PLC 管理器中添加了该型号后，设计原理图时可以直接从设备导航器中右击设备，在快捷菜单中选择“插入符号”，如图 5-9 所示。

根据提示，选择“插入来自设备型号回路的符号”，如图 5-10 所示。

图 5-9　插入符号

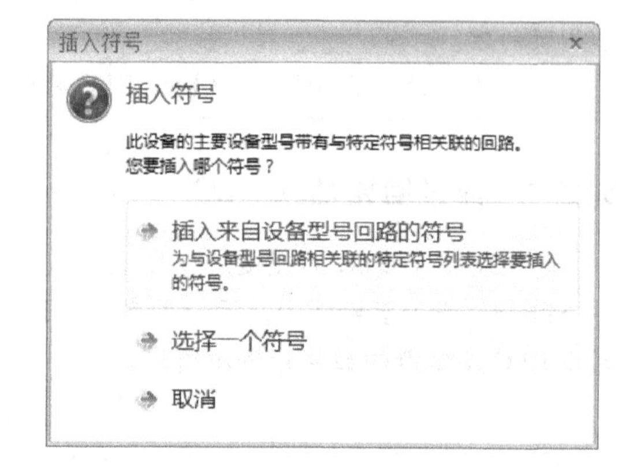

图 5-10　插入来自设备型号回路的符号

系统会调取所有的设备型号回路，通过选择所需回路，自动调用对应符号，如图5-11所示。

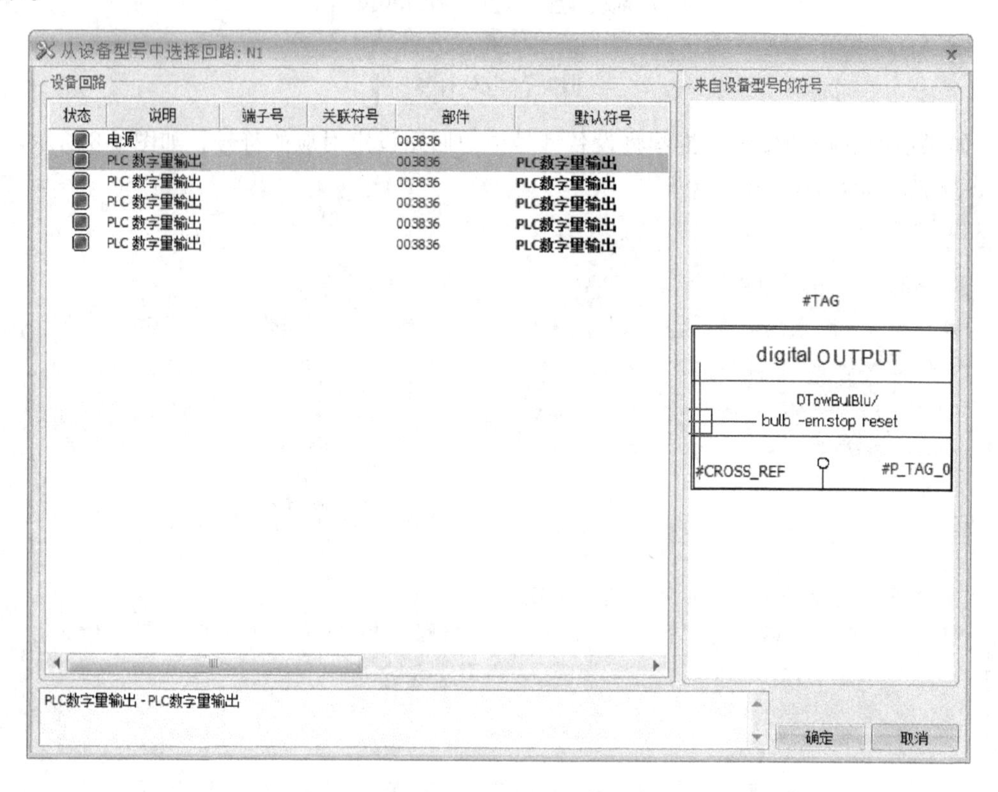

图 5-11　选择设备回路符号

插入至界面后，如图 5-12 所示，I/O 符号显示相关参数。

这种设计方法的最大优点是便于与其他原理组合后形成模块，以便于后期实现模块

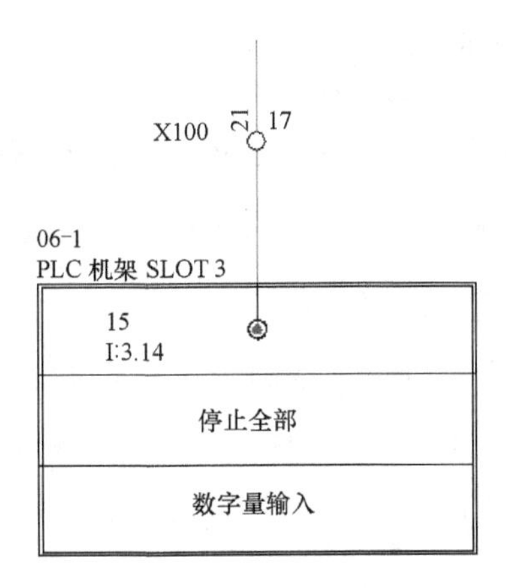

图 5-12 I/O 插入界面

化设计模式。后期再配合 PLC 的机架底板排布图就可以完整地汇总查看所有 I/O 信息了。

5.3 输入/输出管理

PLC 管理器用于管理工程中的 PLC，包括设备定义、设备型号定义等。其中输入/输出管理用于管理 I/O，包括 I/O 的说明、功能等。

以 ALLEN-BRADLEY 的 1747-L20A 为例，在 PLC 管理器中添加 PLC 设备 N1。

5.3.1 定义输入/输出

单击“工程”→“输入/输出”，在打开的对话框的工具栏中选中功能 F1（意为在 F1 功能下建立输入输出），单击“添加多个输入/输出”，选择“PLC 数字量输入”，如图 5-13所示。

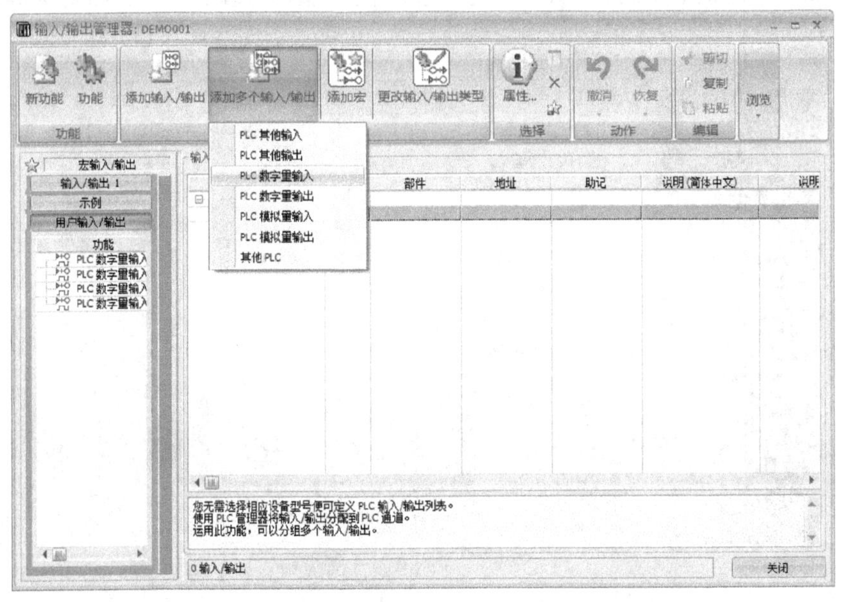

图 5-13 定义 PLC 数字量输入

在弹出的对话框中输入数量 4。

用同样的方法添加数字量输出数量为 4。

对添加的 8 个 I/O，全选后右击，在快捷菜单中选择“数据网络”，如图 5-14 所示。

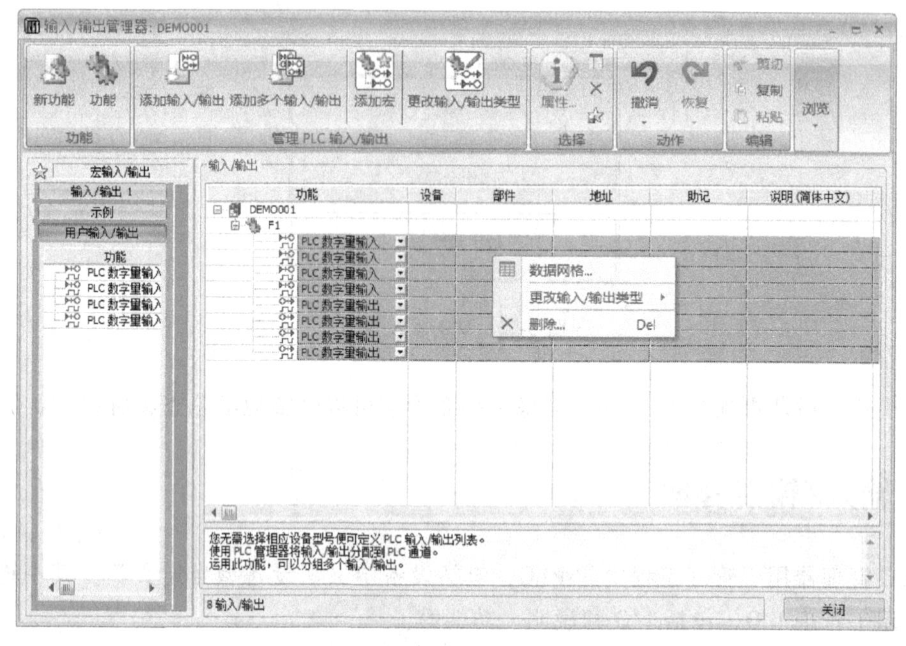

图 5-14　数据网络

5.3.2　导入 Excel 中输入/输出描述

一般来说，在开始设计 PLC 之前会先完成 Excel 的输入/输出表。接下来将 Excel 的 I/O 信息导入 elecworks 的输入/输出。

复制 Excel 中的地址和说明，并粘贴到“进入输入/输出管理器”中，如图 5-15 所示。

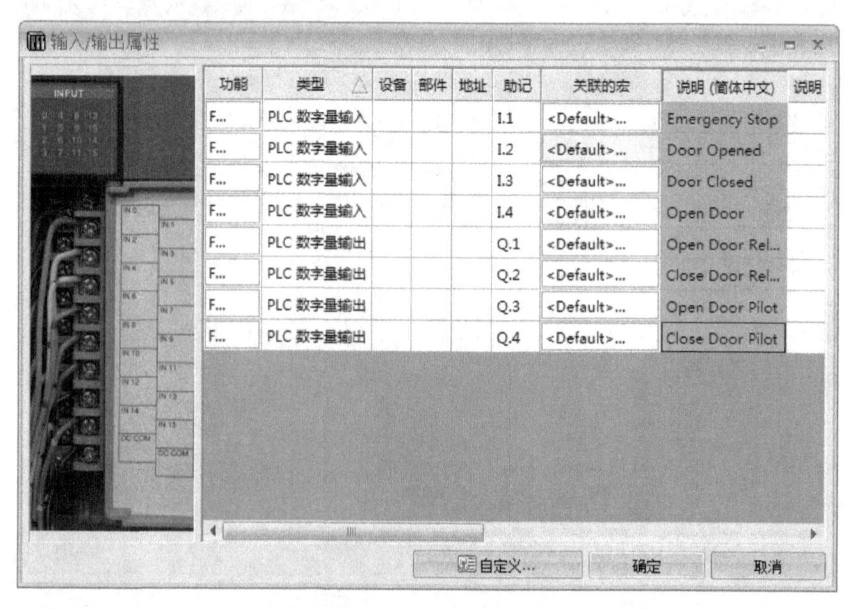

图 5-15　导入 Excel 数据

完成后，单击“确定”关闭属性对话框。

5.4 关联输入/输出

完成 PLC 定义和输入/输出定义后，需要将设备的回路与输入/输出完成关联。

进入 PLC 管理器，选择 N1，列出所有的回路。选择 IN：.0 到 IN：.3，右击后选择“分配现有 PLC 输入/输出”。

图 5-16　分配现有 PLC 输入输出

在弹出的输入/输出中，选择 4 个数字量输入。正确关联后，会得到确认关联的提示。

同样，关联另外 4 个数字量输出。完成关联后，在 PLC 管理器中完成关联的回路显示助记和说明信息，如图 5-17 所示。

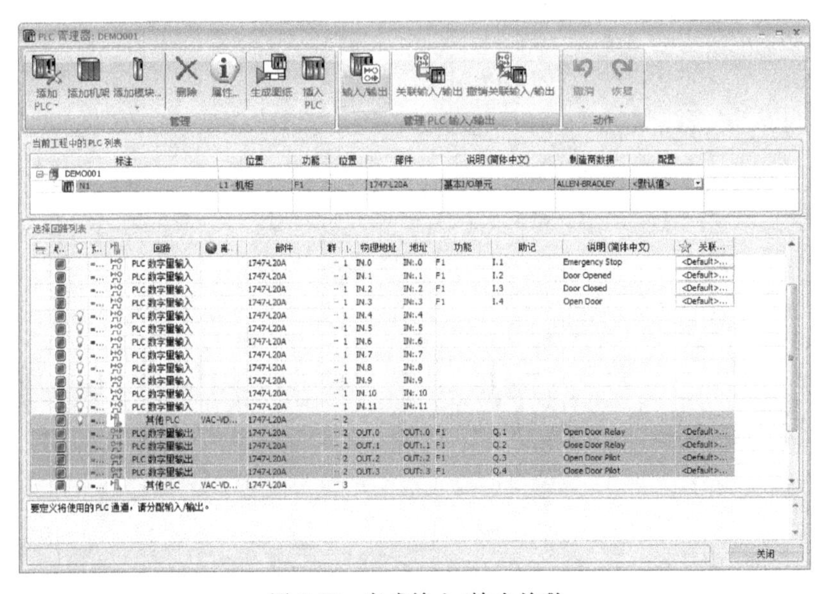

图 5-17　完成输入/输出关联

此时如果单击“生成图纸”命令，在界面中PLC符号上将会显示回路信息，如图5-18所示。

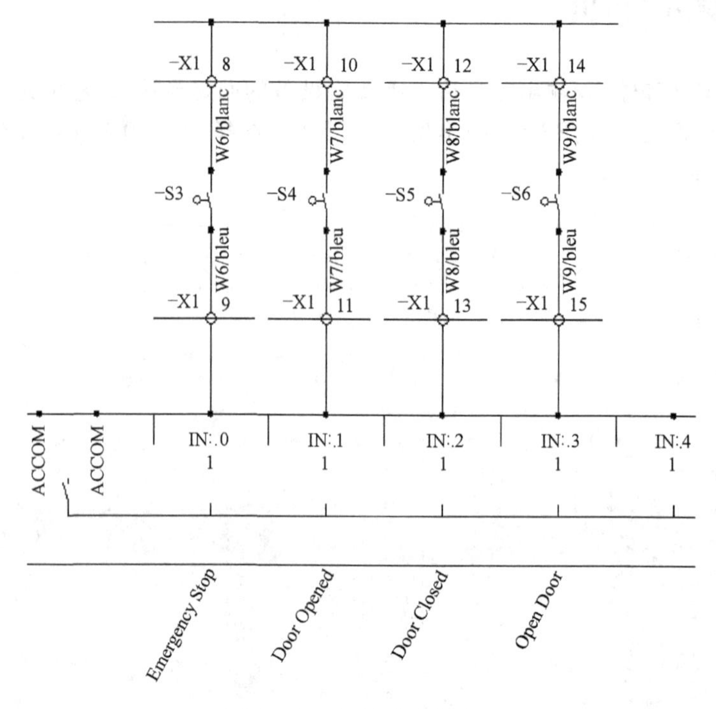

图 5-18 显示说明信息

Chapter 6

第 6 章

连接器

主要内容：

➢ 配置连接器

➢ 连接器的使用

连接器（CONNECTOR）在国内也称为接插件、插头和插座，一般用于连接两个有源器件，传输电流或信号。连接器通常包含插头和插座。

插头和插座的关系相对是固定的，连接器与舱壁和外壳的位置基本也是固定的。通常电气设计方面插座用 J 或 X 标记，插头用 P 标记。

连接器通常用于连接电线、电缆或可移动的电气装配。连接器可以在电线或设备中做永久或临时的连接，通常电气连接器会有电气图纸，提供制作方法、大小尺寸、针之间的电阻、绝缘等信息。

连接器图形的使用在不同的国家具有不同的标准。图 6-1 显示了用于表示针脚类型的不同图形（一般基于符号标准），当使用在分线盒中它们表示不同的连接类型。（IEC 为欧洲国际电工委员会所制定的标准，ANSI 为美国国家标准学会所制定的标准）

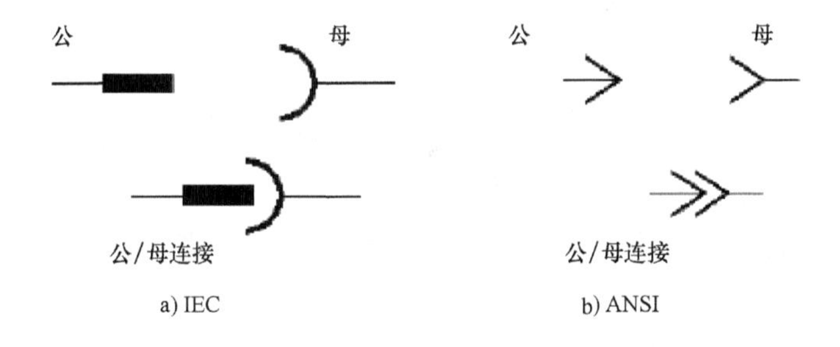

图 6-1　公母插头

在原理图中绘制连接器有多种方法：

- 单独的符号，代表整个连接器。
- 多个动态连接器符号，用于图纸不同区域或工程的不同图纸中。
- 使用单个或多个针脚符号，用于图纸不同区域或工程的不同图纸中。

单独和多个动态连接器具有唯一的配置，每个配置具有特定的连接器表达工具。

6.1 连接器配置

当使用动态的方式插入连接器时，需要设置连接器的配置。

单击“工程”→“配置”→“连接器”，将 DynamicConnectorWithoutSymbols_ Metric 添加至“工程”，并双击打开配置文件。在配置文件中，按照图 6-2 所示定义回路符号。

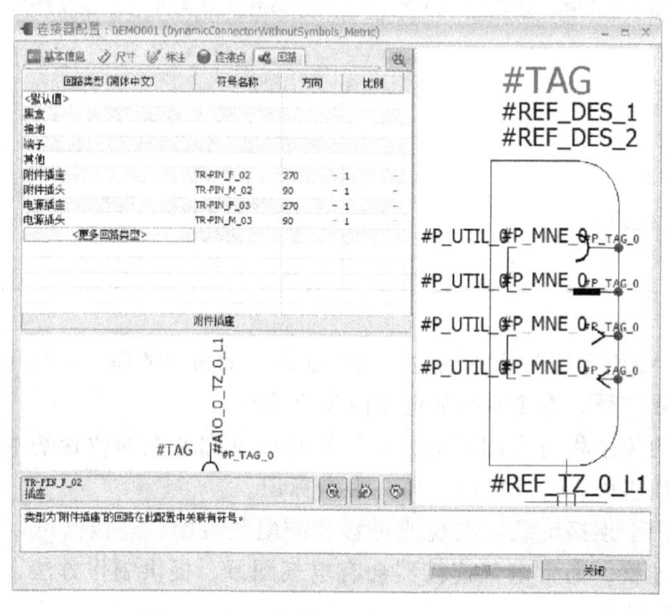

图 6-2 在连接器配置中定义回路符号

每一个配置文件都会设置特定的符号尺寸、连接点属性、回路符号等。例如：1 symbol par circuit，其配置如图 6-3 所示。

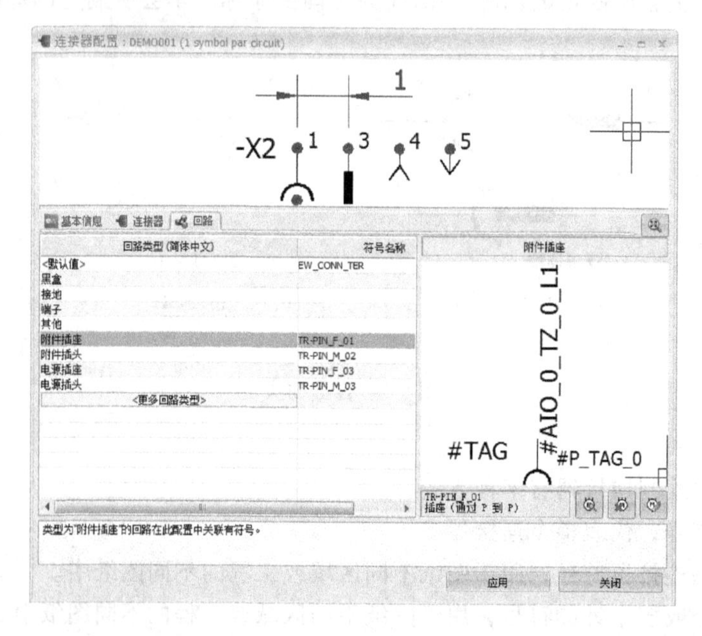

图 6-3 1 symbol par circuit 的连接器配置

6.2 布线方框图中连接器的用法

如图 6-4 所示，在符号库中找到并插入连接器类别的符号，在符号之间建立逻辑连接关系。

图 6-4 布线方框图中的连接器

可以事先为每个连接器选择设备型号，然后再双击电缆（或选择工具栏中的“详细布线”）就可以为连接器选择合适的电缆，如图 6-5 所示。当建立了详细的连接关系后，就可以完成详细布线。

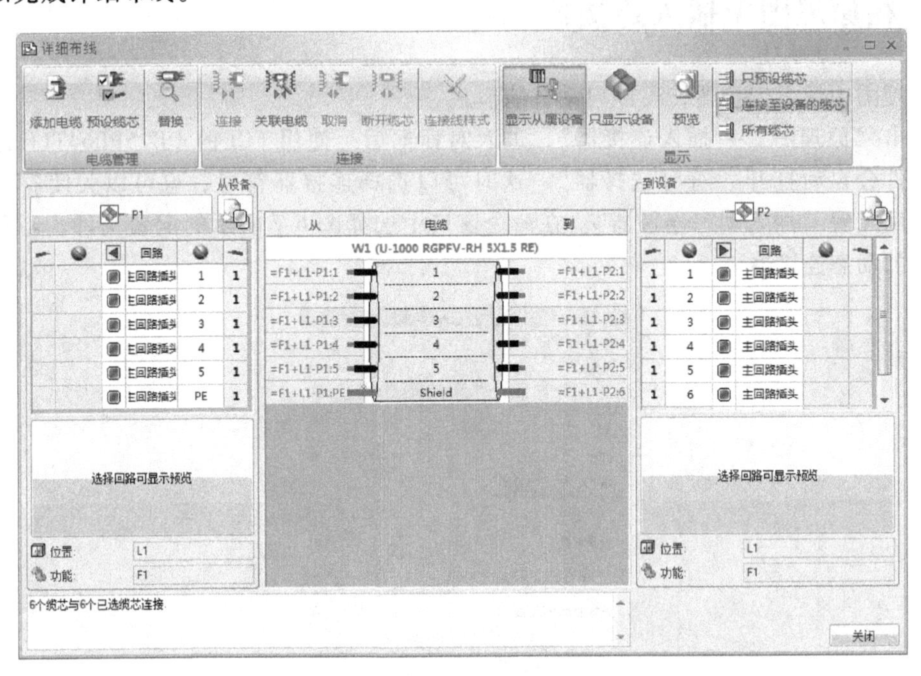

图 6-5 详细布线

此时，也可以直接双击 W1 进入电缆的属性界面，设定具体属性，例如电缆长度等。

在完成设置后，可以在布线方框图中使用电缆标签详细地说明电缆的连接状况，如图 6-6 所示。也可以使用插入接线表的方式更详细地表述连接器的接线关系。

即使没有后续的原理图设计，在布线方框图中完成了连接器的详细设计后，就可以直接生成报表，例如电缆或电缆芯报表等。

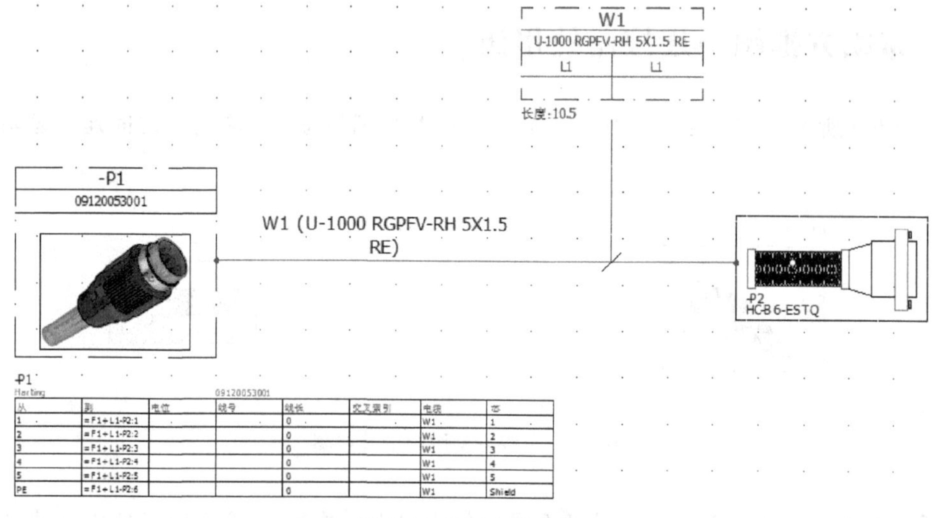

图 6-6　使用电缆标签

6.3　在原理图中插入连接器

原理图中插入连接器，可以启动智能模式。

单击“原理图”→“插入连接器”，进入对话框后，使用 FCI 的 DB25P064TLF 添加型号。软件会自动打开“符号选择器”，这时可以选择连接器符号，也可以关闭符号选择器，使用配置“插入动态连接器”。在命令窗口中选择图 6-7 所示的配置文件：不具有引脚符号的动态连接器。

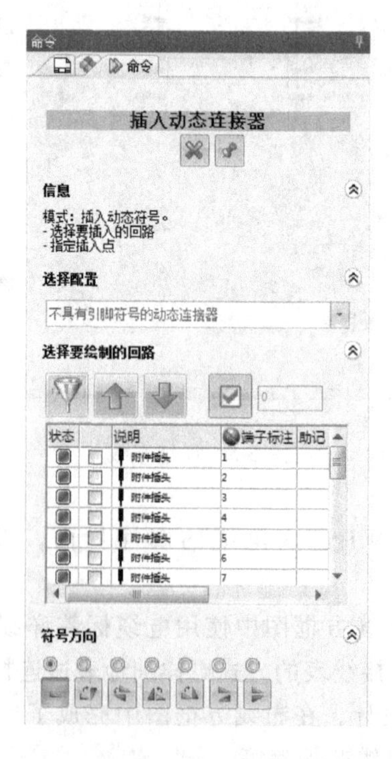

图 6-7　不具有引脚符号的动态连接器

在“选择要绘制的回路”中显示了连接器所包含的所有针脚（如果没有选项，需要查看连接器型号的回路与端子号）。依次勾选状态右侧的选项，选择端子标注为1~4的针脚，则右侧绘图区域中光标处将自动显示出图6-8所示的连接器符号。

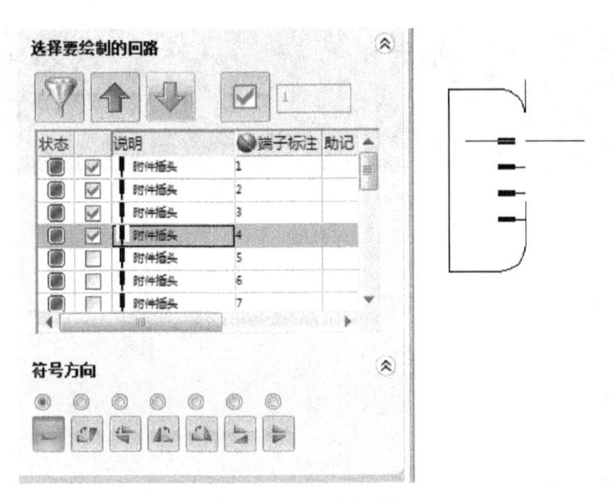

图6-8　勾选针脚

单击鼠标，将符号放置在页面中，完成含有4针脚连接器符号的放置。此时，完成放置的回路状态将会由蓝色转变为绿色，软件自动勾选剩余的连接器针脚。按照前述方法，继续选择并放置连接器其他针脚符号。所有针脚全部放置完毕后，配置命令界面自动关闭。

提示：

- 上下箭头，可以设定针脚在界面中的插入顺序。
- “选择要绘制的回路”部分，如果激活“限制回路数”，则可以快速设定插入针脚数量。例如，如果设置数值为4，则系统将自动选定前4个可以插入的针脚。
- 符号方向可以约束符号插入至图纸中所用方向。

Chapter 7

第 7 章 清单管理

主要内容：

- ➢ 配置清单模板
- ➢ 选择清单模板
- ➢ 生成清单和 Excel 文件
- ➢ 专家模式编辑模板

清单用于提取工程数据库中的数据，并以表格方式展现出来。数据可以以界面的形式生成，也可以导出为 Excel 文件或者文本文件。

清单是基于模板生成的，模板可以配置和排列。elecworks 具备一些标准的模板，也可以根据需要创建自己的模板。

7.1 配置清单模板

所有的清单模板全部在清单管理器中进行管理，单击“工程”→“配置”→“报表”。在“报表配置管理”窗口中可以看到，应用程序配置和工程配置中均可以存放不同的配置文件，如图 7-1 所示。

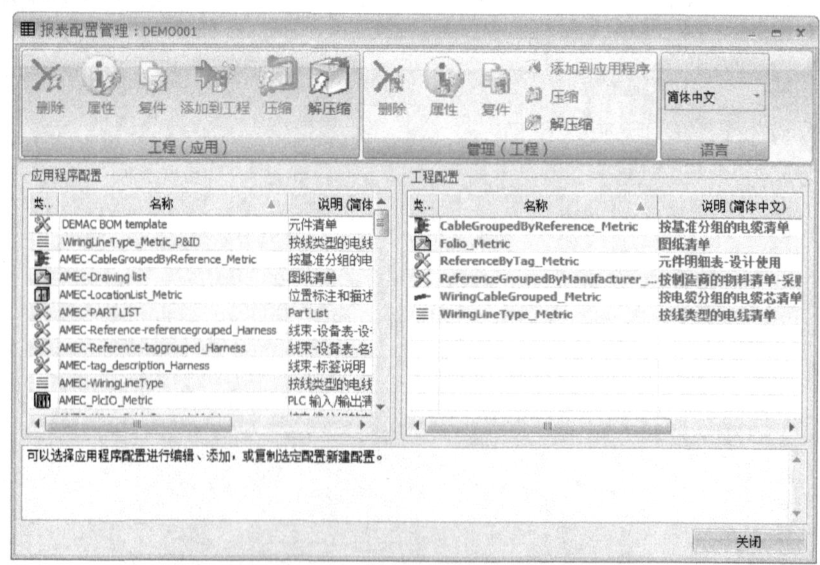

图 7-1 “报表配置管理”窗口

应用程序配置中的报表模板配置均为软件自带，文件的默认存储路径为：

X：\ ProgramData \ elecworksdata \ BOMTemplate 文件夹。

工程配置中存放的配置文件为工程所带，文件的默认存储路径为：

X：\ ProgramData \ elecworksdata \ Projects \ 1 \ XMLConfig \ BOMTemplate 文件夹，其中 1 是对应的工程 ID。

当压缩“工程”（把整个工程变成一个压缩包）时，工程配置中的文件也会一并包含在工程压缩包中。

提示：

注意报表中区分了公制和英制，也就是对于尺寸数据的使用是有所区分的。例如在工作报表中包含了电线长度，如果使用的是公制，以毫米为单位，对应的英制的表达式就会通过公式 STR（length/25.4，10，2）转换，长度会除以 25.4。

通过工具栏中“添加到工程”或“添加到应用程序”可以在不同的区域加载报表模板。

7.2 选择清单模板

在“工程”菜单中打开“报表管理器”窗口，清单管理器会显示出工程中可用的清单，如图 7-2 所示。

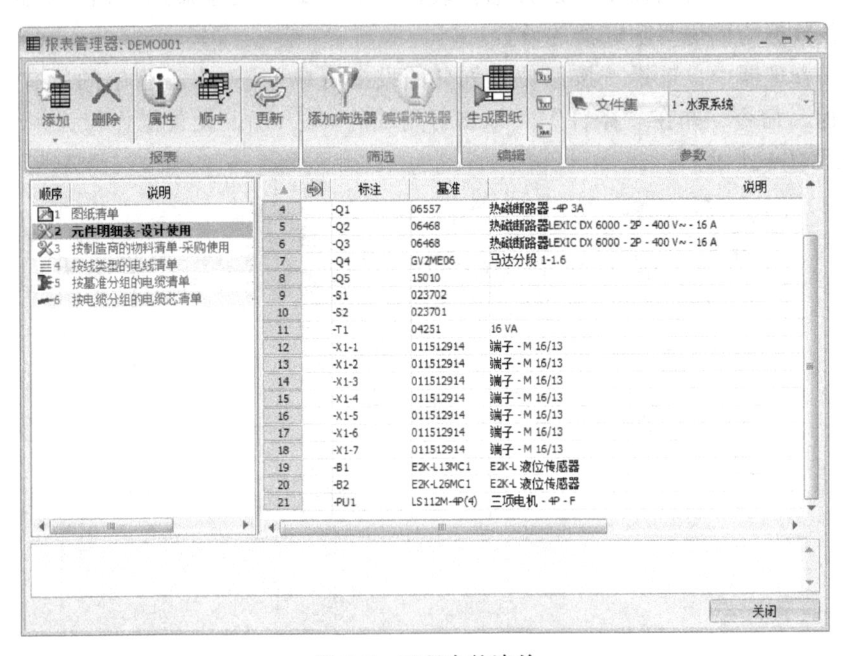

图 7-2 工程中的清单

在“报表管理器”中单击“添加”命令，打开“报表配置选择器”窗口，如图 7-3 所示。

在选择器中，“类型”中已经区分了工程配置和应用程序配置等不同位置的报表模板。通过勾选，可以选择工程中希望使用的模板文件。

完成选择模板后，在报表管理器中可以预览报表数据。

图 7-3 “报表配置选择器”窗口

7.3 设置筛选器

筛选器的使用，可以在不创建其他报表模板的前提下快速筛选数据。下面以筛选配电柜内设备数据为例说明筛选器的设置。

在报表管理器中，选择“按照位置划分的设备清单”，列出工程中的所有设备参数。单击“添加”命令，并在“条件”中双击可用域的 loc_ text，设置操作符为 =，选择数据为 L1，如图 7-4 所示。

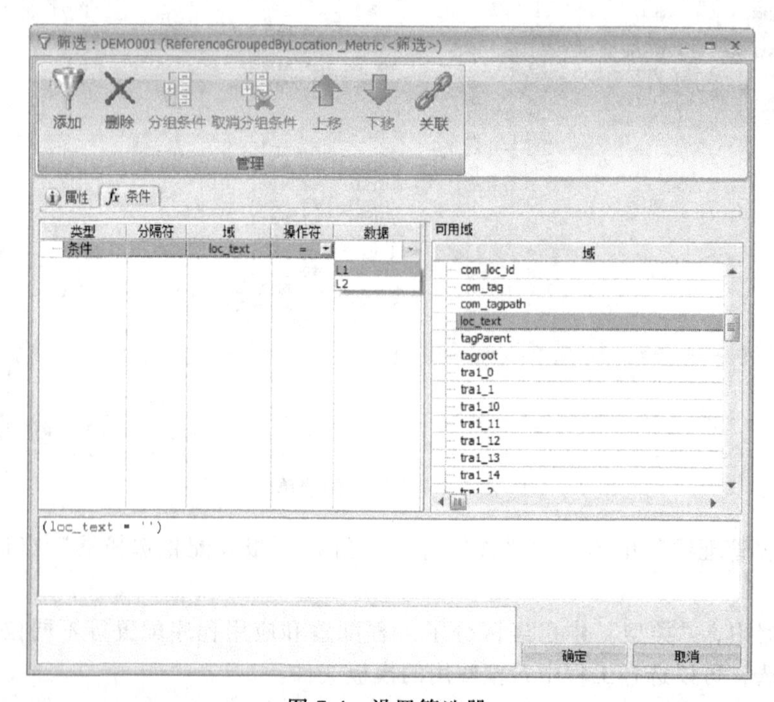

图 7-4 设置筛选器

完成配置后，会生成一个新的模板，列出 L1 的所有设备数据。完成该筛选后也可以直接生成报表，或导出 Excel 文件。

7.4 清单生成

清单可以生成三种形式：清单界面、Excel 文件和 Text 文件。

7.4.1 生成清单

可以在“工程”菜单中使用“报表”，单击“生成图纸”命令，如图 7-5 所示。

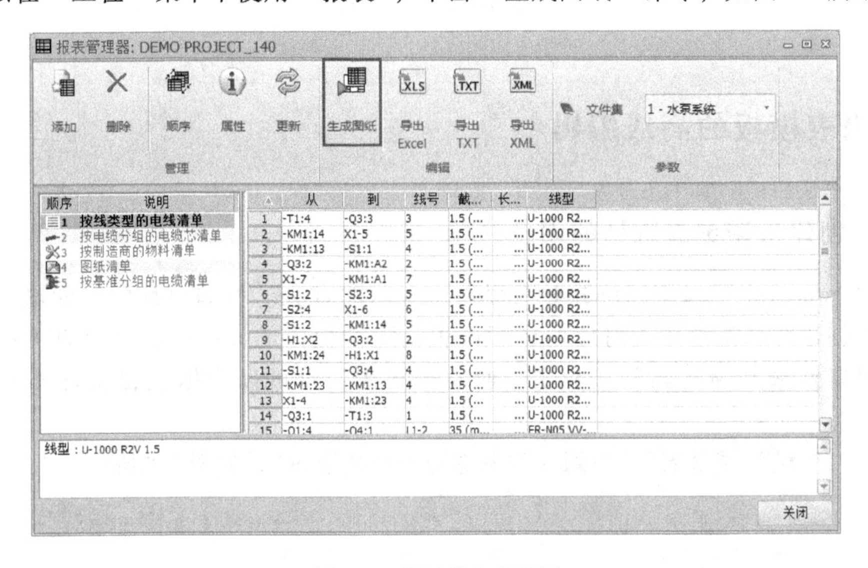

图 7-5　管理器生成图纸

也可以直接在文件导航器中，右击文件集或文件夹后，选择需要生成的报表，如图 7-6 所示。

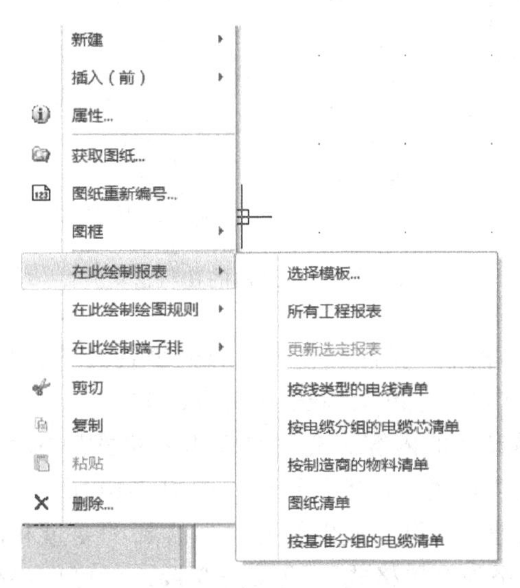

图 7-6　自动生成报表

7.4.2 导出 Excel 文件

使用“导出 Excel”命令可以导出数据为 Excel 文件，如图 7-7 所示。每个清单都可以导出到一个 Excel 表中去。

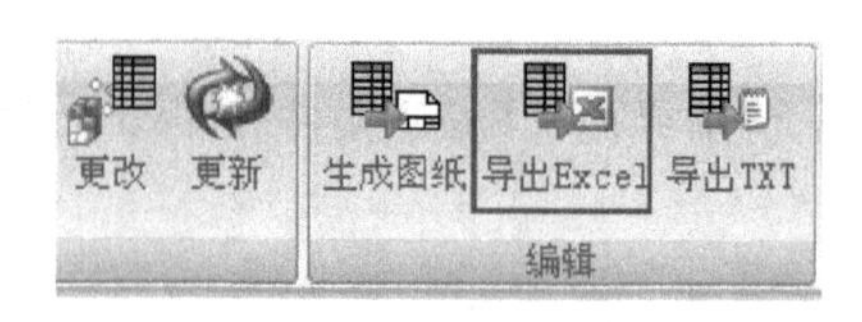

图 7-7 导出 Excel

7.5 报表模板的高级编辑

7.5.1 创建根据位置统计的设备清单

在 elecworks 中可以使用位置对工程进行空间的定义。例如设计两台配电柜，可以在工程中创建两个位置分别对应两台配电柜，这样柜内的设备在命名时就可以通过不同的位置属性来判断所属的机柜了。而对于报表，也可以根据位置统计不同的设备清单。

单击“工程”→“报表”，找到“按制造商的物料清单”，如图 7-8 所示。

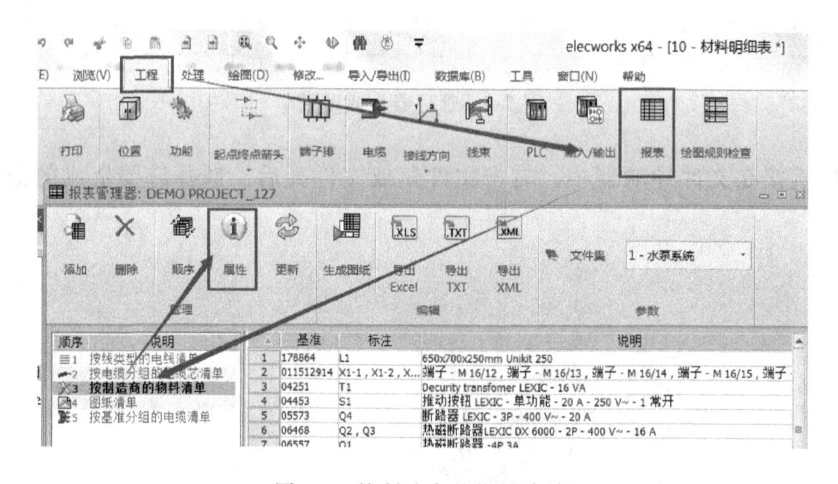

图 7-8 按制造商的物料清单

单击“报表”后，再单击“属性”命令，打开属性窗口，如图 7-9 所示，选择“排序和中断”，在右下角的区域把中断的勾选 com_ loc_ id。

接下来修改分段标题显示的内容。把“自动中断格式”前面的勾选取消，这时上面的标题格式会从灰色转变为白色，内容可更改，如图 7-10 所示。

单击右侧的“f_x”按钮，打开公式编辑器，切换到“变量和简单格式”，在下列变量中找到 loc_ text，单击“添加简单格式”或双击变量，就可以将变量列在下方的内容中，如图 7-11 所示。

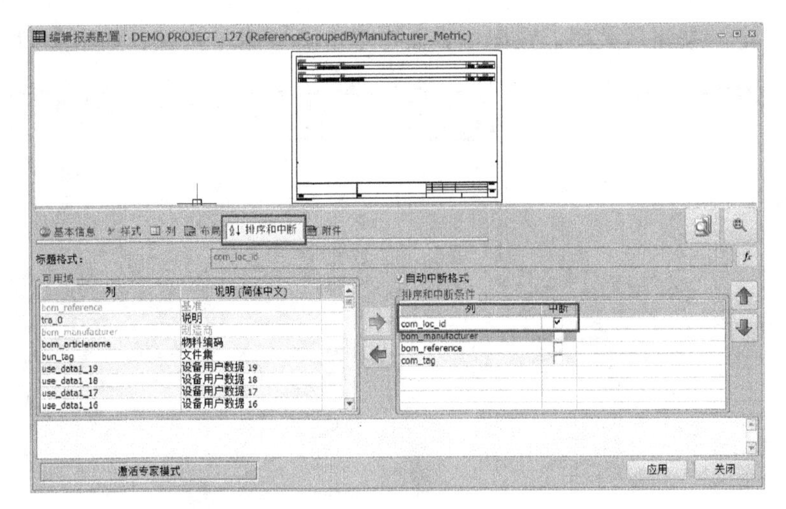

图 7-9　选定位置变量

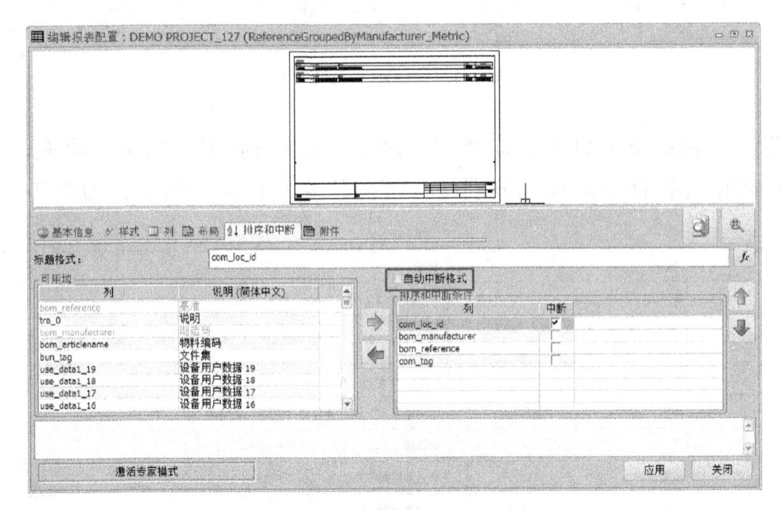

图 7-10　取消自动中断格式

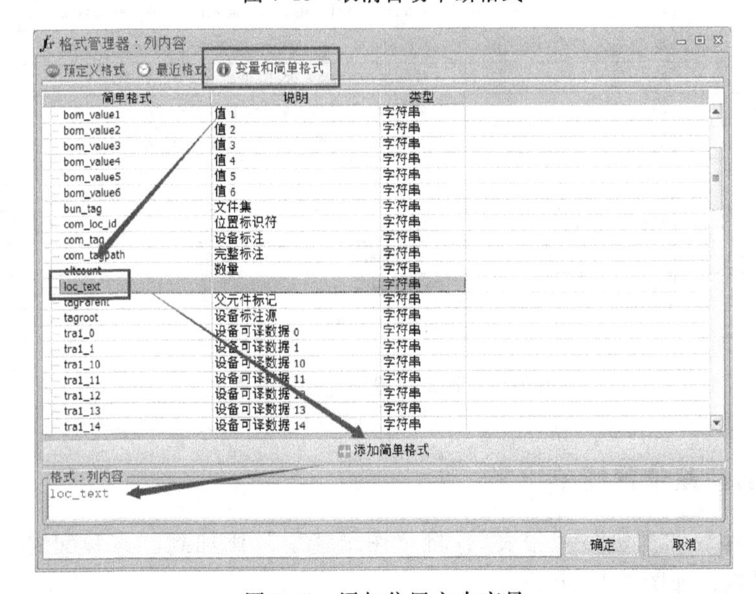

图 7-11　添加位置文本变量

单击“确定”按钮后关闭，在配置界面中单击“应用”按钮，如图 7-12 所示。

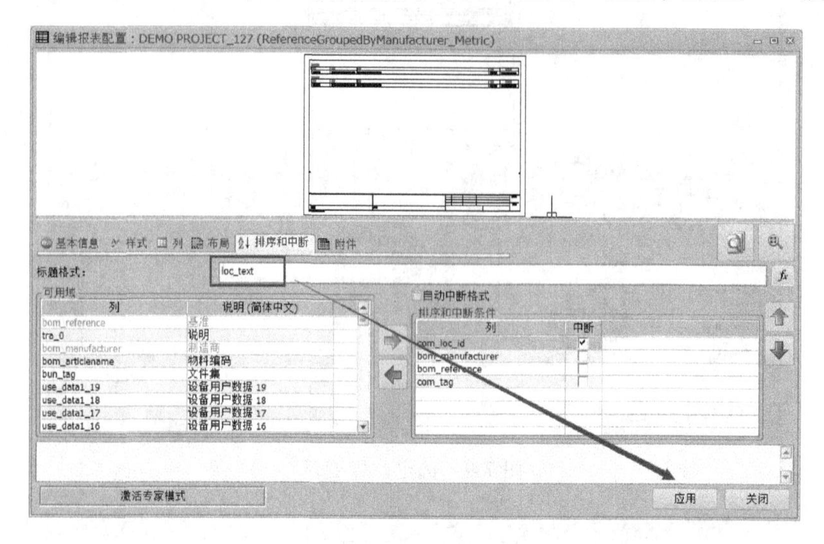

图 7-12　确定标题格式

完成模板后，右键单击界面，选择“更新”，或者删除报表后重新生成。

这样，报表就会根据新的模板分别统计不同位置的设备数据了，如图 7-13 所示。

L1

基准	标注	说明
178864	L1	650x700x250mm Unikit 250
011512914	X1-1，X1-2，X1-3，X1-4，X1-5，X1-6，X1-7	端子 - M 16/12，端子 - M 16/13，端子 - M 16/14，端子 - M 16/15，端子 - M 16/16
04251	T1	Decurity transfomer LEXIC - 16 VA
04453	S1	推动按钮 LEXIC - 单功能 - 20 A - 250 V~ - 1 常开
05573	Q4	断路器 LEXIC - 3P - 400 V~ - 20 A
06468	Q2，Q3	热磁断路器LEXIC DX 6000 - 2P - 400 V~ - 16 A
06557	Q1	热磁断路器 -4P 3A
34486	L1	Rail EN 50022 for Altis - for cabinet l. 600mm - L rail 490 mm
36212	L1	Lina duct 25 - new technologie - 60x60
18039	S2	带导航指示灯的常闭推动按钮 - GREY, RED LIGHT - 12..48 V
3SB1212-6BE06	H1	指示灯,22MM,W.带BA 9S完整凹槽，带减压器和白炽灯
LC1D1210B7	KM1	接触器 LC1-D - 3P - AC-3 440V 12A - 线圈 24VAC

L2

基准	标注	说明
LS112M-4P(4)	PU1	三相电动机 - 4P - F
E2K-L13MC1	B1	E2K-L 液位传感器
E2K-L26MC1	B2	E2K-L 液位传感器

图 7-13　根据位置统计的设备清单

7.5.2　手动创建位置清单

单击“工程”→“配置”→“报表”，将“图纸清单”添加到“工程配置”中，双击打开图纸清单模板，如图 7-14 所示。

图 7-14 创建位置清单模板

1. 激活专家模式

在图 7-14 的“编辑报表配置”中，单击“激活专家模式”按钮。软件会给出确认界面，在弹出的确认界面中单击“是”后，就会出现“SQL 查询”界面。

2. 专家模式

在专家模式中，进入编辑状态，并删除所有已有程序，并通过“删除列”，删除所有变量。

3. 添加 SQL 语句

在编辑状态，从右侧列表中找到 Location 表，并双击 loc_text，这样在 SQL 查询里面自动出现 SELECT 和 FROM 语句，如图 7-15 所示。

这样的方式可以提取 loc_text 变量，单击“测试”按钮可以预览结果。

如果需要提取位置对应的说明文本，需要关联另一个表 tew_translatedtext。但是不能直接加载这个表，因为在 SQL 查询中需要找到的是与 loc_text 关联的说明信息。

使用以下代码：

```
SELECT
tew_location.loc_text AS loc_text
,tew_translatedtext.tra_0 AS tra_0
FROM
tew_location
LEFT JOIN
tew_translatedtext
```

```
ON tew_translatedtext.tra_objectid = tew_location.loc_id
```

图 7-15　SQL 查询

单击“测试”按钮后可以查看到如图 7-16 所示的所有位置和对应的说明信息。

图 7-16　位置和对应的说明信息

如果希望该报表只显示中文说明，可以再对报表的 SQL 查询语句做一些调整。

软件使用了强制代码 %PROJECT_LNG_CODE% 自动获取当前工程的基础语言。因此，如果将代码调整为以下内容：

```
SELECT
tew_location.loc_text AS loc_text
, tew_translatedtext.tra_0 AS tra_0
FROM
tew_location
LEFT JOIN
tew_translatedtext
```

```
        ON
        tew_translatedtext.tra_objectid = tew_location.loc_id
        AND
        tew_translatedtext.tra_strobjectid = ]]loc[[
        AND
        tew _ translatedtext.tra _ lan _ strid  =  ]]% PROJECT _ LNG _
CODE% [[
```

提示：

- 在查询中不存在“　”，而是使用了]] 和 [[代替，所以]] loc [[实际上是等同于用双引号将 loc 引起来。
- %PROJECT_LNG_CODE%代表当前工程的基础语言，如果需要特定的语言，也可以使用代号，例如中文为 zh，英文为 en 等。

再次单击“测试”，可以看到只显示中文说明，如图 7-17 所示。

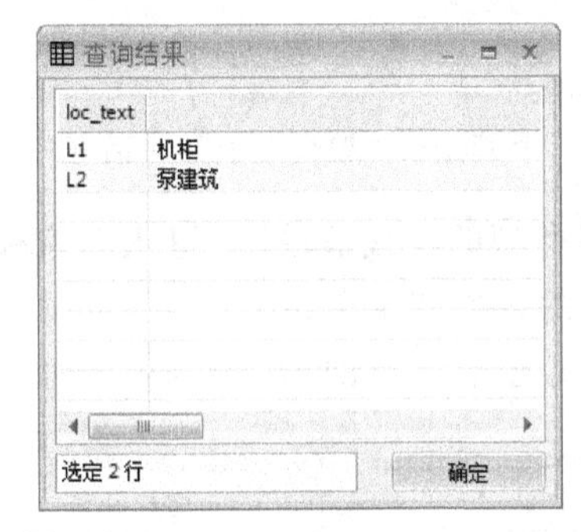

图 7-17　中文位置说明

4. 加载变量

使用“添加列”，分别添加 loc_text 和 tra_0 两个变量，变量可以从“f_x”按钮中添加，如图 7-18 所示。

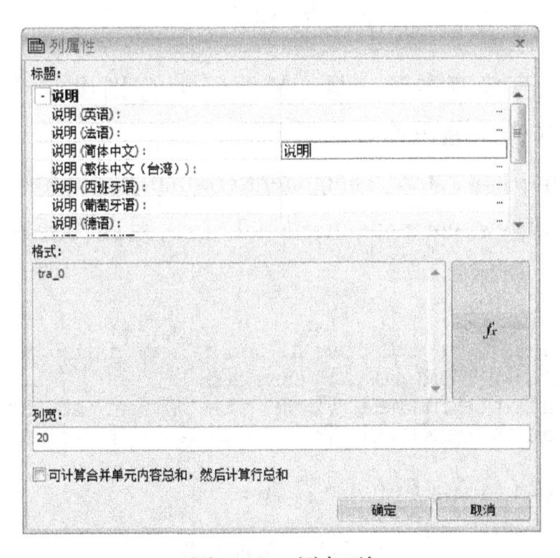

图 7-18　添加列

完成变量添加后，通过测试可以看到结果，在“列”中将会添加这两个变量。

7.5.3 手动创建带线鼻子的接线报表

完成创建位置清单的操作后，基本对SQL查询的编辑方法有了初步了解。实际上，在创建报表模板时都是基于已有报表模板进行调整，而非从零开始。现在再来看一个例子，基于现有的电线清单创建带线鼻子的接线报表。

线鼻子数据，不适合另外创建电气符号或设备型号，只需要在电线报表中体现在设备接线端子旁边就可以。因此，会将该信息填写到设备的端子助记中。

右击符号，选择“编辑端子”，出现“编辑端子”对话框，如图7-19所示。

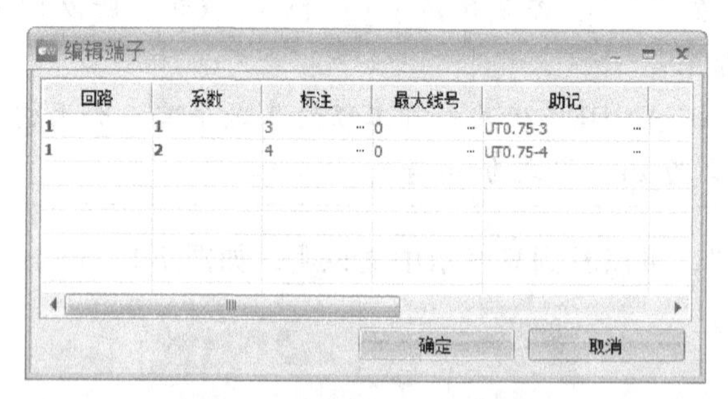

图7-19 “编辑端子”对话框

打开工程清单中的“按线类型的电线清单”，进入专家模式。

首先，需要知道所要调取的参数变量名称。

端子的助记，属于设备的端子表，也即cte_mnemo，如图7-20所示。

tew_componentterminal	**Component terminals**
cte_cel_id	Associated circuit ID
cte_maxgauge	Maximum wire gauge to connect with
cte_maxsection	Maximum wire section to connect with
cte_maxwire	Max number of wire connected 0 = No limit
cte_mingauge	Minimum wire gauge to connect with
cte_minsection	Minimum wire section to connect with
cte_mnemo	**Mnemonic of terminal**
cte_no	Number of the component terminal

图7-20 端子助记

但是，特别注意不能直接双击该变量，因为需要分别设定“从设备的端子助记”和“到设备的端子助记”，这样才能正确显示数据。

留意一下已有的变量内容，tew_componentterminal表已经有了延伸表，分别是tew_componentterminal_From和tew_componentterminal_To，因此需要在申明变量时添加类似的变量书写方式，如图7-21所示：

```
, tew_wire.wir_com_idto AS wir_com_idto
, tew_wire.wir_com_idfrom AS wir_com_idfrom
, tew_component.com_id AS com_id
, tew_componentterminal_From.cte_mnemo AS cte_mnemoFrom
, tew_componentterminal_To.cte_mnemo AS cte_mnemoTo

FROM (((((((((((((((((tew_line
```

图7-21 添加变量

这样，测试时就能看到在表格中体现了新增的两个变量，如图 7-22 所示。

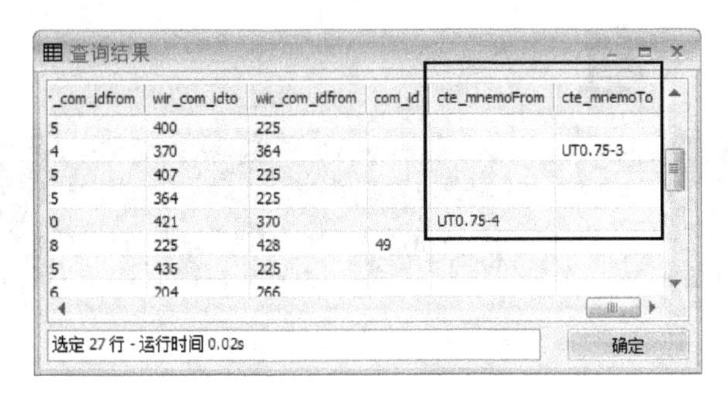

图 7-22　添加线鼻子变量

提示：

● 建议在制作设备型号时，直接把设备端子的线鼻子信息填写在“回路与端子”中。当设备完成选型后，会自动调用线鼻子信息。但是，随着电线使用的变化，线鼻子也会变化。当需要变化时，再使用上文提供的方法修改。用这样的方法，充分利用数据库的力量，减少大量填写文本的操作量。

Chapter 8

第 8 章 2D机柜布局

主要内容：

- ➢ 创建布局图
- ➢ 插入设备
- ➢ 设置比例

8.1 创建布局界面

单击菜单栏“处理”按钮，可以执行创建“2D 机柜布局”工具，如图 8-1 所示。

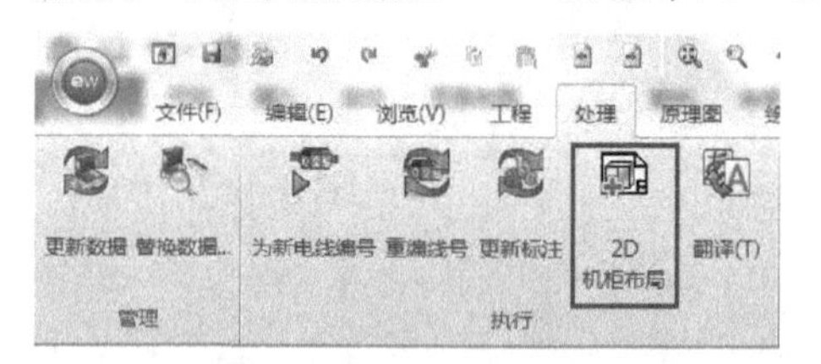

图 8-1 执行“2D 机柜布局”

“2D 机柜布局”界面显示出来，用于选择希望创建的界面和所在的位置。工程中，每个位置对应一个布局界面。界面会在工程的结尾处自动添加。

8.2 装置的布局

只有分配了设备型号（基准）的设备（关联一个或多个制造商参数）才可以在机柜中被插入。

打开机柜布局界面，侧边栏将会出现一个新的导航器，如图 8-2 所示。

机柜布局

机柜布局

隐藏已添加的设备

符号	
L1	机柜
178864	650x700x250m
34486	Rail EN 50022 1
34486	Rail EN 50022 1
34486	Rail EN 50022 1
36212	Lina duct 25 - r
36212	Lina duct 25 - r
36212	Lina duct 25 - r
36212	Lina duct 25 - r
36212	Lina duct 25 - r

图 8-2 机柜布局导航器

这个导航器会列出所有的设备（机柜、导轨、线槽、设备、端子等）。列表中的设备会带有一个确认框，以判断是否已经在图纸中插入。在 2D 布局界面中允许添加新设备。

8.2.1 插入机柜

有两个命令用于插入柜体。

1）在界面中双击设备型号，出现一个对话框要求指定设备插入的类别，如图 8-3 所示。

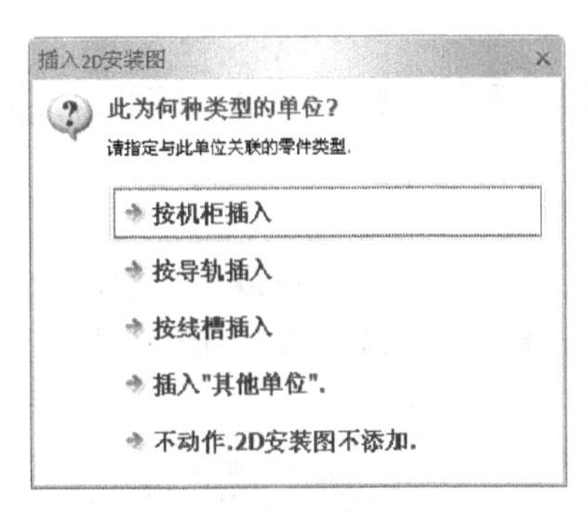

图 8-3 双击设备型号插入符号

2）通过使用设备型号的关联菜单。选择“插入 2D 安装图”命令，如图 8-4 所示。

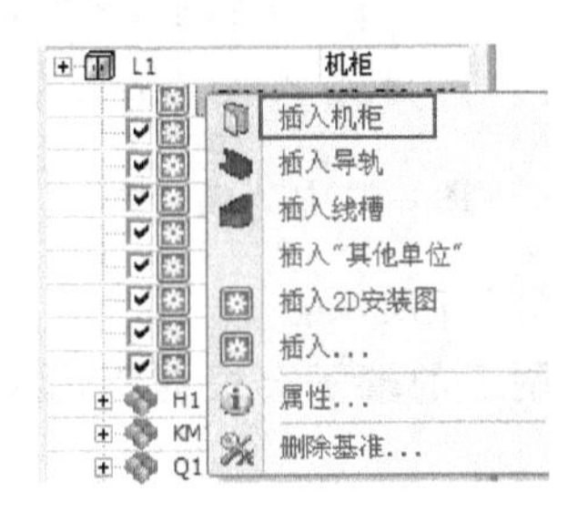

图 8-4 使用关联菜单插入符号

8.2.2 插入导轨和线槽

插入导轨和线槽，可以使用不同的命令（见图 8-5），操作过程基本相同。设置旋转角度，然后定义长度。

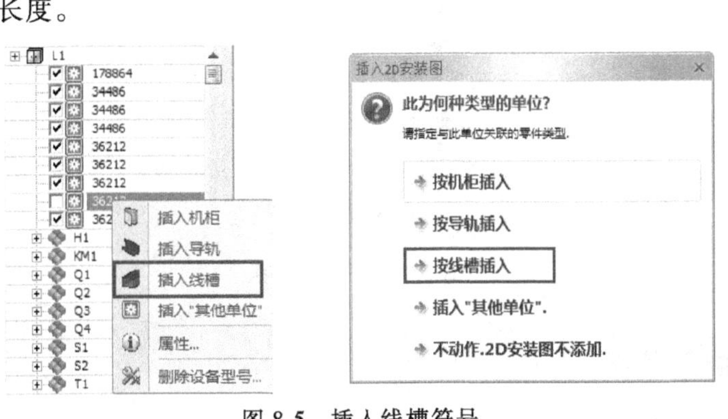

图 8-5 插入线槽符号

启动该命令时，侧边栏会显示选项。如果单击“长度矫正”，将会需要再单击一个点来确定导轨或者线槽的长度。

8.2.3 插入装置

有多种方法插入装置。

1）2D 安装图关联制造商参数：在这个参数上双击或者在快捷菜单中选择“插入 2D 安装图”来直接插入设备。

2）制造商参数和 2D 安装图之间没有关联：双击后出现一个带有装置尺寸的矩形框用于插入。

3）不希望使用关联到制造商参数的 2D 符号：打开快捷菜单后选择“插入”命令。

8.2.4 插入端子排

可以像“设备”一样逐个插入端子，也可以自动地插入所有的端子。

在端子排的快捷菜单上选择“插入端子排”命令，如图 8-6 所示。

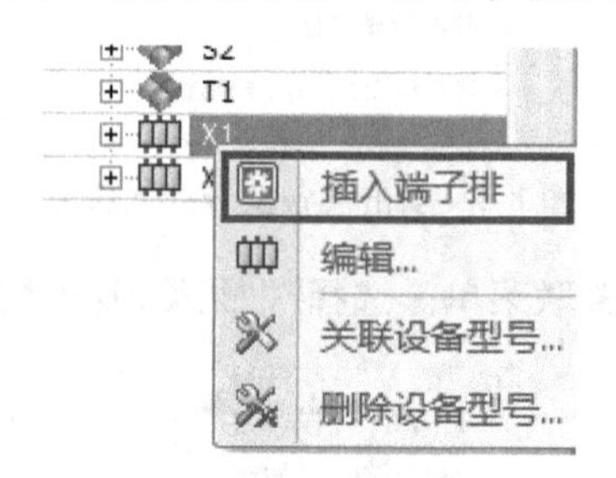

图 8-6 插入端子排

侧边栏会显示插入选项，如图 8-7 所示。

单击第一个端子的插入点，剩下的端子会根据所选择的选项设置在第一个之后依次插入。

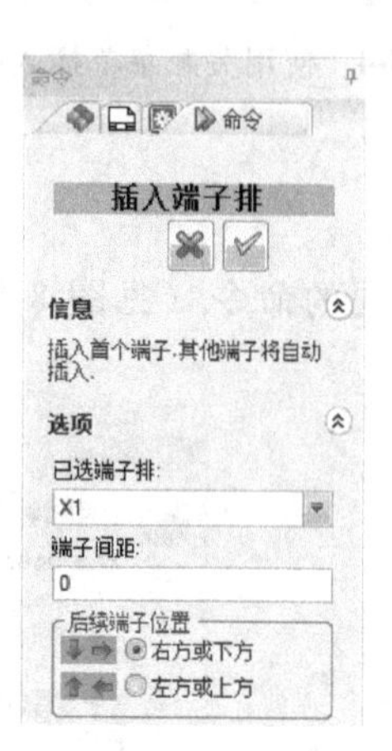

图 8-7 端子排选项

8.2.5 批量插入装置

在放置符号时，可以选取多个设备数据，一次性插入设备，如图 8-8 所示。

可以根据需要，设定符号插入的顺序，如图 8-9 所示。

在放置时，注意侧边栏中提示的插入符号的间距及其他设置，如图 8-10 所示。

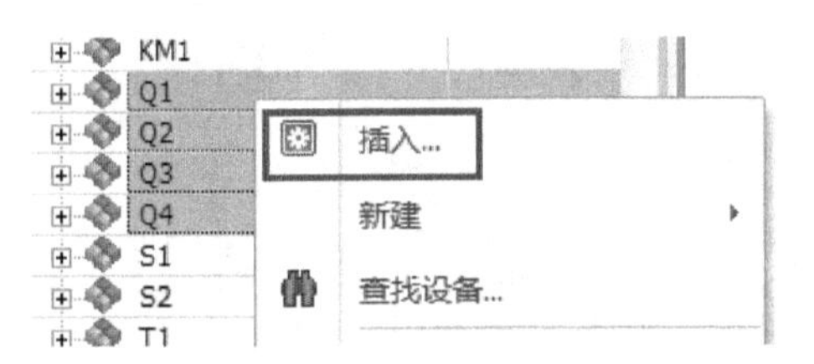

图 8-8 批量插入设备符号

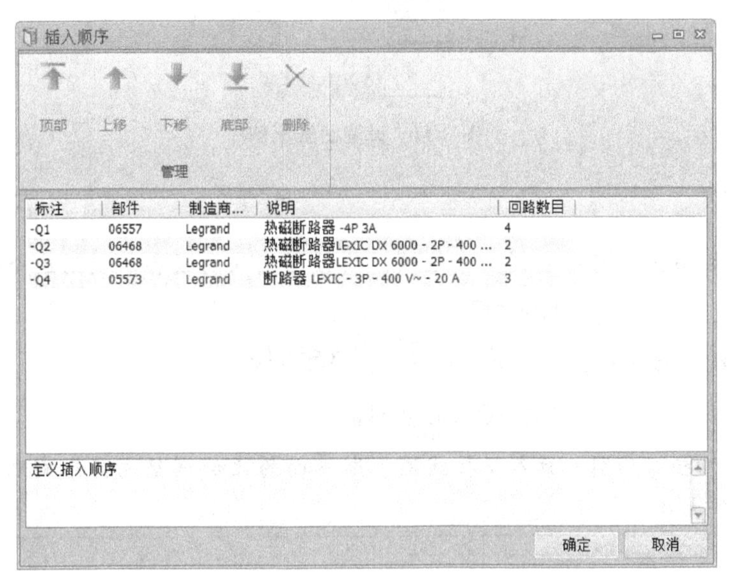

图 8-9 定义符号插入的顺序

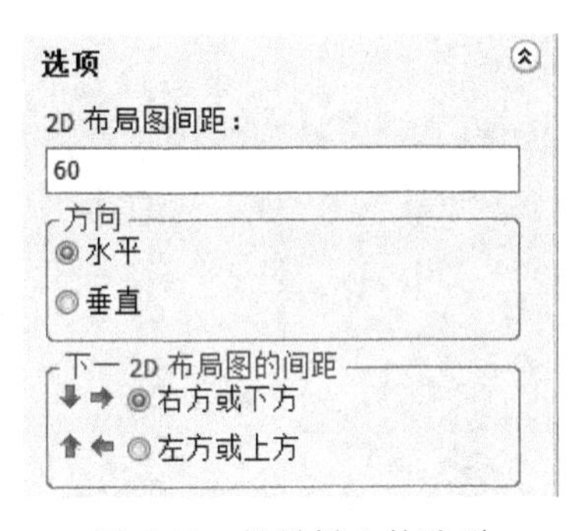

图 8-10 批量插入的选项

在放置符号时，如果“隐藏背景”打开，则放置的符号会自动覆盖符号下方的图形内容，例如导轨。特别是在放置柜体符号时，如果选择“隐藏背景”，则柜体符号会覆盖柜内所有符号。

8.3 柜体比例

柜体在插入到图纸中时，如果尺寸过大，可以调整界面内符号的比例，如图 8-11 所示。

当列出的比例没有所需比例时，可以手动在比例输入框中填写。

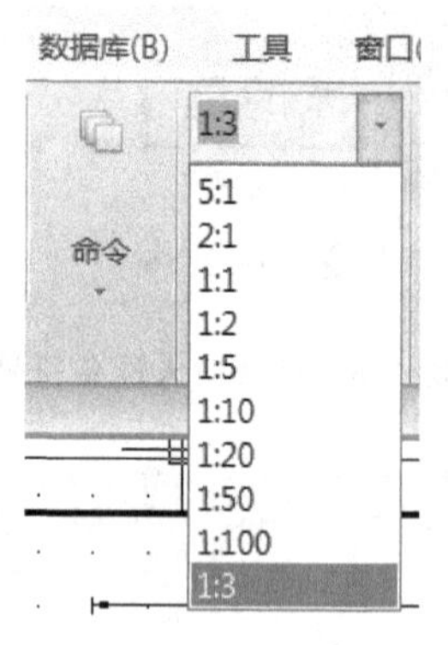

图 8-11　设置图纸比例

提示：

- 在侧边栏最上边可以看到一个选项，隐藏已插入的设备。使用这个功能可以只显示未添加到图纸中的设备。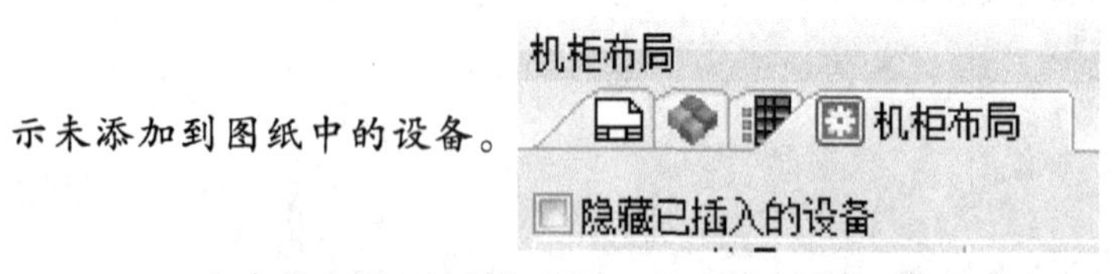

- 如果在机柜布局图中插入了接线图，则界面的比例调整也会影响到接线图符号的图形比例和文字大小。

Chapter 9

第 9 章 基于Excel的高级设计方案

主要内容：

- ➢ Excel 与 elecworks 的导入/导出
- ➢ 基于 Excel 创建工程数据
- ➢ Excel 自动生成图纸

9.1 Excel 的导入/导出

使用这个功能，可以将工程数据导入到 Excel 电子表格中。将电气数据或工程数据在 elecworks 环境以外修改，然后导入软件后自动更新工程数据。

这样可以快速更改电气工程的界面尺寸或图纸编号等属性。

下面以导入图号为例，详细讲解 elecworks 环境数据与 Excel 的交互。

右击界面，查看界面属性。单击“自定义”命令，进入属性名称定义对话框。参照图 9-1，选中“简易预览”中的“用户数据 2”在右侧的“数据属性”中选择“简体中文”，将值改为“图号”。

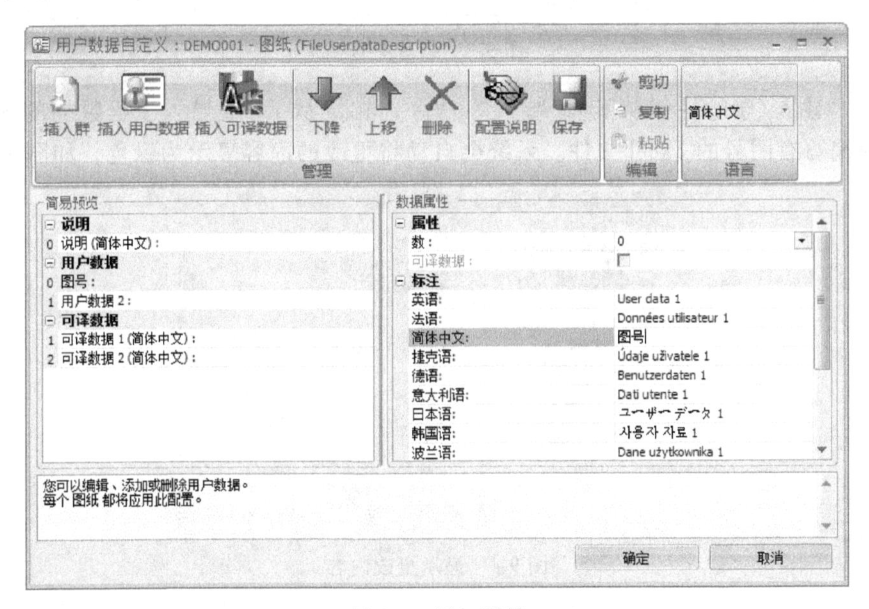

图 9-1　添加图号

该属性用于存放界面的图号信息。

单击“导入/导出”→“导出到 Excel”命令，勾选 Documents. xls，如图 9-2 所示。

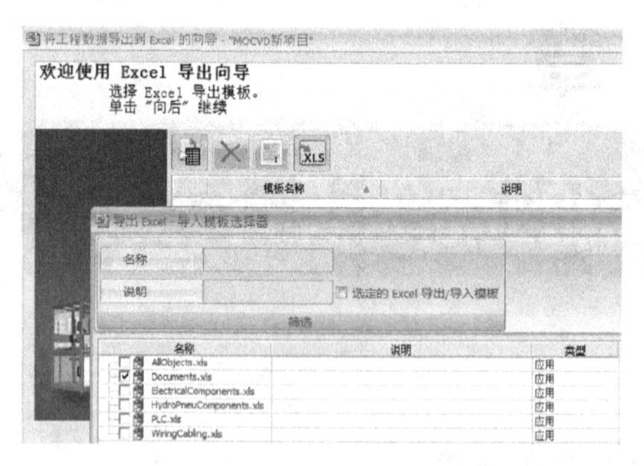

图 9-2 选定导出模板

在导出的 Excel 界面中，选中 Drawing 标签页，将界面的图号填写至 User data1 列中，如图 9-3 所示。

	B	C	D	E	N
1	Mark	Manual mark	Mark number	Description (	User data 1
3	01	0	1	首页	DWK0101
4	02	0	2		DWK0102
5	03	0	3		DWK0103
6	04	0	4		DWK0104
7	05	-1	-1		DWK0105
8	06	-1	-1		DWK0106
9	07	0	7		DWK0107
10	08	0	8		DWK0108
11	09	-1	-1		DWK0109
12	10	-1	-1		DWK0110
13	11	0	11		DWK0111
14	12	0	12		DWK0112
15	13	0	13		DWK0113
16	14	0	14		DWK0114
17					

Book　Drawing

图 9-3 编写图号

单击“导入/导出”→“从 Excel 导入”命令，在“从 Excel 导入工程数据的向导”窗口中选择编写有图号的 Excel 文件。系统会自动将更改的内容显示为绿色，如图 9-4 所示。

从 Excel 导入工程数据的向导 - "MOCVD新项目"

选择　完成

选择要导入的对象：图纸

下面的列表包含了在 Excel 工作表中修改的所有对象，它们仍存在于该项目中。
红色单元格是从 Excel 导出后修改过的工程对象。
绿色单元格是仅在 Excel 文件中修改过的对象。
黄色单元格是不会在工程中导入的对象。

	M...	M...	Mark	Descr...	Des...	Des...	Tran...	Tran...	Tra...	Tra...	Tra...	Tra...	User data 1	U
1	0	1	01			首页							DWK0101	
2	0	2	02										DWK0102	
3	0	11	11										DWK0111	
4	0	12	12										DWK0112	
5	0	13	13										DWK0113	
6	0	14	14										DWK0114	
7	0	3	03										DWK0103	

向前　向后　取消

图 9-4 显示更改内容

单击“向后”→“完成”，完成导入。在“文件导航器”对话框中右击任意界面，选中属性。在“界面属性”对话框中可以看到图号已经完成填写。

右击“文件集”按钮，选择“在此绘制报表”，选择“图纸清单”，自动生成图纸清单。

右击清单界面，选择“编辑报表配置”进入对话框，选择“列”，右击标题，只勾选“列配置”对话框中的“图纸”和“用户数据 0”，如图 9-5 所示。

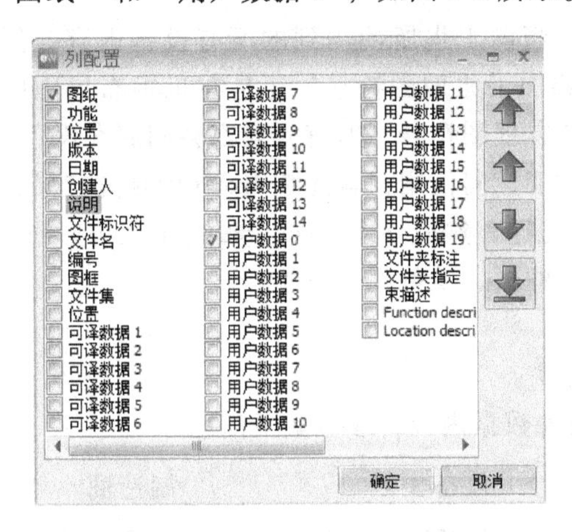

图 9-5 选定属性

完成更改后，关闭对话框。然后右击报表，选择“更新报表图纸”，这样就能显示出所有界面的图号，如图 9-6 所示。

页码	图号
01	DWK0101
02	DWK0102
03	DWK0103
04	DWK0104
05	DWK0105
06	DWK0106
07	DWK0107
08	DWK0108
09	DWK0109
10	DWK0110
11	DWK0111
12	DWK0112
13	DWK0113
14	DWK0114

图 9-6 显示图号

掌握该方法后，可以使用 Excel 处理更多的文本信息，例如工程中设备说明、界面说明、PLC 的 I/O 说明等。

提示：

- 由于 elecworks 在调用 Excel 时会用到 API，而这个部分可能会被一些“安全”软件作为病毒文件处理并删除，导致该功能不能正常使用。当该功能被删除后，使用功能时会提示：“遇到不恰当参数”。

9.2 项目设计从 Excel 开始

设备导航器中会列出当前工程所使用到的所有设备内容。例如，一个断路器设备为 Q1，无论是在原理图中添加了原理图符号，还是在机柜布局图中添加了布局图符号，或是在布线方框图中添加了方框图符号，所有元素都会归属在设备导航器中 Q1 设备下。

这里讲述的是将此功能逆向使用：首先在 Excel 中预先定义工程所需的设备数据（例如从报价系统中导出的数据），然后导入 elecworks 的工程中，再应用到各个图纸中。导入的数据能够与原理图、方框图、设备库等对应。

9.2.1 导入设备

先在 Excel 中准备设备数据内容，参考如下信息：

符号名称	设备型号	制造商
H1	023772	LEGRAND
KM1	LC1D12B7	Schneider Electric
Q1	06557	Legrand
Q2	06468	Legrand
Q3	06468	Legrand
Q4	GV2ME06	Schneider Electric
S1	023702	Legrand
S2	023701	Legrand
T1	04251	Legrand

完成后，保存 Excel 文件。

使用 elecworks 创建空工程，并检查所有设备数据已经删除。

打开 elecworks 的“导入/导出”，单击“导入数据”命令，如图 9-7 所示。

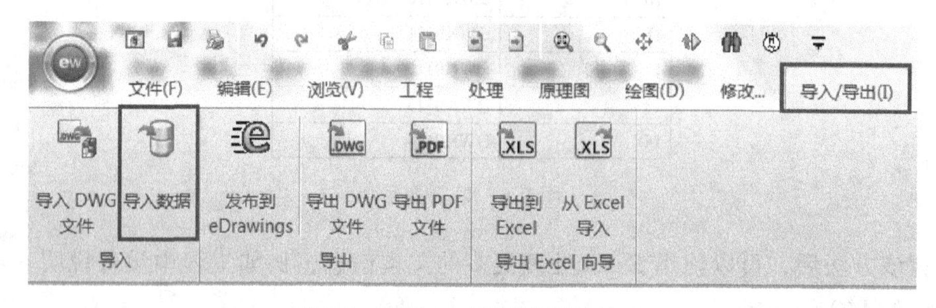

图 9-7 项目中“导入数据”命令

在导入界面中，选择需要导入的 Excel 文件，正确选择导入的界面，如图 9-8 所示。

导入过程中，注意设置标题行数。这里设置的标题行数，意味着将会有一定数量的行不会被导入到工程中。单击图 9-8 中“向后”按钮，在打开的窗口中，设置行数为 1。接下来需要通过鼠标的拖动完成变量与表格内容的匹配，如图 9-9 所示。

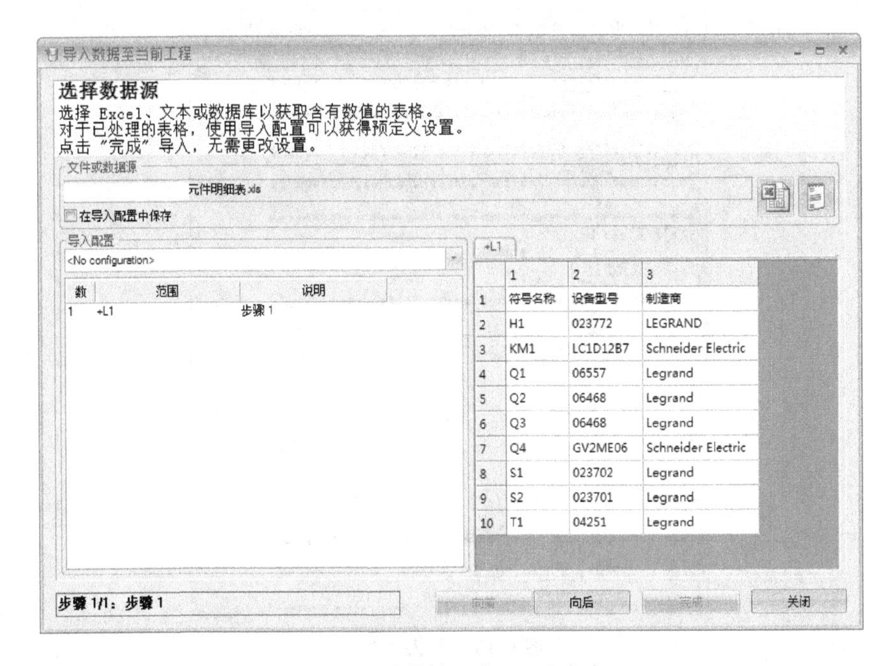

图 9-8 选择导入的 Excel 内容

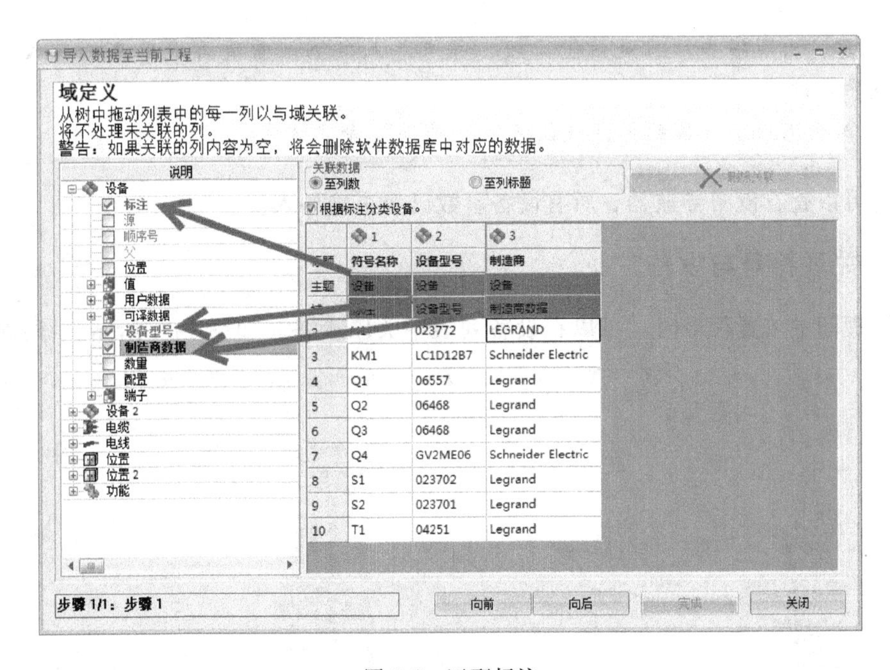

图 9-9 匹配标注

值得注意的是，“制造商数据”不能省略，因为在数据库中检索数据时，单独依靠设备型号是不能唯一定位设备数据的，例如某个设备可能是来自 ABB 公司，也有可能是来自西门子公司。需要通过“设备型号”与“制造商数据”这两个属性才能在设备型号数据库中唯一定位到一个数据。

完成导入后会弹出报告，提示创建及修改的内容和数量，如图 9-10 所示。

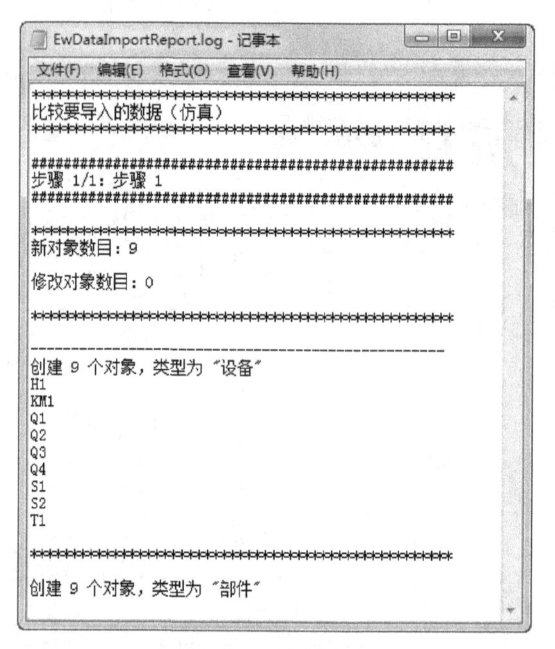

图 9-10　导入报告

提示：

- 注意，出现报告后只是做了比较，并未导入数据。需要再次单击"导入"按钮，才能完成导入过程。
- 导入数据后，设备的标注默认采用"手动"命名方式。

此时可以查看设备导航器，所有设备参数已经正确导入。

9.2.2　关联符号与设备

在原理图中放置符号时，可以在设备列表中关联设备。如图 9-11 所示，添加断路器

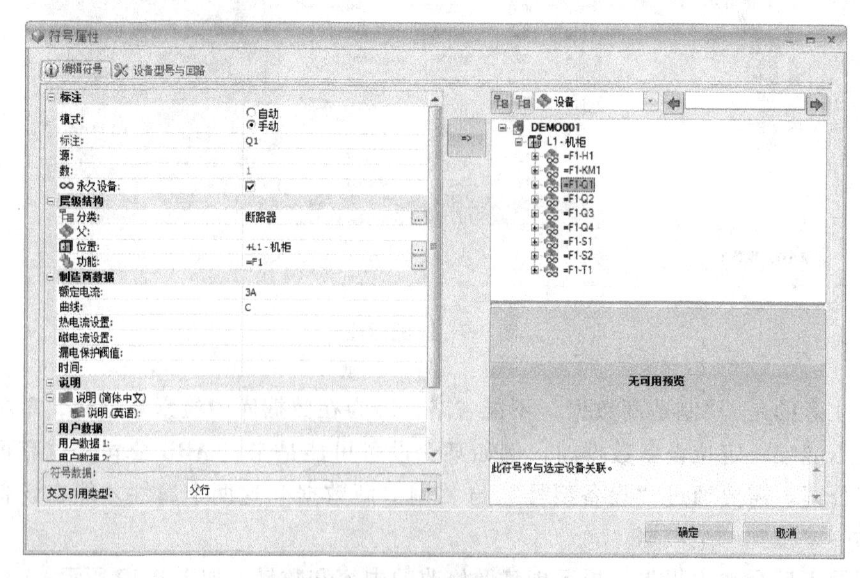

图 9-11　符号关联设备

符号后，在右侧设备列表中选择 Q1，则该符号将自动关联至 Q1。

布线方框图中操作方法相同。

9.2.3 基于回路插入符号

右击 KM1，选择“属性”，切换到“设备型号与回路”，双击对应窗口中的型号“LC1D12B7”，查看“回路，端子”，按照图 9-12 设置每个回路对应的回路符号。

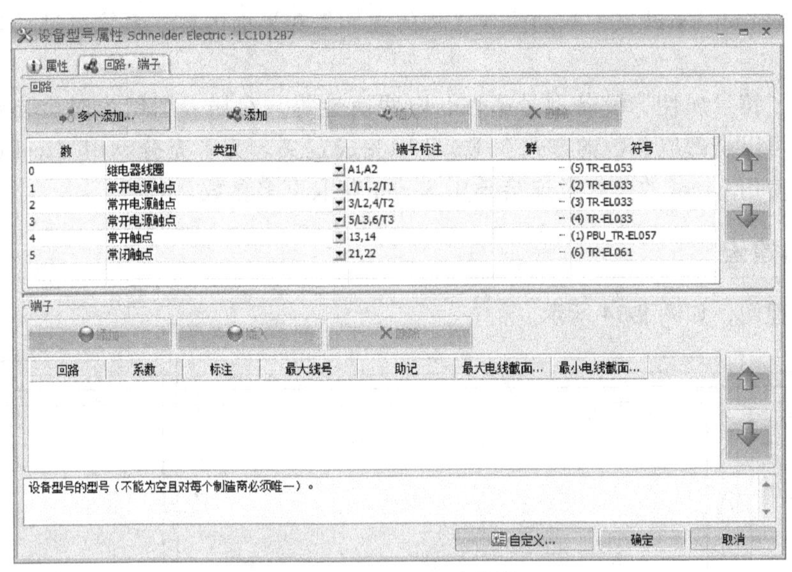

图 9-12 设置回路符号

完成设置后，再次回到“设备导航器”对话框，右击 KM1，单击“插入符号”→“插入来自设备型号回路的符号”，如图 9-13 所示，根据需要在界面中插入所需回路符号。

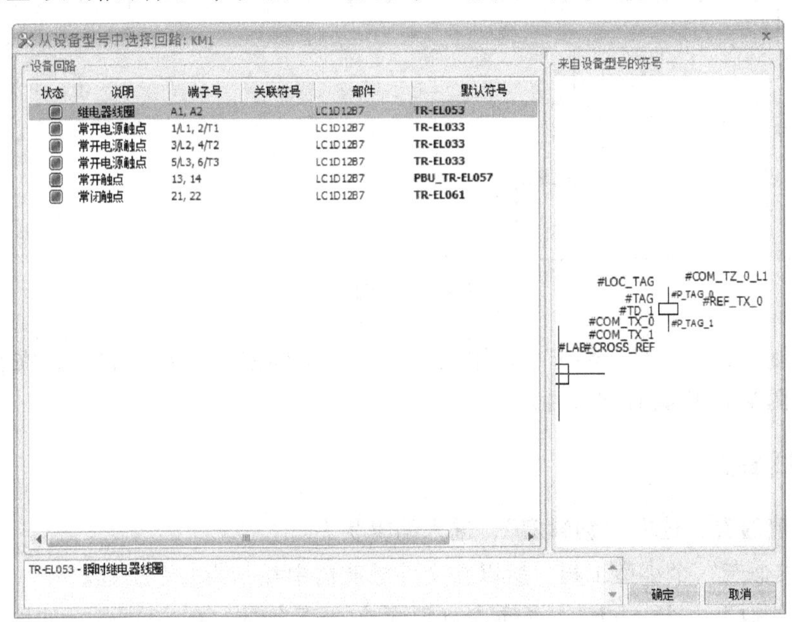

图 9-13 插入回路符号

这样的方式，也可以帮助用户了解设备回路数量及类型，避免出现触点溢出的错误。

由于数据已经导入至工程中，如需生成报表，可以直接在文件导航器中右键单击文件集，选择生成报表。

9.3 Excel 自动生成图纸

“Excel 自动化”是 elecworks 2017 及以上版本拥有的功能。Excel 自动生成图纸功能允许根据 Microsoft Excel 文件自动生成工程的文件集和界面内容。系统通过“宏”快速生成图纸内容。

宏包含了符号属性、设备型号属性、电线属性等，在插入图纸中时会自动应用。而这些信息将可以全部以参数的方式在 Excel 中完成定义。为了充分利用 Excel 的功能，以下内容将会使用 Excel 的公式及连接 SQL Server 获取更多参数。

9.3.1 创建宏

绘制原理图，如图 9-14 所示。

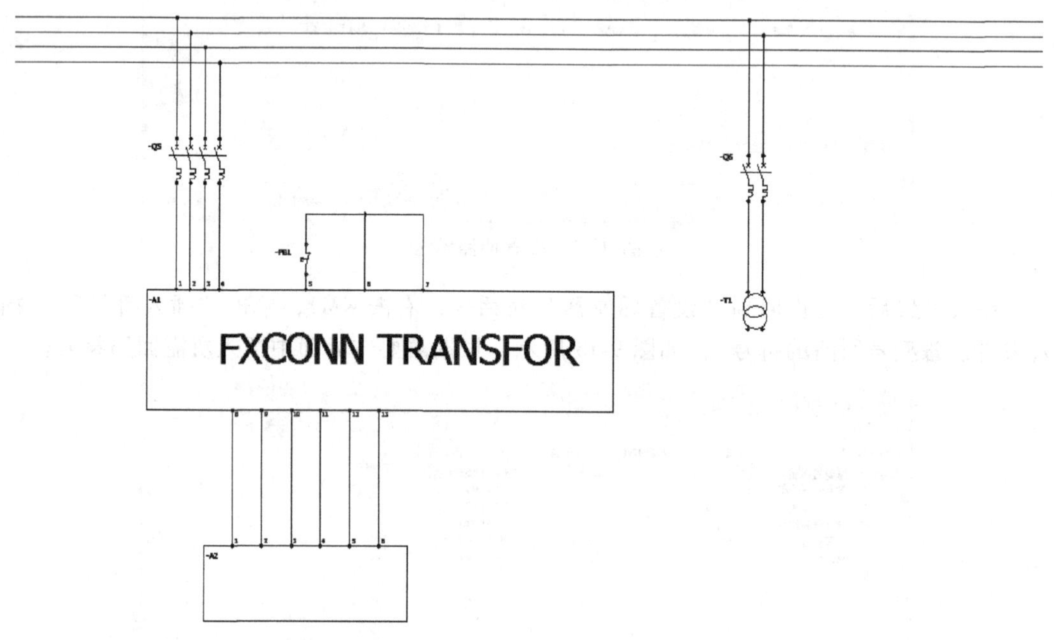

图 9-14 原理图

完成绘制后，将内容全部选中，用鼠标将其拖动到宏“电源”群中，在弹出的属性对话框中在图 9-15 中设置宏属性。

9.3.2 编辑宏

右击新建的宏，选中“编辑宏”，进入编辑状态。

“宏”类似于一个小型工程，所以在文件导航器中显示为一个工程。

单击“修改”→“插入点”，将插入点设置在左下角的（0，0）点，如图 9-16 所示，插入点显示红色的×。

单击“数据库”→“设备型号管理器”进入“设备型号属性”对话框，参照图 9-17 创

图 9-15 设置宏属性

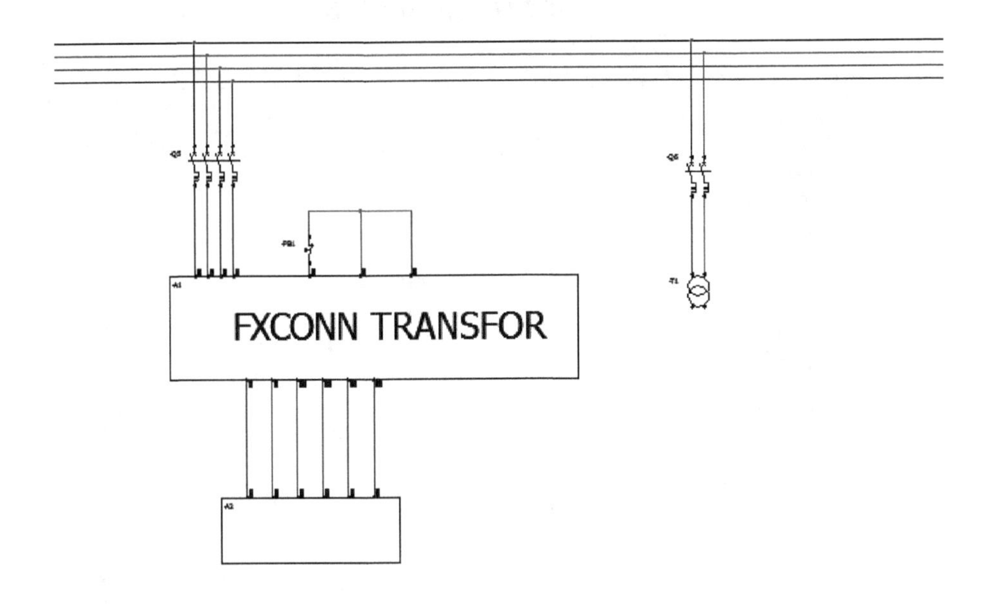

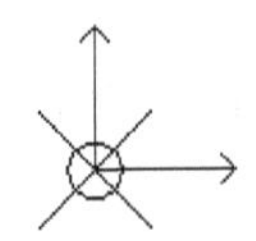

图 9-16 设置插入点

建新设备型号，注意部件和制造商分别为 %REFE1% 和 %MANU1% 。

完成创建后，双击宏界面左侧的断路器，在断路器的设备属性中将标注模式改为手动，并命名标注为 %SYMBOL1%，如图 9-18 所示。

切换到“设备型号与回路”，在相应的窗口中，为其选择新建的变量型号%REFE1%，如图 9-19 所示。

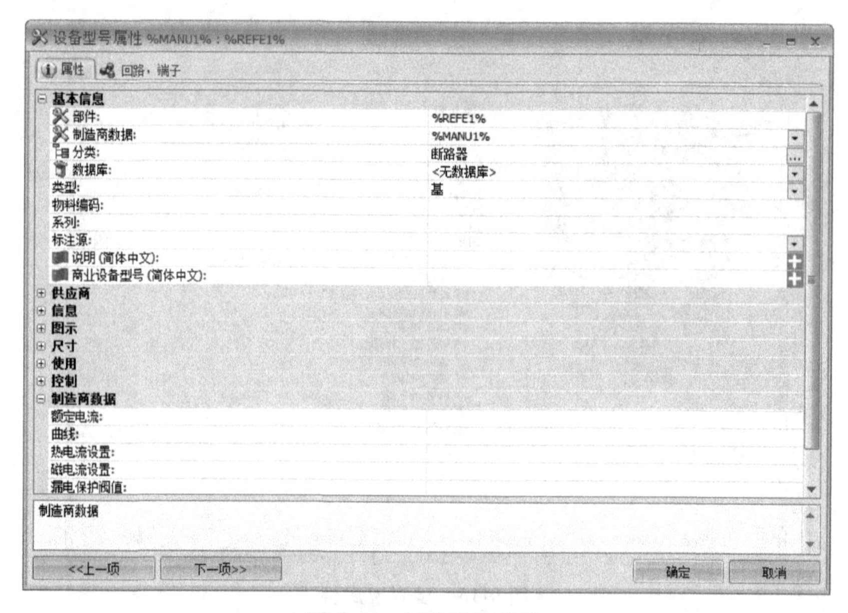

图 9-17　创建型号变量

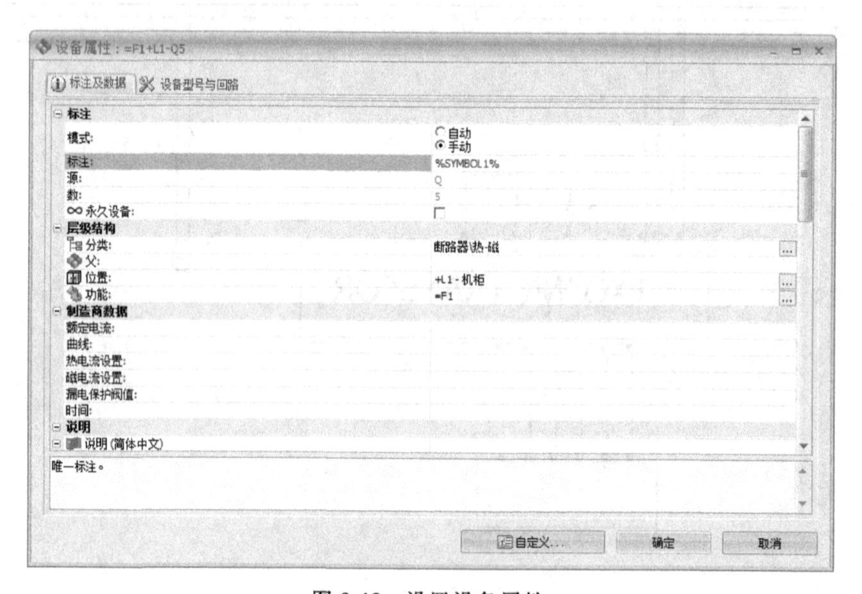

图 9-18　设置设备属性

这样，就将第一个断路器符号完全配置为变量了。后面，将会通过 Excel 的值来驱动该符号传递符号的标注和设备型号参数。

在文件导航器中右击宏，选择“关闭工程”，关闭宏（内容自动保存）。

9.3.3　创建 Excel 模板

单击“导入/导出”→“Excel 自动化”→“新建 Excel 文件以实现自动化”命令，如图 9-20 所示。

在弹出的对话框中单击“确定”，将文档存放在桌面，保留命名 Automation_Template.xlsx。

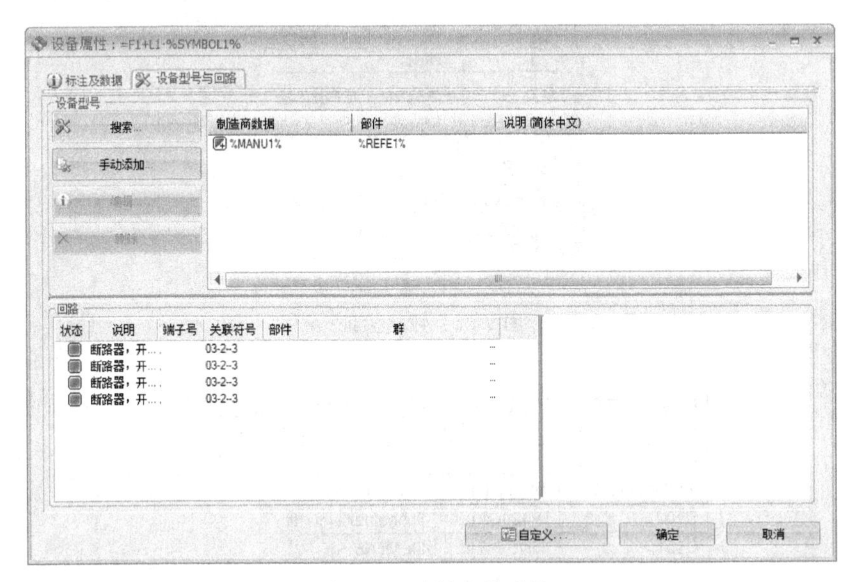

图 9-19 选择变量型号

图 9-20 创建模板

打开文件，右击行 1~6，取消隐藏，展开表格，如图 9-21 所示。在 Variables 区域更改第 5 行的三个变量，分别为%SYMBOL1%、%REFE1%、%MANU1%。

	C	D	E	M	N	O	P	Q	R	S
1	Macro			Location		Function		Variables		
2	Macro	X Position	Y Position	Mark	Description	Mark	Description	Variable name	Variable va	Variable nam
3	Macro			Localisation		Fonction		Variables		
4	Macro	X	Y	Repere	Description	Repere	Description	Variable name	Variable va	Variable nam
5	#mac_name	#mac_posx	#mac_posy	#loc_text	#loc.tra_0.l1	#fun_text	#fun.tra_0.l1	%SYMBOL1%	%REFE1%	%MANU1%

图 9-21 设置 Excel 变量

由于在 elecworks 中创建的宏名称为 Auto01，而 Excel 填写宏名称的 C 列使用了数据验证设置，所以这里可以直接切换到界面 MacroList 后将已有的 Demo_Simple_1 和 Demo_Simple_2 删掉，改写成 Auto01，如图 9-22 所示，可以从下拉菜单中选择 Auto01。

按照图 9-23 内容填写表格数据。

完成数据填写后，保存表格，回到 elecworks。

9.3.4 自动生成界面

由于设置了#bun_tag 为 100，则基于此 Excel 生成的新文件集编号为 100。

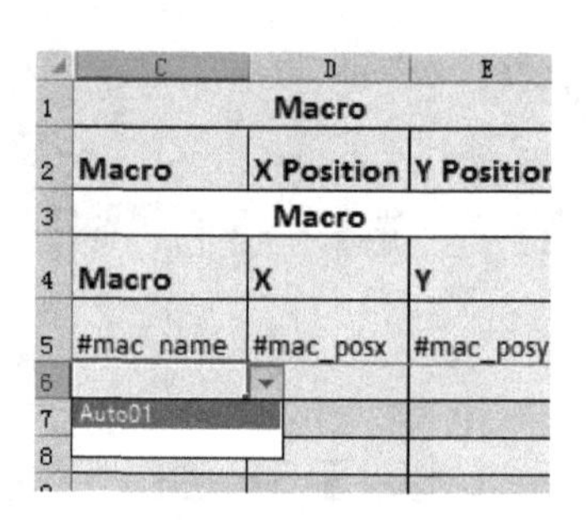

图 9-22　数据验证

#mac_name	#mac_posx	#mac_posy	#fil_title	#bun_tag
Auto01	0	0	1	100
Auto01	0	0	2	100

%SYMBOL1%	%REFE1%	%MANU1%
Q100	LV429640	Schneider Electric
Q101	5SM3642-0	SIEMENS

图 9-23　编写变量内容

单击“导入/导出”→“Excel 自动化”命令，然后选择相应的 Excel 表格。软件会基于 Excel 自动生成文件集和界面，如图 9-24 所示。

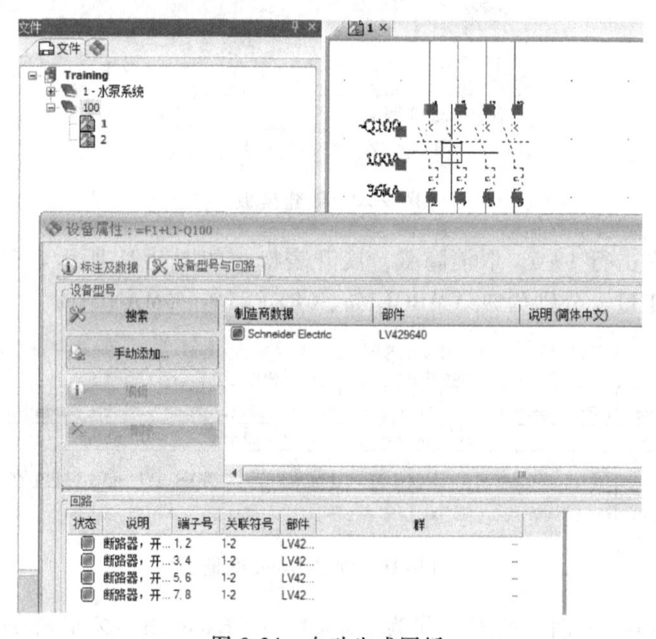

图 9-24　自动生成图纸

在界面中，Excel 设置的 Q100 以及设备型号都会传输到 elecworks 中。

回顾整个过程可以看到，elecworks 与 Excel 通过以%为前缀和后缀的变量实现数据的传输。而且，并不一定需要使用模板自带的%VAR1%，也可以自己定义。

变量，只要是用%作为前缀和后缀就可以，不确定里面的内容。例如“%符号%”也可以。

在 Excel 中，通过公式可以实现更多的功能，例如图 9-25 所示的“功率选型表”，如果在 Excel 中应用起来可以快速地通过选择电动机功率来自动获取回路中各个电器的选型。

	A	B	C	D	E	F	G	H
1	电机（4极标准交流		断路器	交流接触器	过载继电器	供应商	推荐马达	推荐马达供应商
2	P（KW）	I（A）						
3	0.06	0.2	3VU1340-1MC00	3TF4011	3UA5040-0C	SIEMENS	3GVA 52 001-AAA	ABB
4	0.09	0.3	3VU1340-1MD00	3TF4011	3UA5040-0E	SIEMENS	3GVA 51 001-AAA	ABB
5	0.12	0.4	3VU1340-1MD00	3TF4011	3UA5040-0E	SIEMENS	3GVA 51 002-AAA	ABB
6	0.18	0.6	3VU1340-1ME00	3TF4011	3UA5040-0G	SIEMENS	3GVA 61 001-AAC	ABB
7	0.25	0.8	3VU1340-1MF00	3TF4011	3UA5040-0J	SIEMENS	3GVA 61 002-AAC	ABB
8	0.37	1.1	3VU1340-1MG00	3TF4011	3UA5040-1A	SIEMENS	3GVA 61 003-AAC	ABB
9	0.55	1.5	3VU1340-1MG00	3TF4011	3UA5040-1A	SIEMENS	3GVA 71 002-AAC	ABB
10	0.75	1.9	3VU1340-1MH00	3TF4011	3UA5040-1C	SIEMENS	3GVA 71 004-AAC	ABB
11	1.1	2.7	3VU1340-1MJ00	3TF4011	3UA5040-1E	SIEMENS	3GAA 92 001-AAE	ABB
12	1.5	3.5	3VU1340-1MJ00	3TF4011	3UA5040-1E	SIEMENS	3GAA 102 311-AAE	ABB
13	2.2	5	3VU1340-1MK00	3TF4011	3UA5040-1G	SIEMENS	3GAA 102 001-AAE	ABB
14	3	6.5	3VU1340-1ML00	3TF4011	3UA5040-1J	SIEMENS	3GAA 101 001-AAE	ABB
15	4	8.8	3VU1340-1ML00	3TF4011	3UA5040-1J	SIEMENS	3GAA 101 002-AAE	ABB
16	5.5	12	3VU1640-1MM00	3TF4111	3UA5040-2S	SIEMENS	3GAA 111 002-AAC	ABB
17	7.5	15	3VU1640-1MM00	3TF4211	3UA5240-2A	SIEMENS	3GAA 131 002-AAA	ABB
18	11	21	3VU1640-1MN00	3TF4311	3UA5240-2C	SIEMENS	3GAA 131 003-AAC	ABB
19	15	28	3VU1640-1MP00	3TF4411	3UA5540-2Q	SIEMENS	3GAA 161 102-AAC	ABB
20	18.5	36	3VU1640-1MQ00	3TF4511	3UA5540-2R	SIEMENS	3GAA 161 103-AAC	ABB

图 9-25 功率选型表

对应的公式是=VLOOKUP（M14，功率选型表！A1：H20，3，FALSE）。

注意：使用前先查找 VLOOKUP 公式的说明。

Chapter 10

第 10 章 elecworks for SOLIDWORKS

主要内容：

- 创建装配体
- 三维布局
- 三维布线
- 创建工程图
- 创建智能零件
- 布线错误分析

10.1 创建装配体

10.1.1 生成 3D 装配体文件

在早期的 elecworks 版本（2014 之前的版本）中，3D 装配体是根据配置参数自动生成的，自动生成 SOLIDWORKS 装配体命令在菜单“处理”中，如图 10-1 所示。

图 10-1 旧版本的生成装配体

自 2015 版本开始，该功能转移至 SOLIDWORKS 的菜单中，只能通过 SOLIDWORKS 中的插件完成装配体文件的创建，如图 10-2 所示。

装配体文件的生成，是根据 elecworks 中设置的“位置”属性决定的。一个位置属性，对应一个装配体文件。这与 elecworks 中的 2D 布局图界面是同样的道理。

单击图 10-2 中“elecworks”→“处理”→“SOLIDWORKS 机框布局”，打开图 10-3 所示的对话框，选择要生成 3D 图纸的项目，单击“确定”，生成的图纸将自动添加至项目图纸列表中，如图 10-4 所示。

双击文件，将会在 SOLIDWORKS 中打开图纸，如图 10-5 所示。

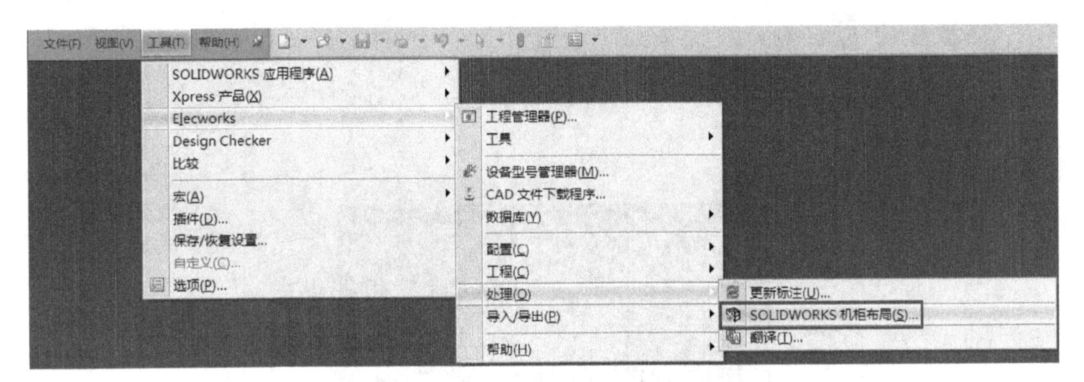

图 10-2　新版本的生成装配体

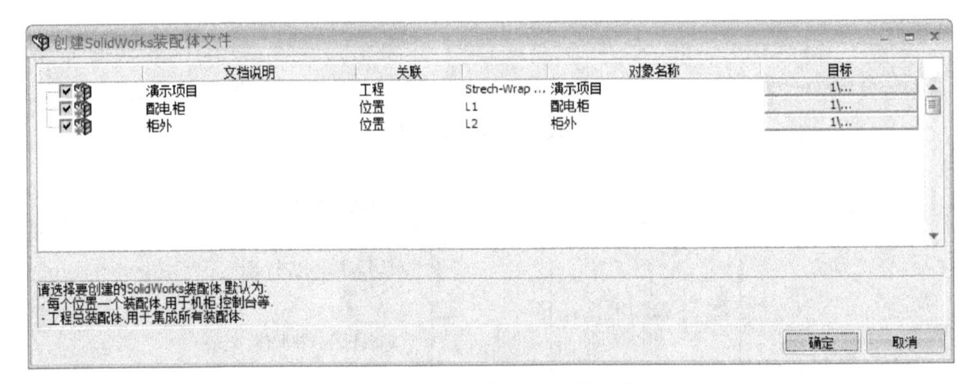

图 10-3　根据位置创建装配体

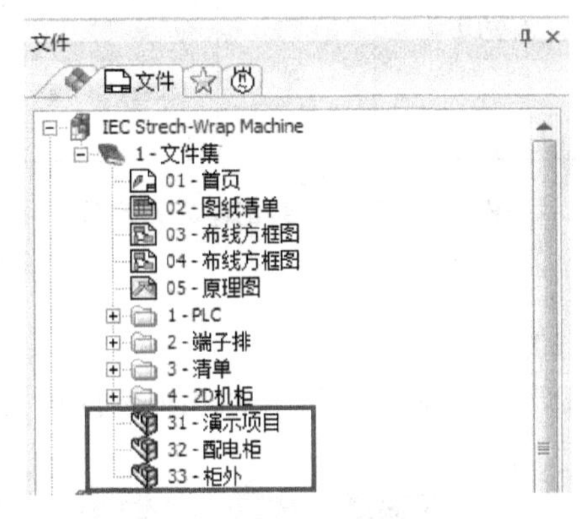

图 10-4　工程中的装配体文件

10.1.2　使用已有的装配体

使用 elecworks for SOLIDWORKS 模块最常见的错误，就是通过模块创建了装配体后再嵌套装配体。

例如，有一个工程是创建两台机柜。电气工程师创建了一个工程，并在工程中创建位置 L1 和 L2 分别对应两台柜体。在电气工程师设计电气原理时，机械工程师也同时完成了柜体的框架。整个过程如图 10-6 所示。

实际上，软件自动生成的 L1 装配体就是机柜 A 本身。如果打开 L1 装配体后再次嵌

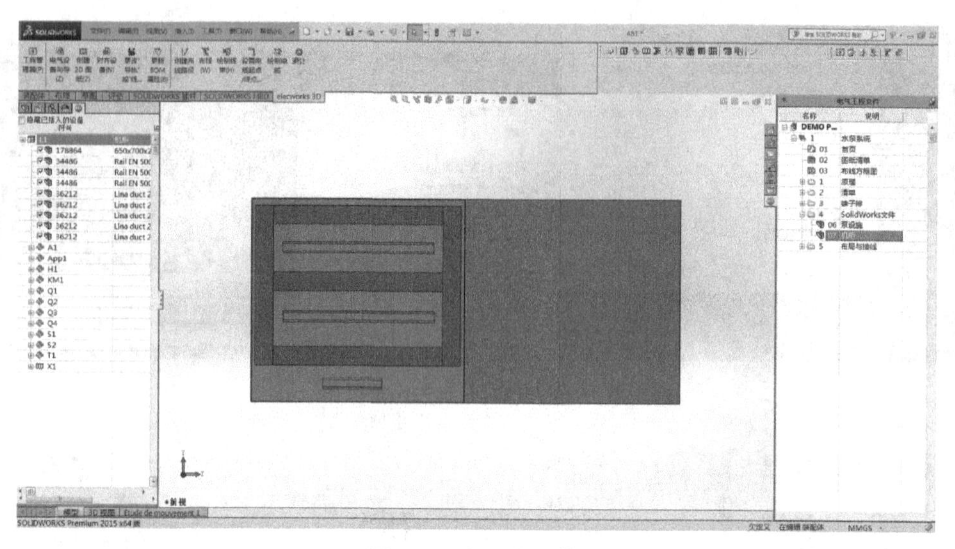

图 10-5　打开装配体

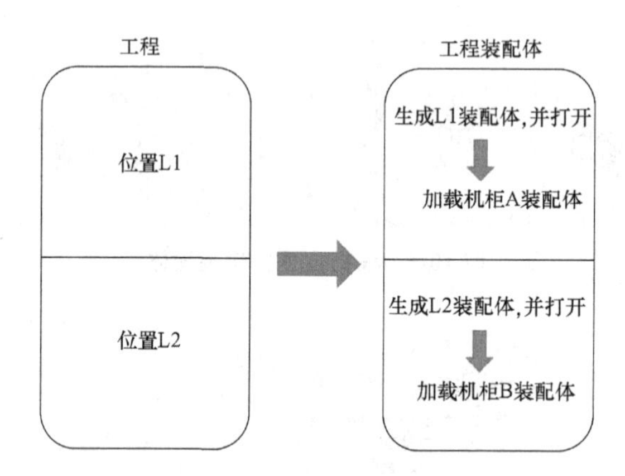

图 10-6　位置与装配体的关系图

套，就出现重复嵌套的错误。

正确的处理方法是这样的：

首先，使用 SOLIDWORKS 中的 elecworks 模块生成装配体文件，如图 10-7 所示。

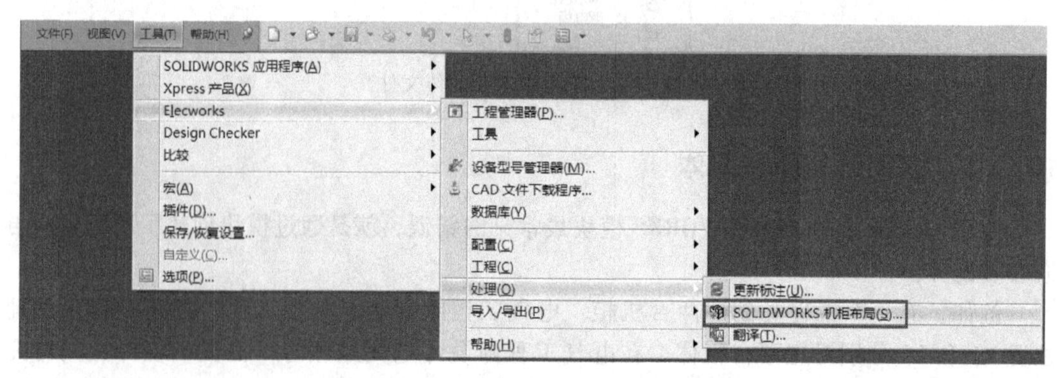

图 10-7　在 elecworks 模块中生成装配体

注意：在 elecworks 中设计的位置将会决定着 SOLIDWORKS 中生成的装配体数量。

在生成装配体后，可以在 elecworks 或者 SOLIDWORKS 模块中查看装配体属性。

右击装配体文件查看属性，能够发现实际看到的是文件的说明，这里也能看到文件的实际装配体名称，如图 10-8 所示。

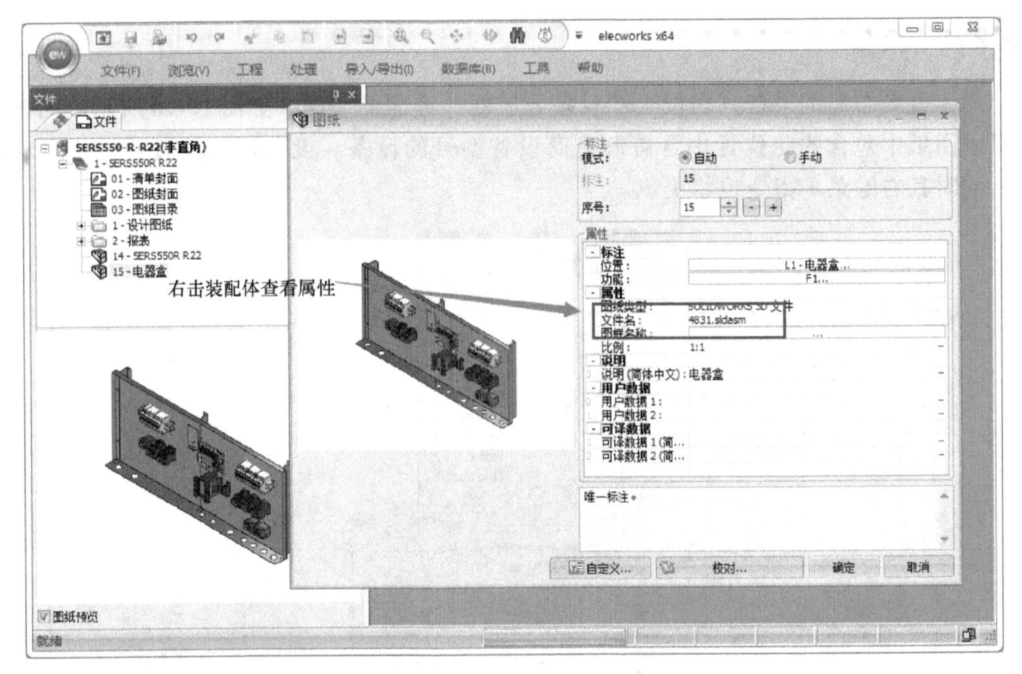

图 10-8　查看实际装配体文件名称

切换到当前项目的根目录下找到这个装配体，把文件删除，再将已经做好的装配体连同零件一并复制到当前目录下，名称修改为删除文件的名称，如图 10-9 所示。这样，下次在 elecworks 中或者 SOLIDWORKS 中打开装配体的时候，就会直接打开已经完成的装配体了。

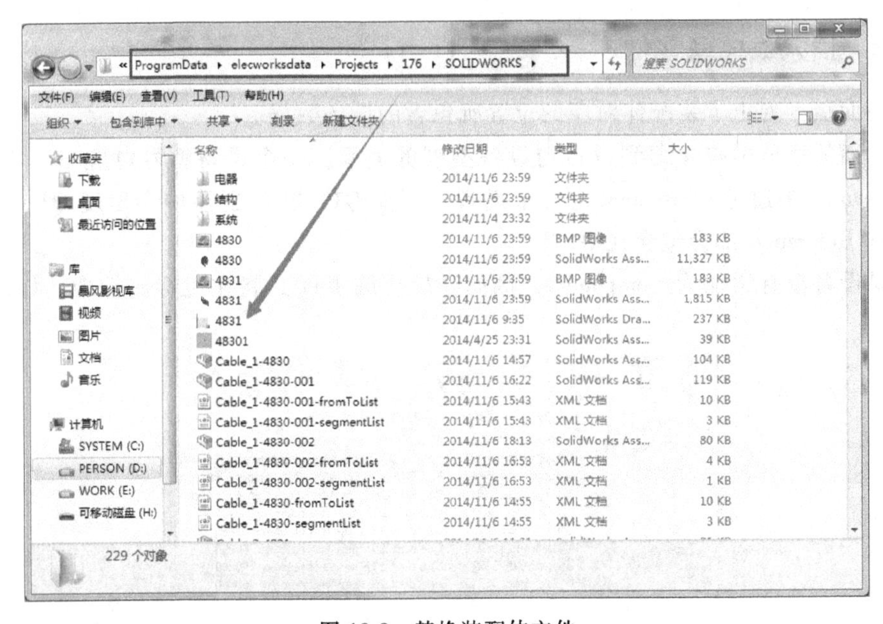

图 10-9　替换装配体文件

10.2 设备布局操作

10.2.1 菜单

用于设备布局的设备列表位于“设备导航器”界面的左侧，如图 10-10 所示。列表中只显示图纸中包含的此位置中含有制造商设备型号的设备。设备添加放置后，将自动勾选，同时其右键菜单指令也将更改。

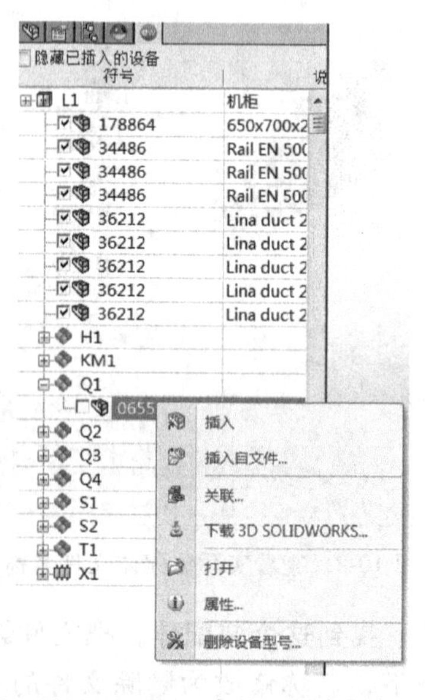

图 10-10 SOLIDWORKS 中的“设备导航器”界面

设备添加命令在其右键菜单中可用。

10.2.2 插入或关联零件

设备面板，列出了装配体对应的位置所包含的设备数据。

在前面的章节中曾介绍到设备与设备型号的关系，一个设备型号对应一个零件。如果在 elecworks 中通过 component 定义了设备，例如 Q1，在装配体中会出现 Q1。Q1 所包含的所有 Reference 都会包含在 Q1 中。

如果设备没有添加为 Component，例如导轨，则零件归属在位置属性中，如图 10-11 所示。

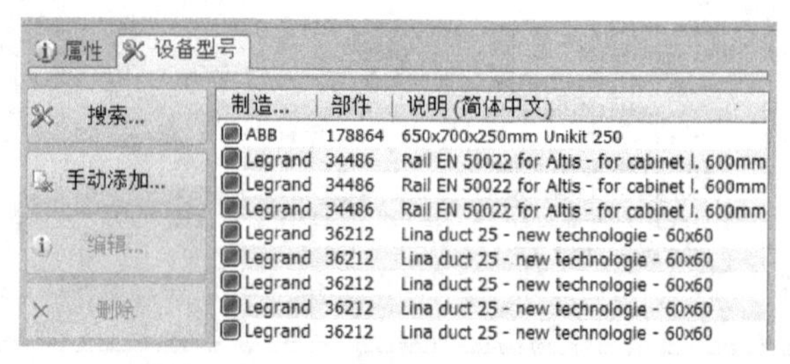

图 10-11 位置属性中的设备

如果 Reference 前面的选项框为空，则表示 Reference 没有与任何零件建立关联关系。一旦建立了关联关系，则选项框会被勾选。

提示：

- 如果需要使用本篇推荐的报表显示接线路径，建议为每个线槽建立 component。
- 勾选“隐藏已插入的设备符号”可以隐藏已经完成关联的设备，只显示没有做关联的设备。

如果需要插入零件，右击 Reference，或者直接双击。

在 elecworks 的设备分类（“数据库”→“设备分类”）中，已经设置了不同类别对应的 3D 模型。

在图 10-12 中，例如 PLC 设置了 3D 部件，则在 SOLIDWORKS 中直接双击 PLC 类别的 Reference 时会自动调用设备分类中指定的 3D 零件。如果没有指定 3D 零件，例如图 10-12 中的电感器，会默认调用工具栏中定义的默认“3D 部件”。

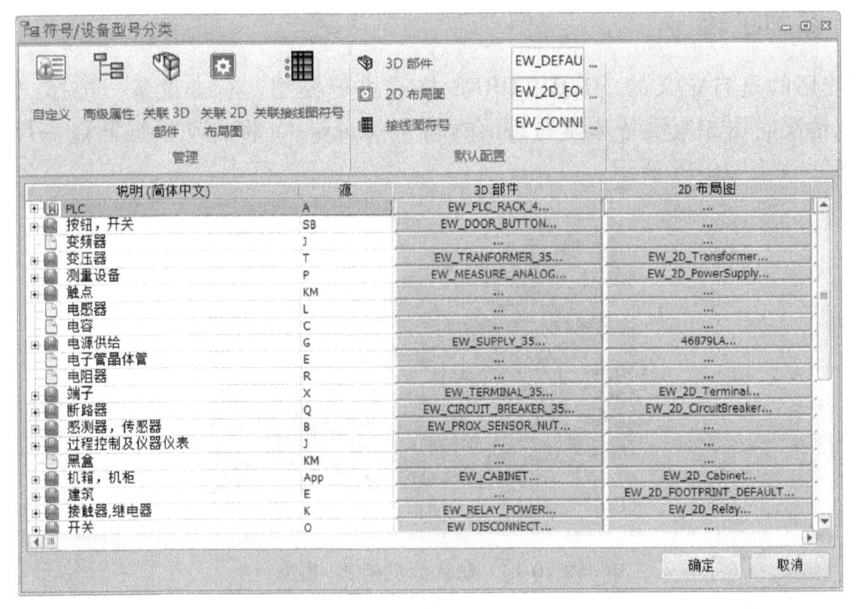

图 10-12 符号/设备型号分类关联设置

- 如果调用的为 elecworks 参数化零件，那么零件模型会根据 elecworks 设备管理器中 Reference 的尺寸自动缩放。
- 如果 elecworks 的 Reference 没有定义尺寸，则模型调出后为创建时的尺寸。
- 如果 elecworks 的 Component 没有选择 Reference，则不能插入零件。

插入零件的第二种方式是添加自文件，可以选择硬盘中已有的模型。

第三种方式，就是关联。通过 SOLIDWORKS 插入的零件模型，可以通过关联的方式，直接关联到 elecworks 的设备上。

下载零件是由 TraceParts 提供的免费模型，部分设备型号可以通过下载零件获得，也可以从 www. traceparts. cn 网站手动下载 SOLIDWORKS 零件。

elecworks 自带的零件模型，存放的路径为：

...:\Program Data\elecworksdata\SOLIDWORKS\sldPrt。

如果在 elecworks 中设置了 SOLIDWORKS 零件的存放位置，“将 3D 零件复制到工程文件”，如图 10-13 所示。则零件模型会自动被复制到工程文件夹内的 sldPrt 目录下。

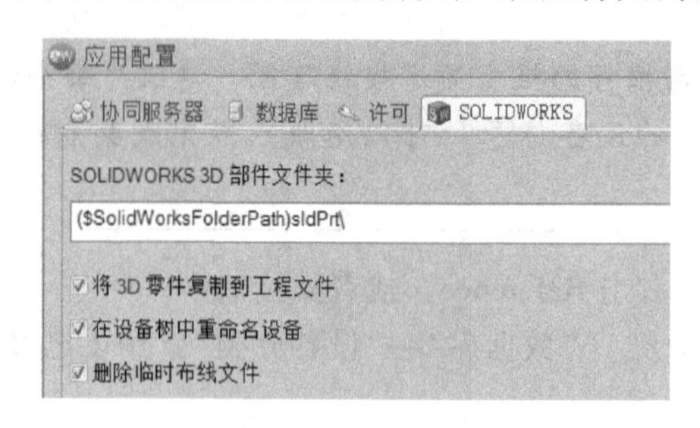

图 10-13　设置零件存放位置

零件在完成关联后，左侧的选项框会被勾选。如果需要取消关联，选择“分解”。

10.2.3　添加机箱

如果使用的是自定义的 SOLIDWORKS 格式机柜模型，右击设备，选择“添加自文件”。其他情况右击相应设备选择“添加机箱”，elecworks 将自动根据制造商尺寸数据生成机箱模型，如图 10-14 所示。

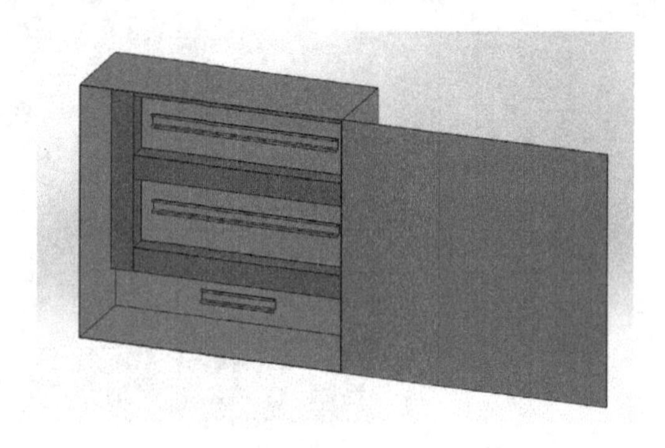

图 10-14　默认的机柜 3D 模型

简约的机柜模型是 elecworks 软件自带的，能够根据 3D 尺寸自动缩放。也可以自行添加已经完成的柜体。

10.2.4　添加导轨或线槽

导轨或线槽是机箱的附件。要添加一个导轨，可使用对轨道设备的快捷菜单命令“添加水平轨道”或“添加垂直轨道”；要添加一个线槽，可使用对线槽设备的快捷菜单命令“添加水平槽”或“添加垂直槽”。添加导轨或线槽时，侧方控制栏中将提示输入其长度，如图 10-15 所示。

单击图中的绿色对勾确定。导轨和线槽中预定义了与机箱的配合参考，添加零件时配合生效。如果要改变线槽或导轨和机箱的配合参考，只需选中要定义配合的面或线，右击“配合”，再选中要配合的面或线，对其几何关系进行定义即可，如图 10-16 所示。

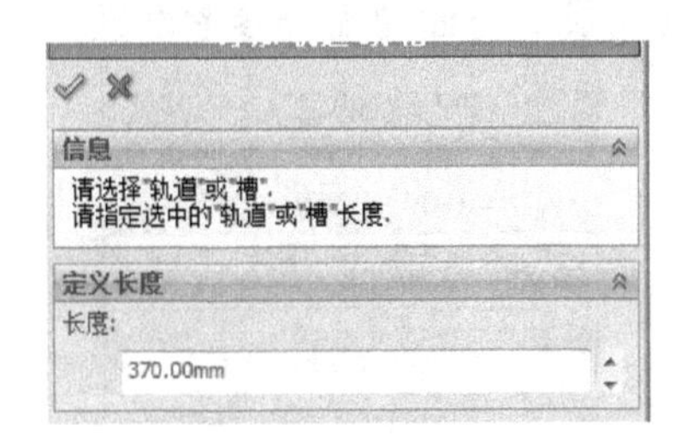

图 10-15 添加导轨或线槽

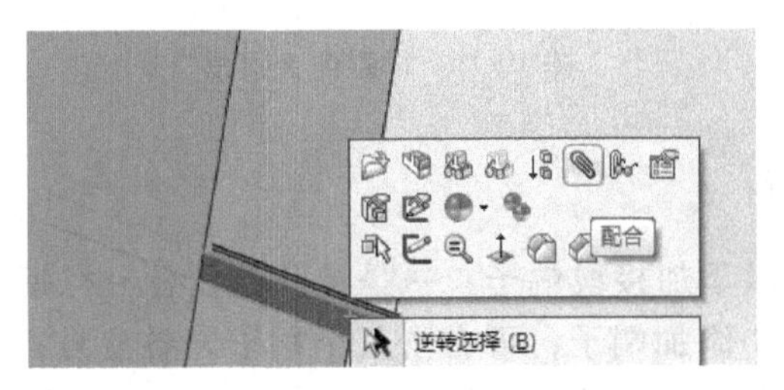

图 10-16 定义配合参考

10.2.5 添加电气设备

如果要添加电气设备，可使用前面章节所述的“插入”或“关联”命令。零件显示在图纸区域后，单击完成添加，如图 10-17 所示。如果单击位于导轨上的一点，零件将自动放置在导轨上，并可以在导轨上自由滑动。

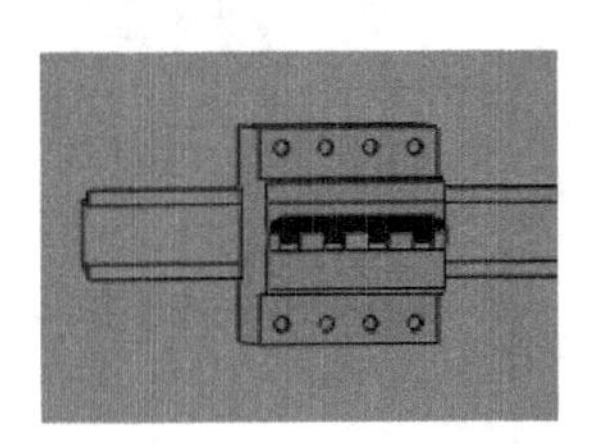

图 10-17 添加电气零件

10.2.6 批量添加电气设备

当设备已经关联了正确的零件模型，可以多选设备后右击，一次性批量插入多个零件，如图 10-18 所示。添加多个零件时，可以自定义零件的排放顺序。

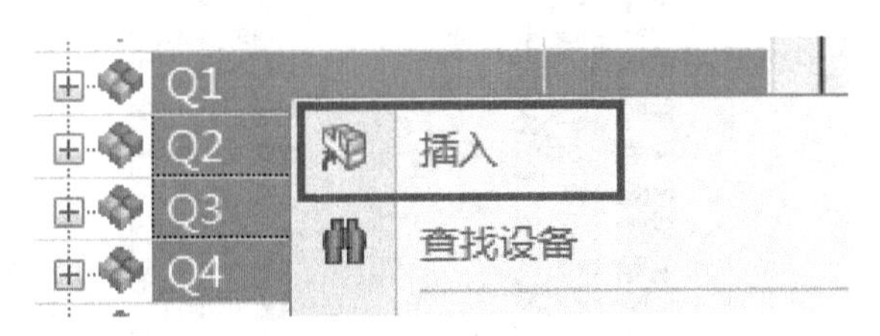

图 10-18 批量添加零件

执行“多个插入”时，可以设定零件之间的间距（前提是零件已经通过零件向导完成了面的定义，参见电气设备向导相关内容），如图 10-19 所示。

这样放置的零件，会自动完成面与面的配合参考设置。

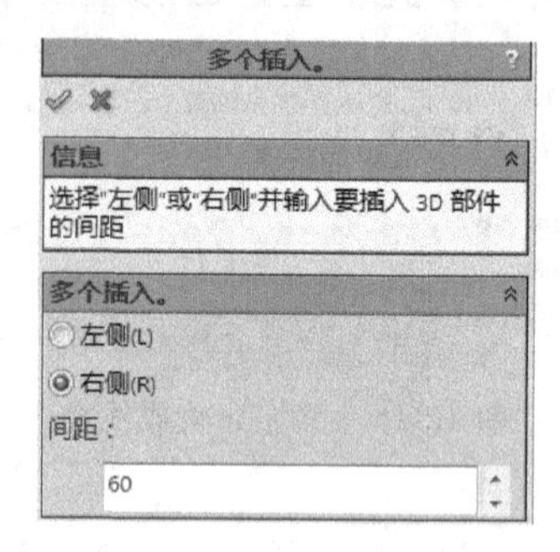

图 10-19　设置配合间距

10.2.7　添加端子排

有两种操作方式可以添加接线端子：一是像其他设备一样逐个添加，二是直接添加整个端子排。如果要逐个添加端子，可右击某个端子设备型号，选择添加命令。如果要添加整个端子排，需要在端子排图标上右击，选择“插入端子排”。指定第一个端子的插入点，左侧控制栏显示端子排插入的具体设置，如图 10-20 所示。

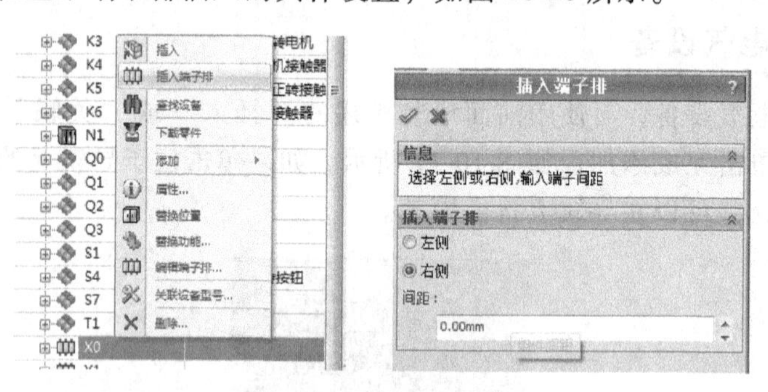

图 10-20　插入端子排

10.2.8　设备操作

当设备添加至图形区域时，设备标注选项框被勾选，在左侧设备列表栏中，其快捷菜单命令变为设备的相关编辑命令，如图 10-21 所示。

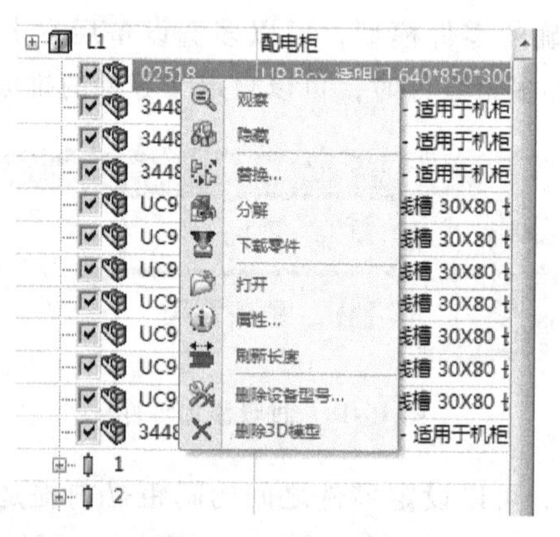

图 10-21　设备操作菜单

图 10-21 菜单中，各项分别是：

观察：此命令允许直接观察并放大零件，用于完成零件的查找。

隐藏：此命令允许隐藏图中设备的显示，零件将保持已添加状态，但在图中不可见。当零件处于隐藏状态时，其右键快捷菜单的“隐藏”命令变为“显示”。

替换：此命令允许使用其他零件替换已添加的零件，文件选择窗口打开，选择适合的 SOLIDWORKS 零件，新零件将替换原零件。

分解：分解设备型号与图形区装配体或零件的关联。

下载零件：连接到网络中的 TraceParts. com，下载 3D 零件模型。

打开：打开需要选取的文件。

属性：可以修改制造商设备型号属性内容，例如修改具体尺寸，已插入的零件不做修改。

刷新长度：此命令允许删除图中的零件，零件并不会在列表中删除，而只是取消它的勾选。

删除设备型号：删除与设备关联的制造商设备型号，此时，与之关联的零件或装配体一并删除。

删除 3D 模型：此命令允许删除图中的零件，零件并不会在列表中删除，而只是取消它的勾选。

10.2.9 对齐零件

与 2D 机柜布局一样，3D 布局也有零件对齐功能，在 elecworks 菜单中，对齐零件命令根据配合关系对齐零件，如图 10-22 所示。

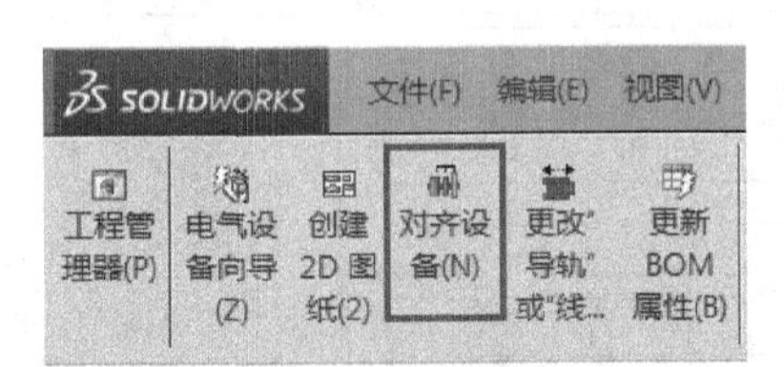

图 10-22 对齐设备

单击图 10-22 中的“对齐设备（N）”命令，选择需要对齐的零件，左侧的控制栏会显示对齐零件的相关参数设置如下：

选择要对齐的零件：请选择零件，零件根据选择顺序进行对齐排列。

对齐选项：请选择对齐模式。

间距：指定零件间的间距。

未定义面的零件：所选零件至少包含一个已定义的面，否则零件无法对齐。

设置间距为 0mm，结果如图 10-23 所示。

10.2.10 生成 2D 工程图

设备完成装配布局以后，可以给装配体文件生成 2D 工程图纸，此图纸可以自动添加至 elecworks 工程中，如图 10-24 所示。

在工程图界面中，从右侧窗口中将需要的面拖至工程图。

通过 elecworks 的模块创建的工程图，可以使用 SOLIDWORKS 的所有功能，例如添加零件序号，如图 10-25 所示。

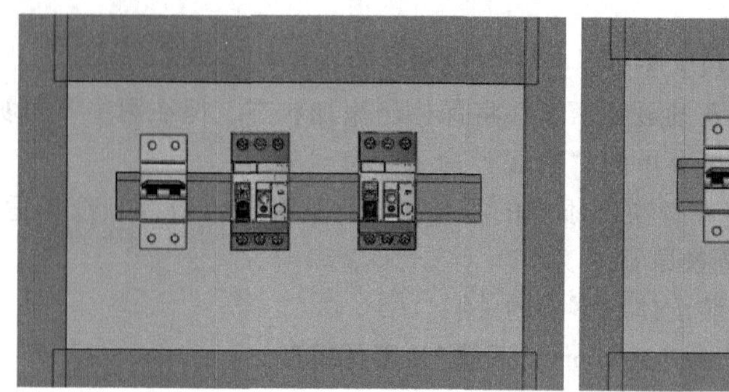
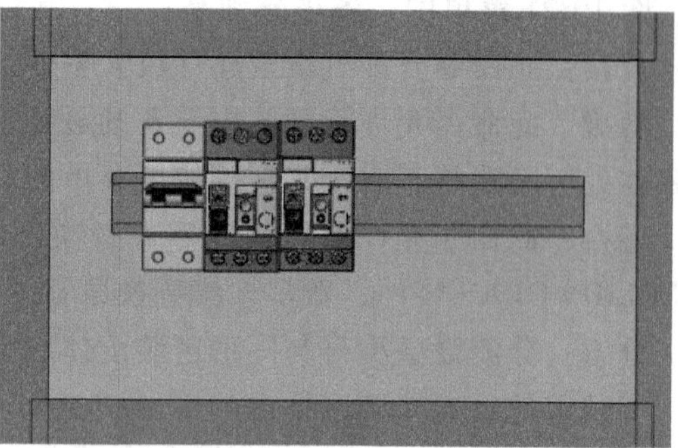

图 10-23　零件对齐效果图

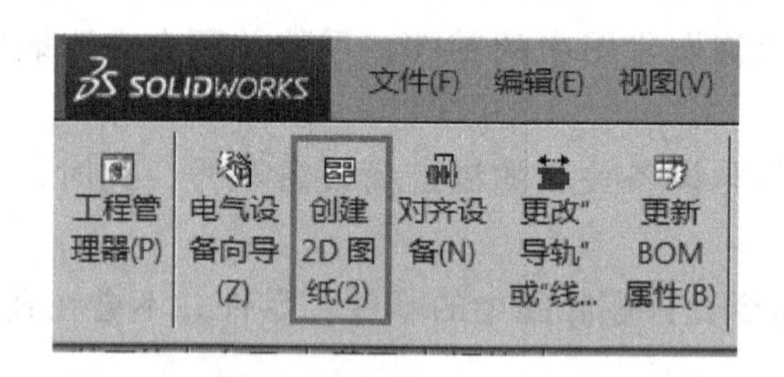

图 10-24　创建 2D 工程图

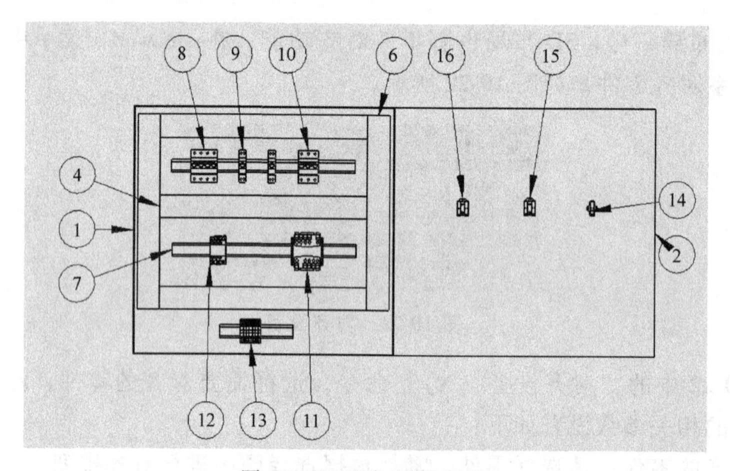

图 10-25　添加零件序号

elecworks for SOLIDWORKS 模块额外提供了两个功能，分别为创建标注和创建工程图纸，如图 10-26 所示。

图 10-26　工程图工具

创建标注：给工程图内的零件添加 elecworks 设备标注，如图 10-27 所示。

创建工程图纸：将工程图生成到 elecworks 图纸中，此时会有图框关联到图纸。图纸将自动添加到工程图纸列表中，如图 10-28 所示。

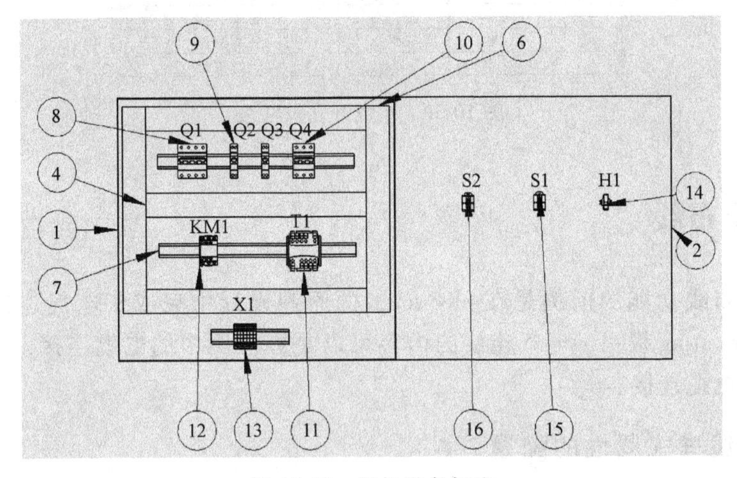

图 10-27 添加设备标注

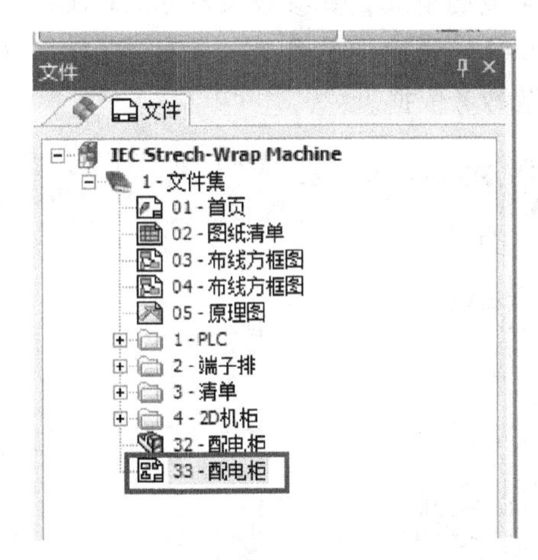

图 10-28 创建 elecworks 工程图

在工程图中，可以充分利用 SOLIDWORKS 的智能功能，例如插入电气报表，如图 10-29所示。

项目号	零件号	说明	数量
1	EW_CABINET_BOX.		1
2	EW_DUCT_H1.		3
3	EW_DUCT_H2.		3
4	EW_DUCT_V1.		2
5	EW_DUCT_V2.		2
6	EW_RAIL_H_OMEGA_35	Rail EN 50022 for Altis - for cabinet l. 600mm - L rail 490 mm	2
7	EW_RAIL_H_OMEGA_35	Rail EN 50022 for Altis - for cabinet l. 600mm - L rail 490 mm	1
8	06557	热磁断路器 -4P 3A	1
9	06468	热磁断路器 LEXIC DX 6000 - 2P - 400 V~ - 16A	2
10	05573	断路器 LEXIC - 3P - 400 V~ - 20 A	1
11	04251	Decurity transfomer LEXIC - 16 VA	1
12	LC1D1210B7	接触器 LC1-D - 3P - AC-3 440V 12A - 线圈 24VAC	1
13	011512914	端子 - M16/16	7
14	3SB1212-6BE06	指示灯,22MM,W.带BA 9S完整凹槽，带减压器和白炽灯	1
15	04453	推动按钮 LEXIC - 单功能 - 20 A - 250 V~ - 1 常开	1
16	18039	带导航指示灯的常闭推动按钮 - GREY, RED LIGHT - 12..48 V	1

图 10-29 插入电气报表

如果在面板上有开孔，可以自动生成开孔尺寸表，如图 10-30 所示。

标签	X 位置	Y 位置	大小
A1	164.80	387.08	Ø22 贯穿
A2	364.83	388.65	Ø22 贯穿
A3	531.50	388.65	Ø22 贯穿

图 10-30 生成开孔尺寸表

10.3 自动布线

实现自动布线功能的前提是在 elecworks 的原理设计中完成了电气连接，且 SOLIDWORKS 具备 Routing 模块。电气连接的内容可以是方框图中的电缆连接，也可以是原理图中的电线、电缆连接。

10.3.1 电线样式属性的配置

SOLIDWORKS 中自动生成的电线，其参数来自 elecworks。

如图 10-31 所示的“布线”属性中的参数，实体布线时，电线的直径数据来自“直径”参数，截面积数据不做参考依据。

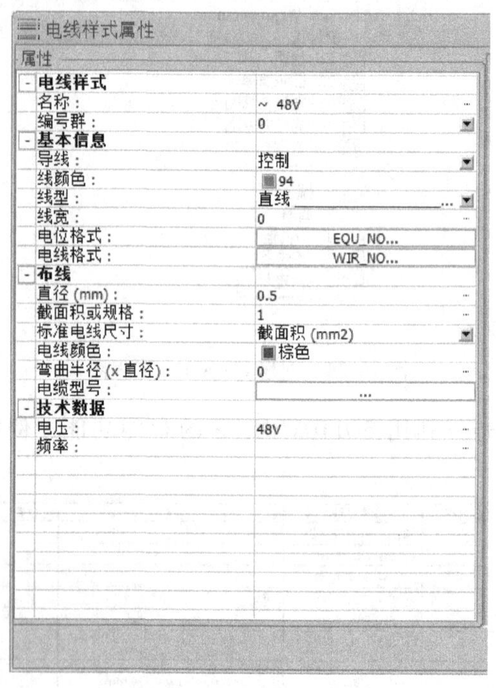

图 10-31 电线样式属性

10.3.2 创建布线路径

布线路径是 elecworks for SOLIDWORKS 模块中自定义布线走向的设置。路径为轴线，适用于所有电线。也就是说，当多个零件需要通过同一根轴线布线时，只需要制作一根轴线。

路径的创建需基于草图。因此，要在三维空间根据实际需要创建草图。

注意：草图是“悬空”的，可以是3D草图。例如，在面板上布线时，不要直接在面板上绘制草图，而是基于面板创建一个基准面，在基准面上绘制草图。

完成草图后，单击 创建布线路径，完成布线路径的创建，如图10-32所示。将布线路径设定为轴线。

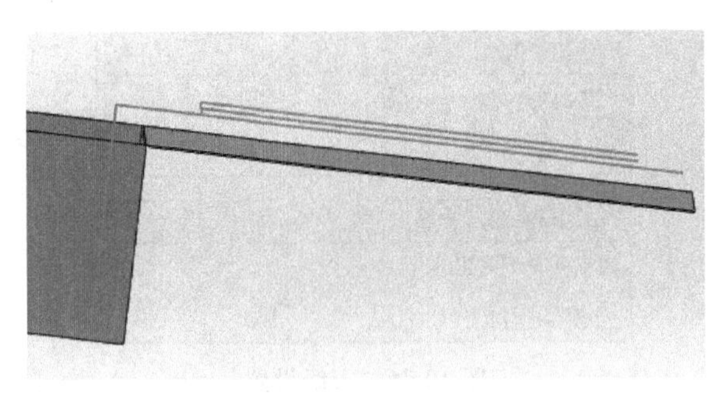

图10-32 创建布线路径

在柜体中，如果调用了elecworks自带的线槽，则将线槽的中心轴线默认为轴线。如果需要修改轴线，可以双击已经定义好的轴线，在草图状态下修改，完成后自动更新轴线。

实际布线时，若要电线穿过一些特定路径，则需要在轴线上体现出来。例如，遇到遮挡时需要电线折弯，则轴线需要绘出折弯的路径，如图10-33所示直线折弯的路径。再如，若电线从扎带中穿过，则需要将轴线定义在扎带内部，如图10-34所示。

图10-33 调整布线路径

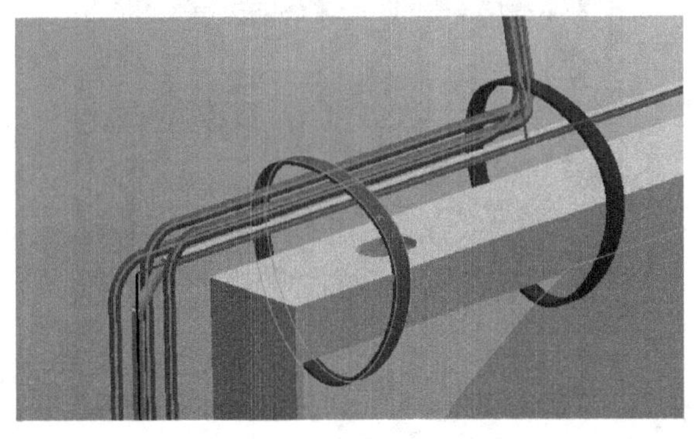

图10-34 布线路径在扎带内部

10.3.3 草图布线

执行布线命令后，在“选择线路类型”区中，如果选择“3D 草图线路”，则系统会自动创建草图布线。

在“选择渲染器类型”区，可以选择“使用样条曲线”或“使用直线”，如图 10-35 所示。其中，使用样条曲线布线的效果如图 10-36 所示。使用直线布线的效果如图 10-37 所示。

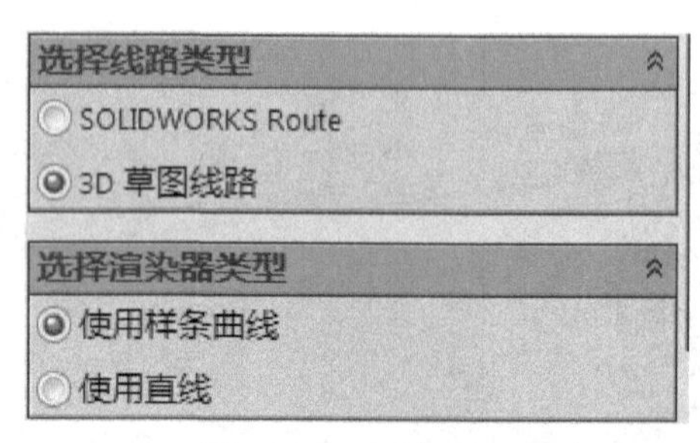

图 10-35 布线设置

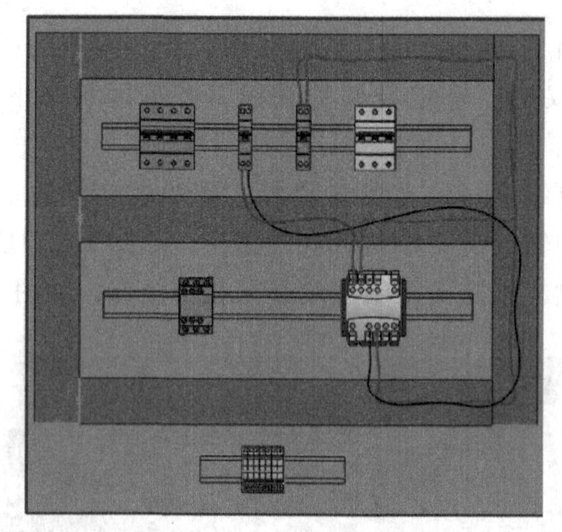

图 10-36 样条曲线布线的效果

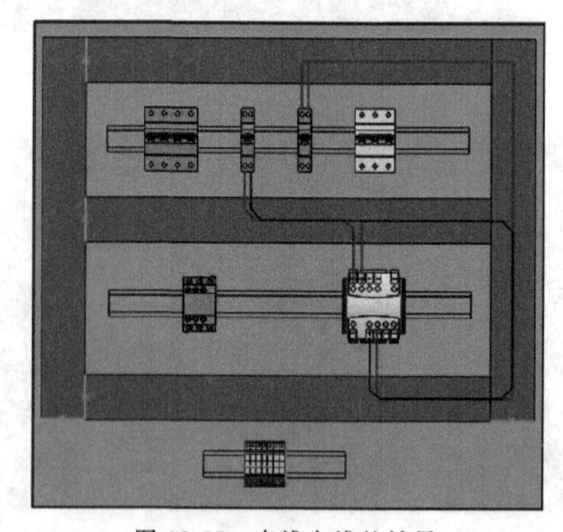

图 10-37 直线布线的效果

在选择“使用直线”布线时，也可以选中“添加相切”复选框（见图 10-38），会得到比较好的视觉效果，如图 10-39 所示这样的连接比较柔和。但是布线所耗时间会增加很多。

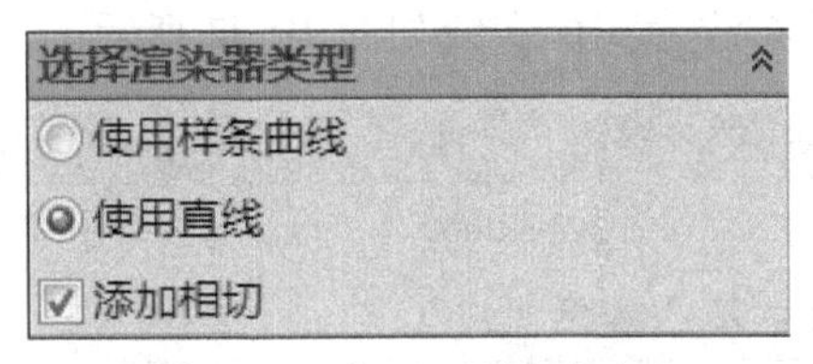

图 10-38　使用“添加相切”

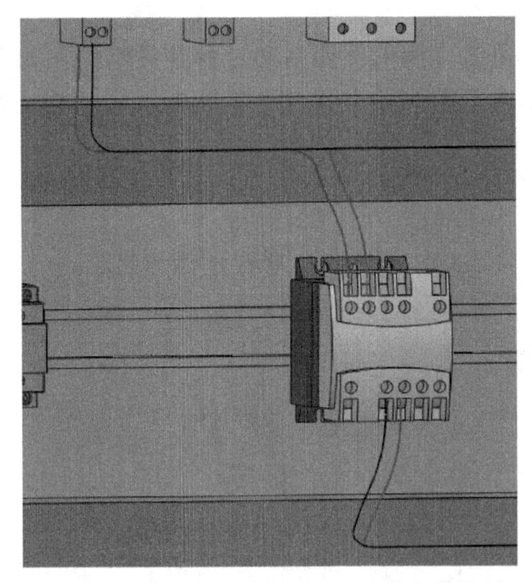

图 10-39　使用“添加相切”后的布线效果

在“要布线的设备”区可以选择需要操作的设备，如图 10-40 所示。一般来说，建议对零件分批进行布线，而不要一次对所有零件进行布线。这样创建的布线内容可以进一步调试和修改，特别是布线零件数量很多时。整体草图布线效果如图 10-41 所示。

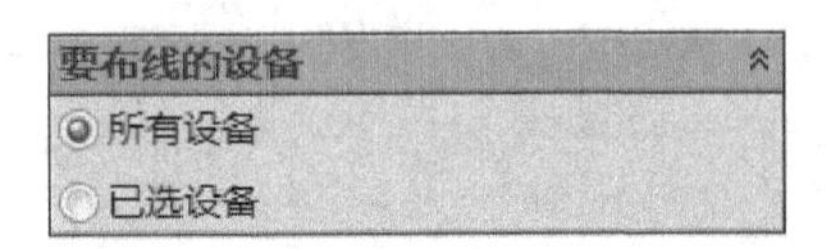

图 10-40　选择需要布线的设备

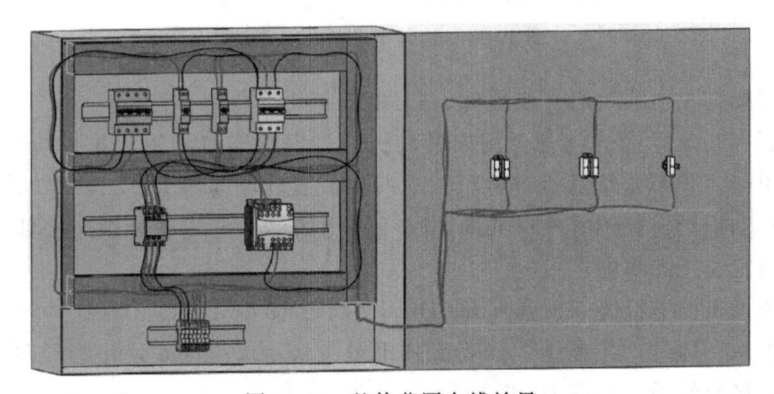

图 10-41　整体草图布线效果

10.3.4 实体布线

实体布线与草图布线不同，会有较多折弯半径的计算，所以耗时相对较长。使用 SOLIDWORKS Route 完成的布线为实体布线如图 10-42 所示。

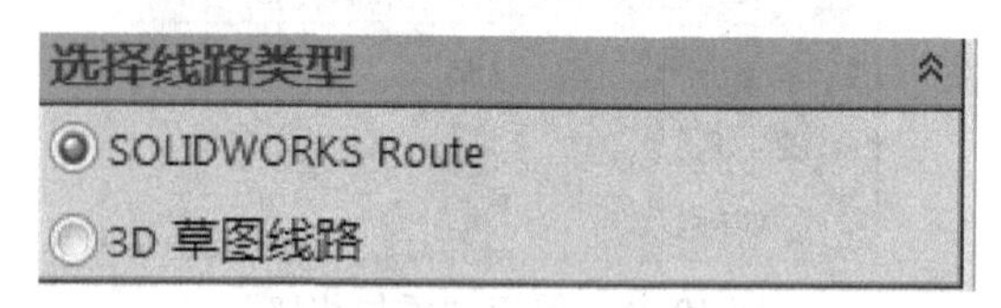

图 10-42 实体布线

此外，实体布线时，电线之间的间距是通过参数设定的。如图 10-43 所示，两根电线之间的间距设定为 0.5mm，这样所有的电线不会出现同轴相交的情况。

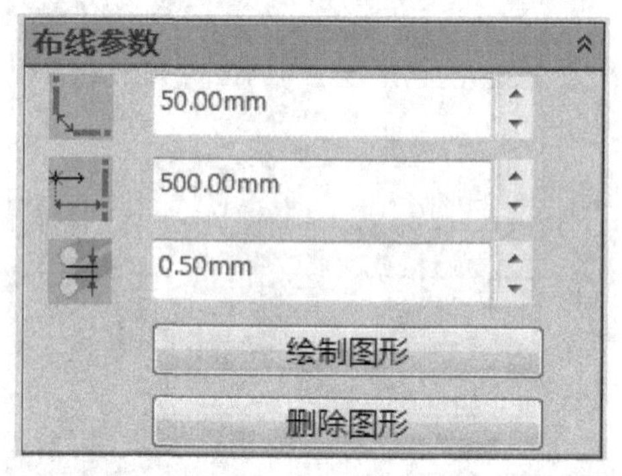

图 10-43 布线间距的设置

10.3.5 绘制电缆

电缆与电线不同，是由多根电缆芯组成，因此操作方式不同，所使用的功能菜单命令也不同，如图 10-44 所示。

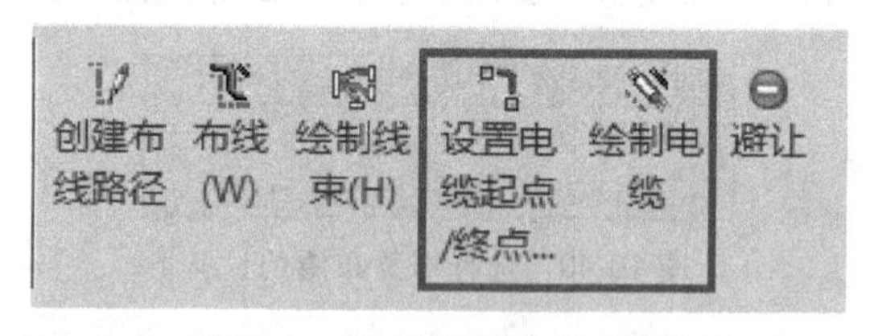

图 10-44 绘制电缆的功能菜单

首先，需要定义电缆的起点与终点，如图 10-45 所示。

电缆的起点并非连接的设备。例如电动机通过电缆连接到端子排，端子排上的端子并非终点。单击“设置电缆起点/终点”，选择要设置的电缆 W1。如果 W1 连接的两端设备唯一，则自动识别连接的零件；如果不唯一，例如多根电缆芯分别连接到不同的端子，则需要手动指定连接的零件。

这里需要指定的连接终点就是 cable gland，如图 10-46 所示。

完成设置后，通过“绘制电缆”得到的电缆会从 cable gland 处开始“剥皮”，将每根电缆芯分别连接至端子，如图 10-47 所示。

图 10-45　定义电缆的起点和终点

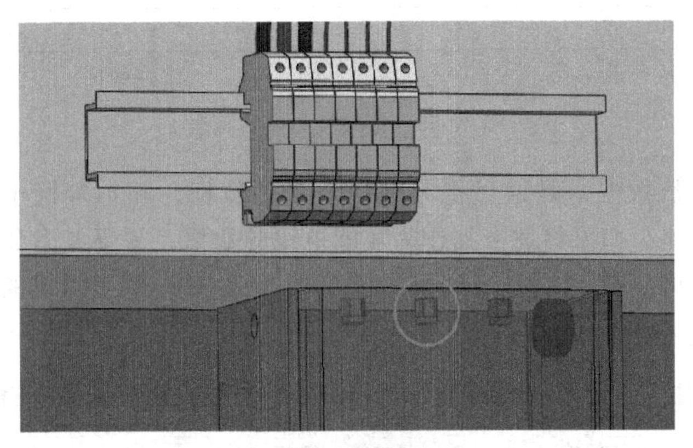

图 10-46　cable gland

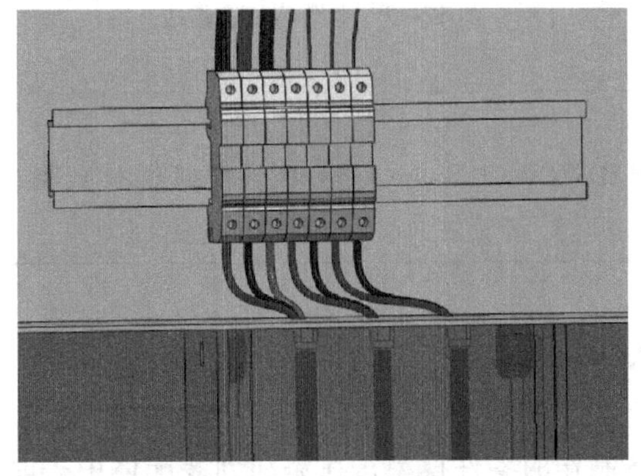

图 10-47　从 cable gland 开始“剥皮”

10.3.6　统计线长

完成电线布线后，在 elecworks 的报表中就可以生成电线长度了。

更新电线报表后，线长将会被统计出来，如图 10-48 所示。

从	到	线号	截面积	长度 (mm)	线型
-T1:4	-Q3:3	3	1.5 (mm²)	1114.17	U-1000 R2V 1.5
-KM1:14	X1-5	5	1.5 (mm²)	293.50	U-1000 R2V 1.5
-KM1:13	-S1:1	4	1.5 (mm²)	2072.32	U-1000 R2V 1.5
-Q3:2	-KM1:A2	2	1.5 (mm²)	949.50	U-1000 R2V 1.5
X1-7	-KM1:A1	7	1.5 (mm²)	895.05	U-1000 R2V 1.5
-S1:2	-S2:3	5	1.5 (mm²)	832.65	U-1000 R2V 1.5
-S2:4	X1-6	6	1.5 (mm²)	1220.39	U-1000 R2V 1.5
-S1:2	-KM1:14	5	1.5 (mm²)	1577.24	U-1000 R2V 1.5
-H1:X2	-Q3:2	2	1.5 (mm²)	1772.74	U-1000 R2V 1.5
-KM1:24	-H1:X1	8	1.5 (mm²)	1990.02	U-1000 R2V 1.5
-S1:1	-Q3:4	4	1.5 (mm²)	1871.07	U-1000 R2V 1.5
-KM1:23	-KM1:13	4	1.5 (mm²)	57.58	U-1000 R2V 1.5
X1-4	-KM1:23	4	1.5 (mm²)	858.63	U-1000 R2V 1.5
-Q3:1	-T1:3	1	1.5 (mm²)	897.63	U-1000 R2V 1.5
				16402.5	

图 10-48　带线长的电线报表

这里得到的线长数据，是通过空间模拟出来的数据，并不等同于实物电线的长度，会有一些偏差。因此，如果将此数据作为实际电线的数据，需要考虑余量。

电缆的长度也可以统计，但是这里的长度值为最长一根电缆芯的长度，如图 10-49 所示。

△	标注	说明	路径	源	目标	长度 (m)	基准
1	W1	黑色保护壳	L2<>L1	泵建筑	机柜	1.85	H03 V2V2-F 3X0.5 BK
2	W2	黑色保护壳	L2<>L1	泵建筑	机柜	1.95	H03 V2V2-F 3X0.5 BK
3	W3	黑色保护壳	L2<>L1	泵建筑	机柜	2.30	H03 VV-F 4G0.75 BK

图 10-49　电缆芯长度报表

提示：

- 草图布线和 SOLIDWORKS Route 布线都会得到线长数据，但两者会有数据上的差别。

10.4　电气设备向导

使用 SOLIDWORKS 制作的零件模型，在添加到装配体中去时，如果需要完成对齐、布线等操作，就要使用 elecworks 的电气设备向导功能来配置设备零件。

10.4.1　打开器件 3D 模型

在工具栏中单击“打开”按钮，选择要打开的器件文档，如图 10-50 所示。

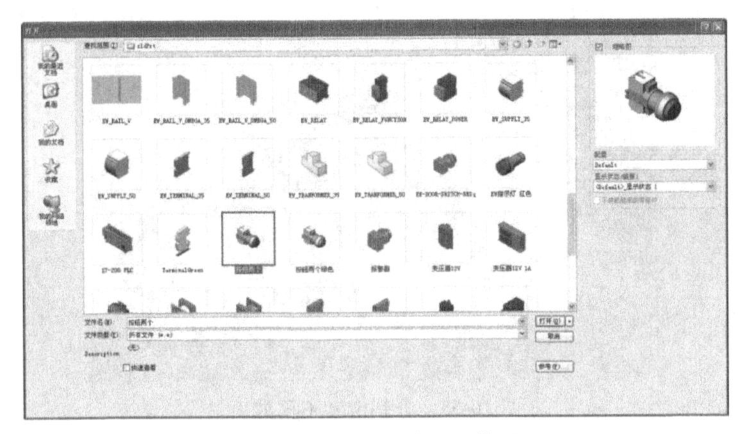

图 10-50　打开电气 3D 模型

10.4.2　定义面

如图 10-51 所示，单击“电气设备向导”命令，可以在“电气设备向导”窗口中定义零件的左侧面、右侧面、顶面和底面，如图 10-52 所示。

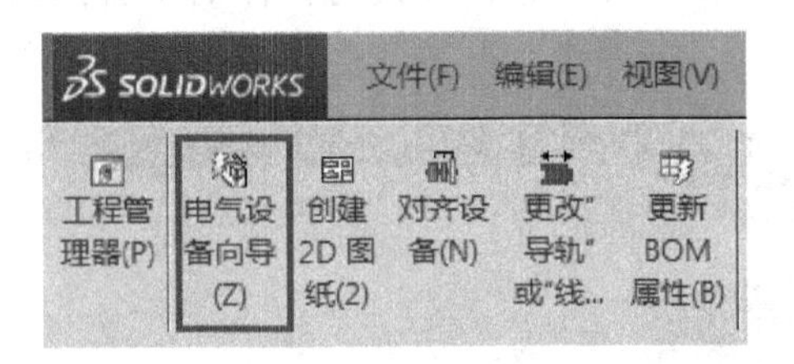

图 10-51　电气设备向导

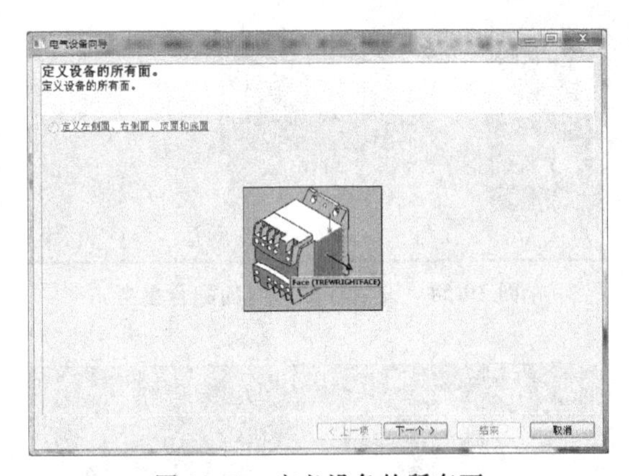

图 10-52　定义设备的所有面

分别选择当前零件的左侧面、右侧面、顶面和底面共 4 个面后，单击 ✔ 按钮，如图 10-53 所示。

提示：

● *定义了面后才能完成零件对齐功能。一般来说，如果对齐功能只是用到零件的左右两侧面，那么只需要定义左右两侧面就可以。*

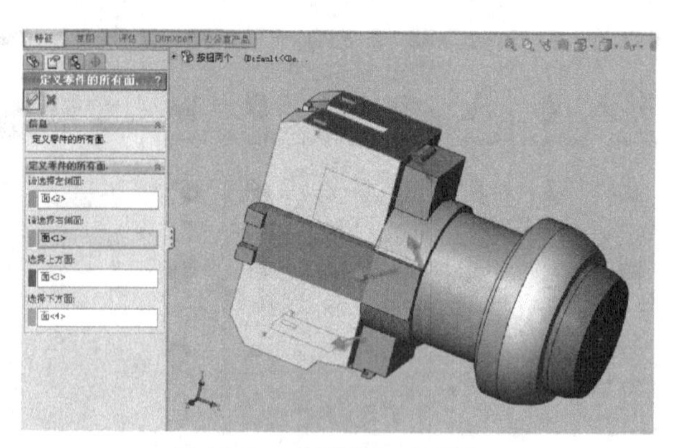

图 10-53　分别定义不同的面

10.4.3　与面板的配合

按钮、仪表等直接与柜体之间做配合，不需要导轨安装，此时单击配合类型“新建配合参考 TREWDOOR”（见图 10-54），为新建的按钮选择配合后单击✔按钮，完成参考设置，定义零件与门的配合参考时，选择按钮与柜体的配合的线或面都可以，如图 10-55 所示。

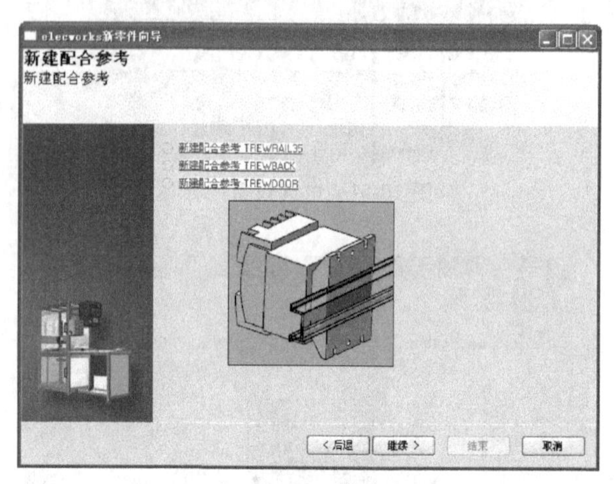

图 10-54　设置零件与门的配合参考

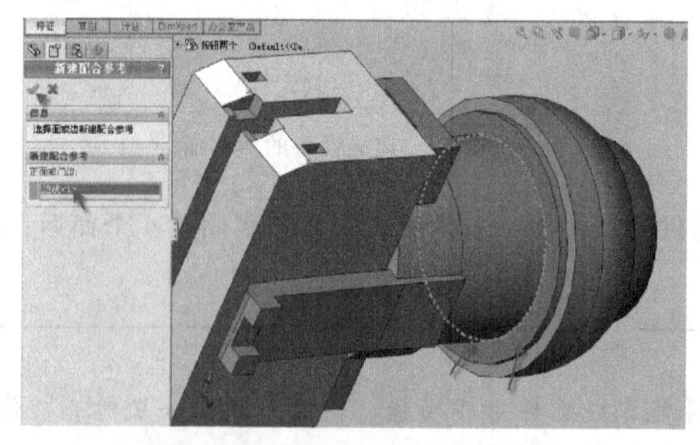

图 10-55　定义零件与门的配合参考

10.4.4 与导轨的配合

如果要实现接触器、PLC、断路器等与导轨的配合，就需要设置与导轨的配合关系。

在图 10-54 所示的窗口中单击配合类型“新建配合参考 TREWRAIL35”，为器件选择配合导轨的顶面和正面后，单击✓按钮完成参考设置，如图 10-56 所示。

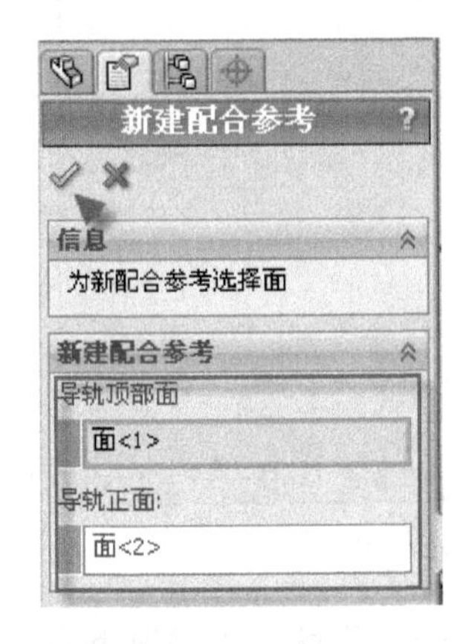

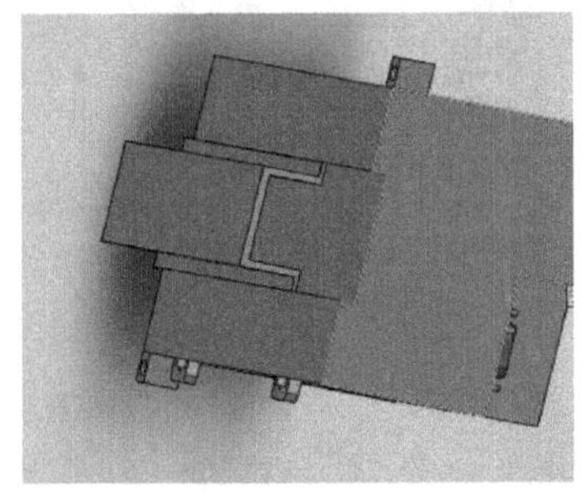

图 10-56 设置零件与导轨的配合参考

10.4.5 创建连接点

为器件的每个端子绘制草图（点），如图 10-57 所示。

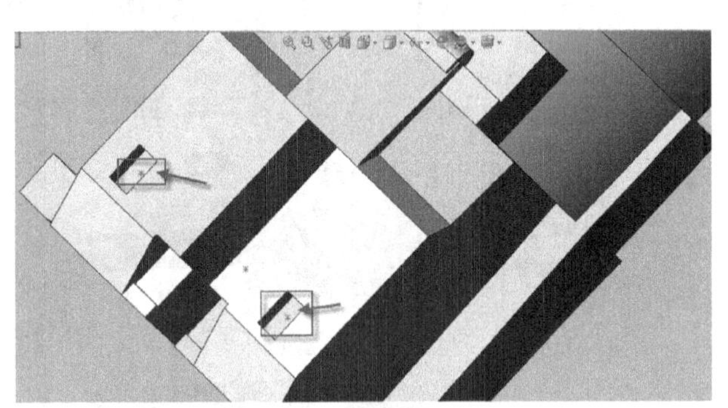

图 10-57 新建电气连接点

1. 根据基准新建连接点

如图 10-58 所示，单击配合类型“根据基准新建连接点”，通过具体的制造商回路为已添加的模型添加回路关联。

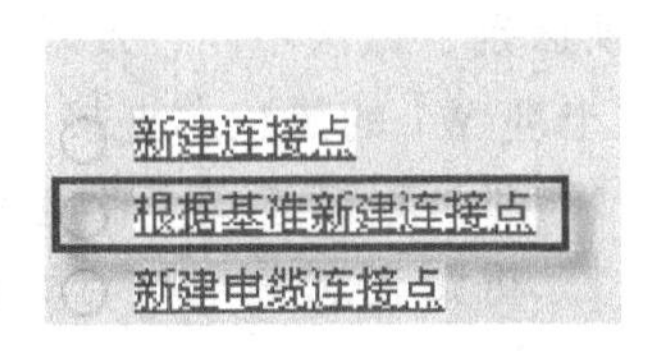

图 10-58 根据基准新建连接点

在“新建连接点”下拉列表中单击“请选择制造商基准”，在数据库中选择一个制造商回路与模型关联，如图 10-59 所示。

在“选择制造商基准”窗口中通过筛选输入基准或说明的方法，查找一个按钮的制造商，选定后单击“确定”按钮，如图 10-60 所示。

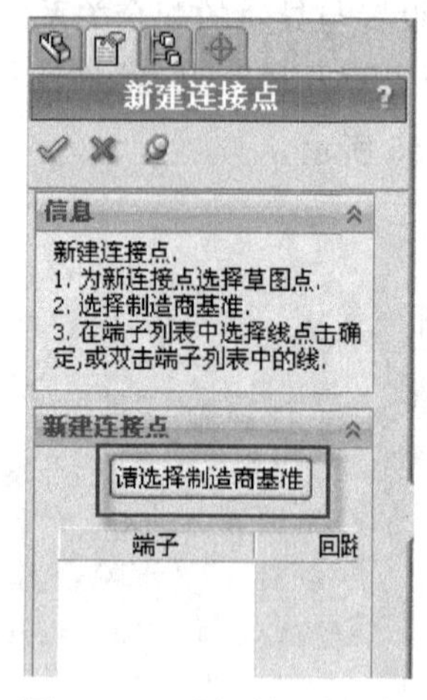

图 10-59　选择制造商基准

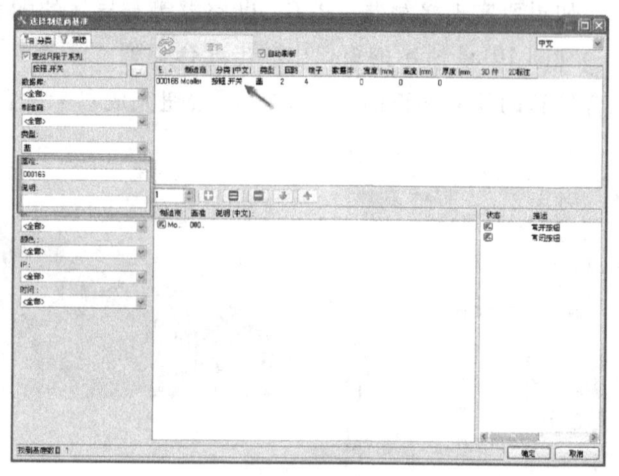

图 10-60　选定型号

在“新建连接点”下拉列表中显示出的每个回路中，依次选择器件端子上绘制的点，双击相应的回路与器件关联，如图 10-61 所示，再依次添加其他回路的连接点。

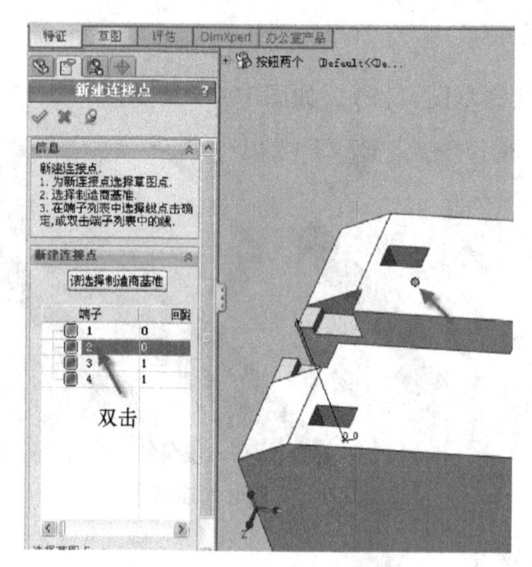

图 10-61　关联电气连接点

2. 电线和电缆连接点

电缆连接点与电线连接点有所区别，做法不同，效果也不同。如图 10-62 所示，X1-7 通过电线连接至 KM1：A1，通过电缆 W1 的黑色芯连接至 B1：4。一般来说，当 SOLIDWORKS 中零件之间为电线连接时，都是直接连接。在电缆连接时，通常并非直接连接，而是通过转接头后对电缆“剥皮”，将每根芯分别与目标连接。定义电缆连接点的方法如下。

在配合类型中选择“新建电缆连接点”，为电缆连接头添加回路，如图 10-63 所示。

双击电缆连接头的连接点，为连接头添加回路，单击✔按钮结束，如图 10-64 所示。

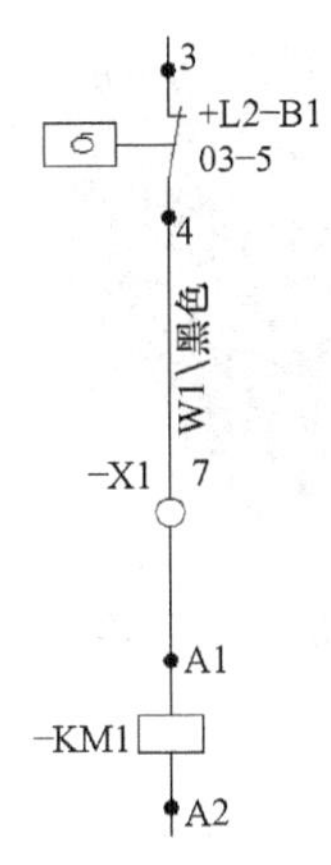

图 10-62　电线和电缆的不同做法

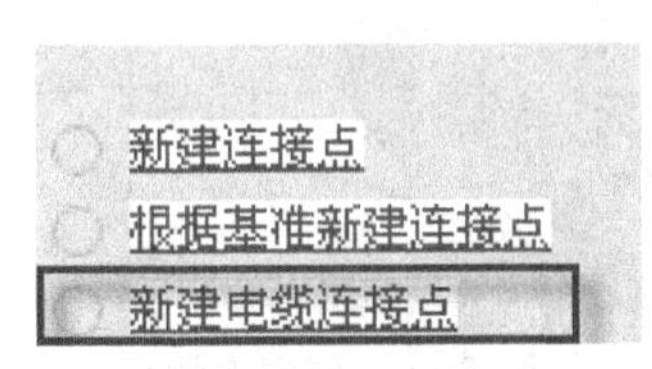

图 10-63　新建电缆连接点

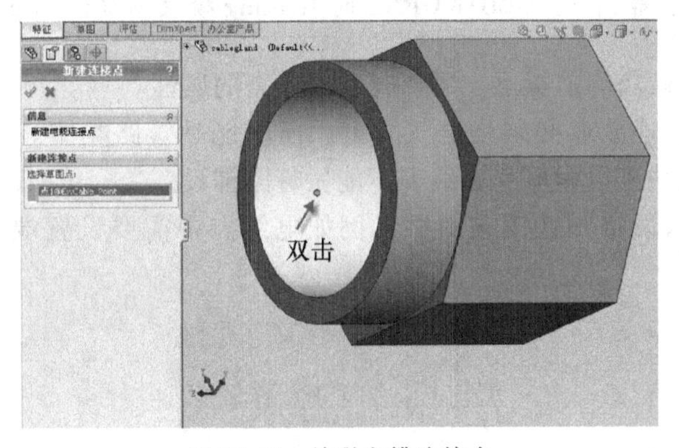

图 10-64　关联电缆连接点

单击图 10-54 所示“elecworks 新零件向导”窗口中的“结束”按钮，将保存相关设置于数据库中，使用时可直接从库中调出。

电线连接点创建完成后，连接点上会显示出回路号及端子号，如 0_ 0 表示回路 0 端子 0；电缆连接点创建完成后，连接点上显示的是电缆名称信息，如 EwCable。

提示：

- 创建电气连接点，需要 SOLIDWORKS Routing 模块的支持。
- 同一个零件上完成电线连接点创建后，可以继续创建电缆连接点，例如图 10-65 中的连接器。
- 创建的连接点不可以为 3D 草图点，否则生成的连接点方向可能不准确。建议使用基准面来创建连接点草图，确保连接点在面上；也可以创建一个参考的零件，之后隐藏零件，如图 10-66 所示。

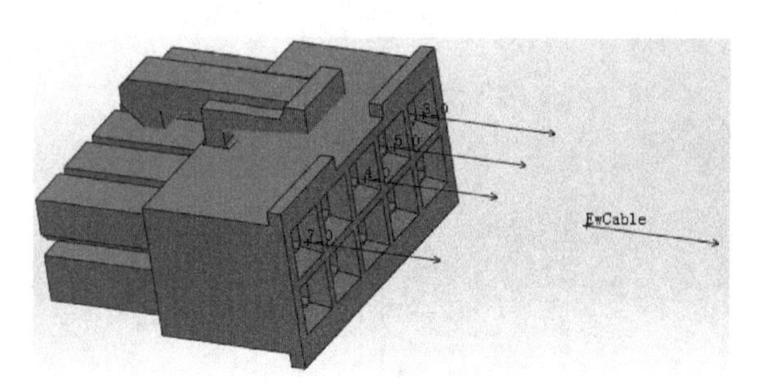

图 10-65　连接器

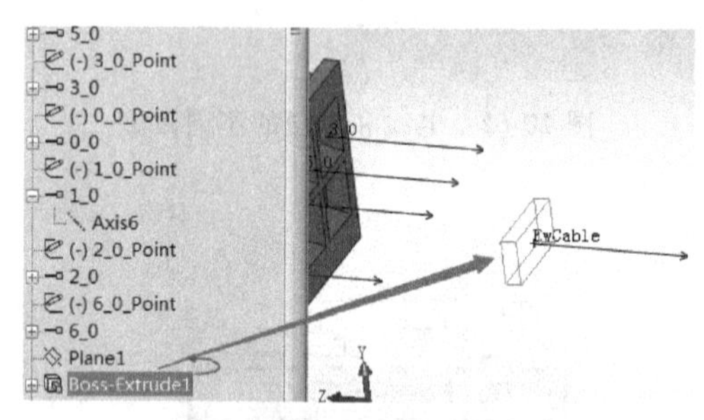

图 10-66　创建连接点

- 每个连接点，等同于 SOLIDWORKS 的 Routing 模块创建的 C-point。

在开启 Routing 模块的前提下，可以查看连接点的属性。

需要注意的是，连接点必须是电气类型，而不能是管路类型。也就是说，elecworks for SOLIDWORKS 模块可以做电气布线，不能做管路铺设。

在参数中，可以设定一些工艺参数，例如电缆点中需要设置端头长度，如图 10-67 所示。

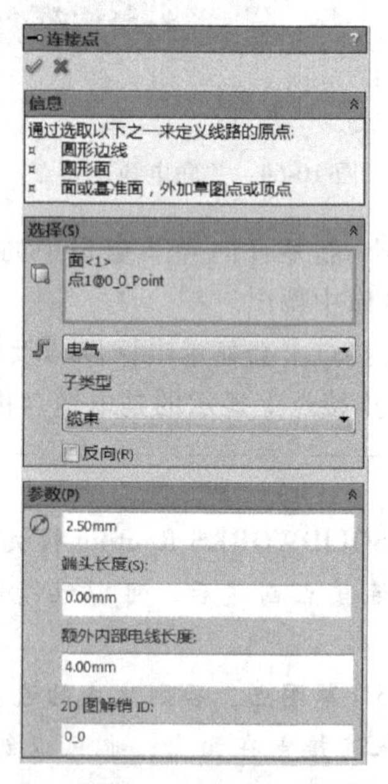

图 10-67　电气连接点的参数

10.5 布线错误分析

在自动布线后，经常遇到的错误有折弯半径不够，没有生成电线，以及电线没有沿着轴线布线等几种。

10.5.1 折弯半径不够

这样的情况只会发生在实体布线中。

当折弯半径不够时，在所布的线上会出现彩色的“蛇皮”，如图 10-68 所示。这时，需要调整折弯半径值，或完成布线后手动调整布路点（R-Point）。双击电线，显示草图布线点，调整布线点位置。

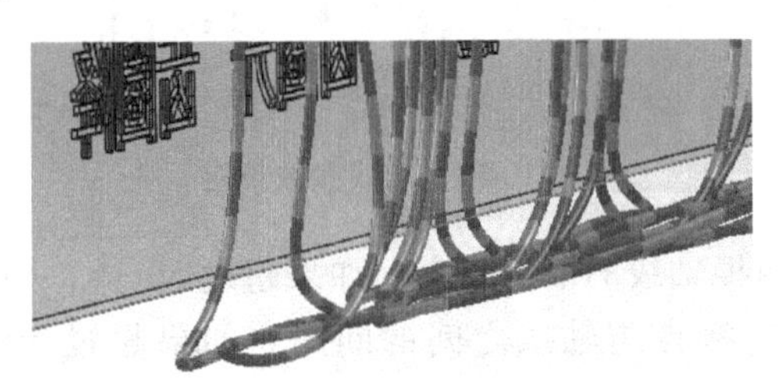

图 10-68 折弯半径不够

10.5.2 没有生成电线

检查 elecworks 中原理图设计部分的电线连接，特别是设备是否选型并放置在 SOLIDWORKS 的装配体中。如果零件已经正确放置在 SOLIDWORKS 装配体中，则检查设备的回路是否正确；如果依然有问题，则检查设备的连接点（C-Point）的电气属性。

10.5.3 电线没有沿着轴线布线

经常遇到这样的情况：电线不沿着轴线，没有任何布线点，而是直接由样条曲线连接两个连接点，如图 10-69 所示的中间红色电线。

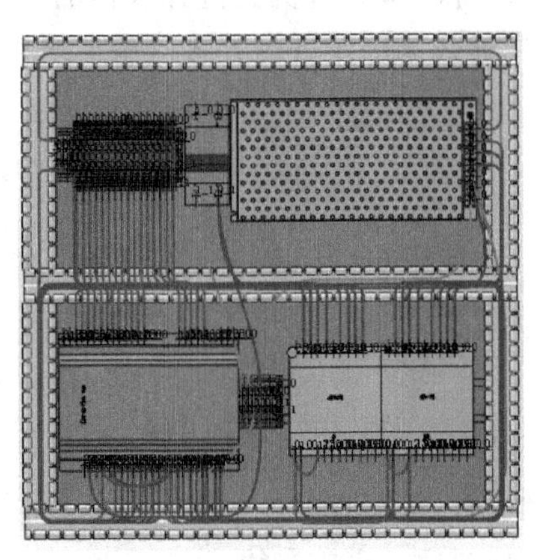

图 10-69 部分电线没有按照路径布线

这样的情况，通常和连接点距离轴线的位置有关系。

首先，设备的连接点的方向一定是垂直或平行于所需要的接线方向。如果轴线在连接点的侧面，甚至是下方，不可能寻找到轴线并布线。其次，需要留意布线点与轴线的距离。

图 10-70 所示为布线参数的设置。

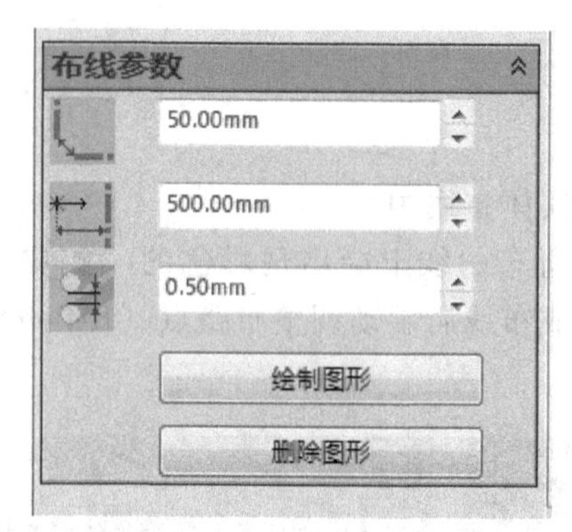

图 10-70　布线参数设定

第一个参数是设定两根轴线的端头距离，如果超过 50mm，则不能按照轴线布线。

第二个参数是设定连接点与轴线之间的间距，如果超过 500mm，则不能按照轴线布线。

第三个参数是设定两根实体电线之间的间距，大于 0，确保实体电线不会重叠，并且在完成布线后可以计算线槽填充率。

10.6　在报表中显示布线路径

在一些企业中，工艺部门对布线路径有着严格的要求，以便于规范接线工作。如果希望接线工人完全按照 elecworks 自动生成电线的布线方式布线，就需要在报表中统计出布线路径。

如果需要体现布线路径，就需要对路径命名。因此，在创建线槽时，不能直接添加线槽设备，而是要建立一个 Component，并为此选择线槽的 Reference。

在做机柜布局图时，可以通过添加设备的方式，添加线槽，如图 10-71 所示。

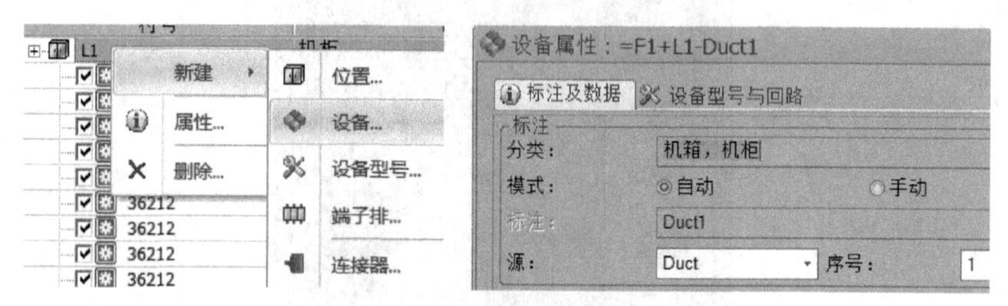

图 10-71　添加线槽

通过这样的方式添加的线槽，都会有对应的名称，将来在报表中能够被读取。

在 SOLIDWORKS 中做布局图后，完成布线。

后续重要的一个步骤是在 elecworks 的报表模板中调出布线路径的属性。

单击“工程”→“报表”命令，找到“按线类型的电线清单”模板，单击“属性”。

在属性中，切换到“列”，打开“列管理器”窗口，如图 10-72 所示。

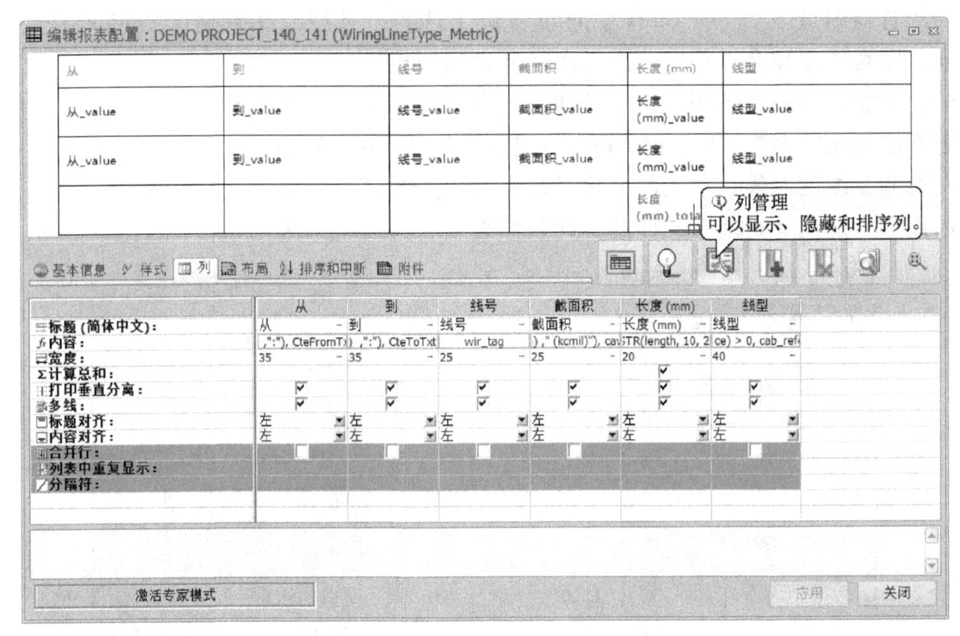

图 10-72　报表属性的列管理器

在列管理器中，添加线槽的路径变量，如图 10-73 所示。

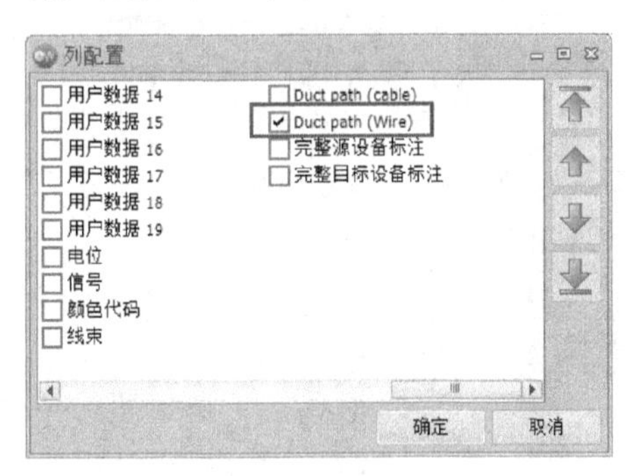

图 10-73　添加线槽的路径变量

完成模板编辑后，更新报表，表格中将会出现布线路径，如图 10-74 的最后一列。

从	到	线号	截面积	长度 (mm)	线型	布线路径
-T1:4	-Q3:3	3	1.5 (mm²)	1087.41	U-1000 R2V 1.5	-Duct3, -Duct5, -Duct1
-KM1:14	X1-5	5	1.5 (mm²)	285.22	U-1000 R2V 1.5	-Duct3
-KM1:13	-S1:1	4	1.5 (mm²)	2050.07	U-1000 R2V 1.5	-Duct2, -Duct5
-Q3:2	-KM1:A2	2	1.5 (mm²)	921.29	U-1000 R2V 1.5	-Duct2, -Duct4, -Duct3
X1-7	-KM1:A1	7	1.5 (mm²)	871.90	U-1000 R2V 1.5	-Duct3, -Duct4, -Duct2

图 10-74　布线报表

10.7　智能缩放的参数化零件

通常，一个设备对应一个零件模型，因此设计人员需要定制非常多的零件模型库才能顺利完成工程。如果对于零件模型的外形不做特别要求，可以考虑使用参数化模型完成零件的智能缩放。当 elecworks 中对设备做了选型，且型号在数据库中定义了宽、高、深尺寸，则智能模型会根据宽、高、深尺寸自动缩放。

建立模型时，先做草图，然后拉伸，需要注意几个重要的关键点。

零件必须建立名为 EW_ CONFIG 的配置，如图 10-75 所示。

在绘制草图的时候，草图的名称必须为 EW_ SKECTH，如图 10-76 所示。

如果零件的尺寸是基于拉伸的，此拉伸必须名为 EW_ EXTRUDE。

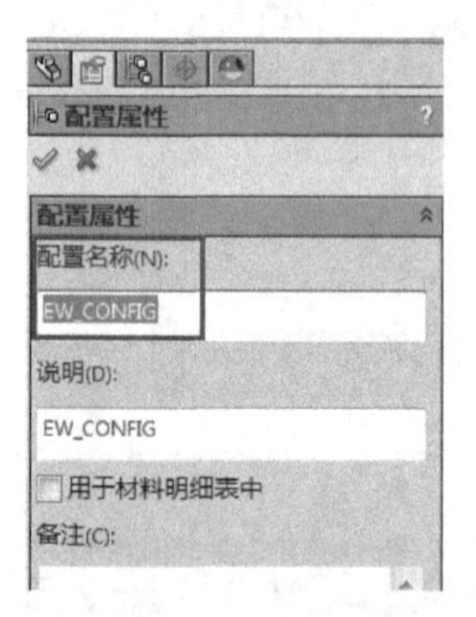

图 10-75　定义配置名称

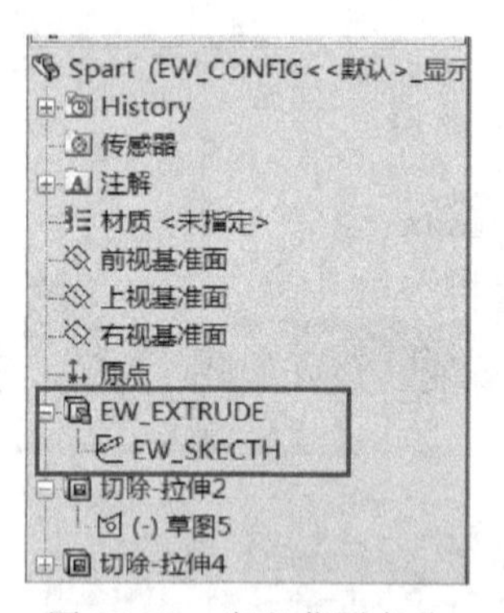

图 10-76　定义草图名称

定义草图时，宽度的主要值名称为 EW_ WIDTH，如图 10-77 所示。

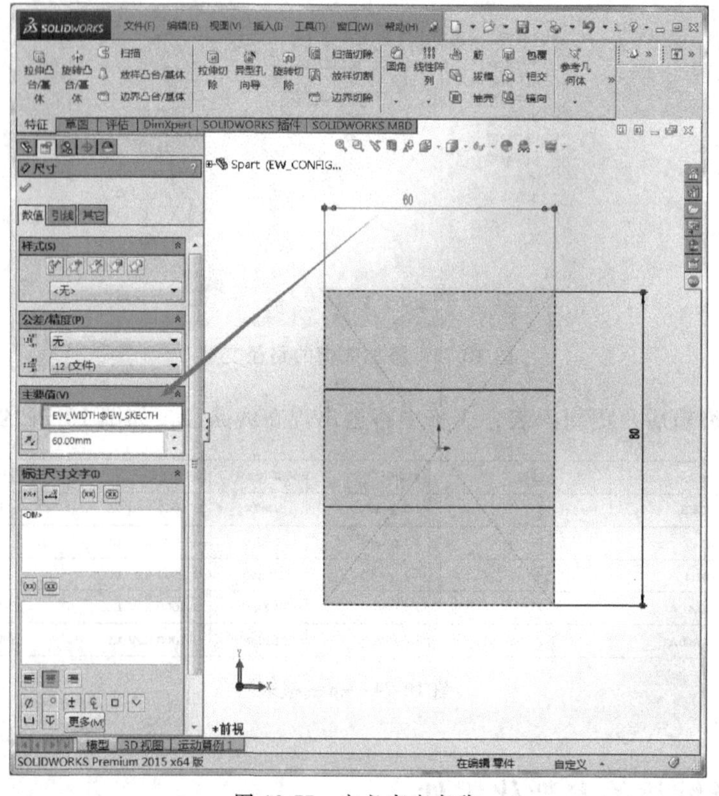

图 10-77　定义宽度名称

高度的主要值名称为 EW_ HEIGHT，如图 10-78 所示。

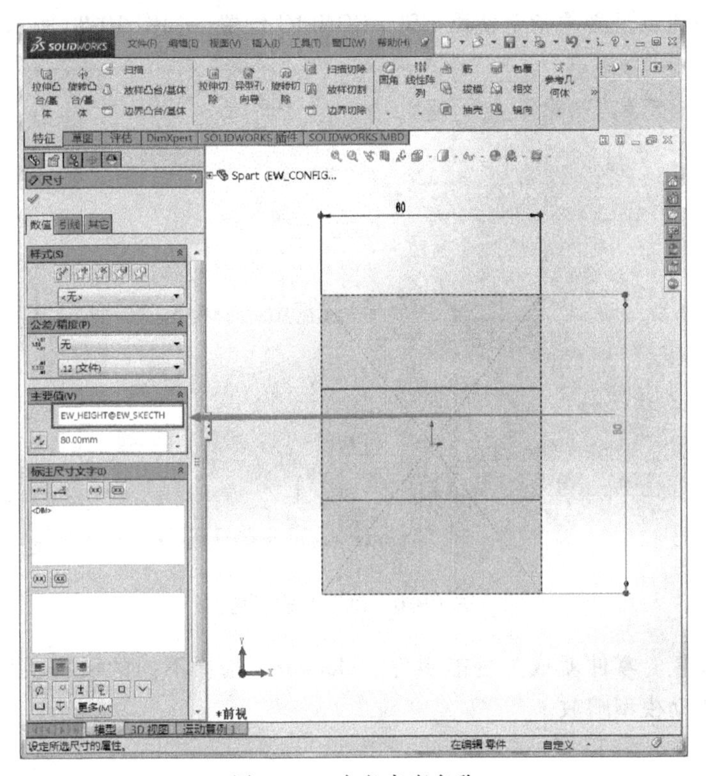

图 10-78　定义高度名称

深度的主要值名称为 EW_ DEPTH，如图 10-79 所示。

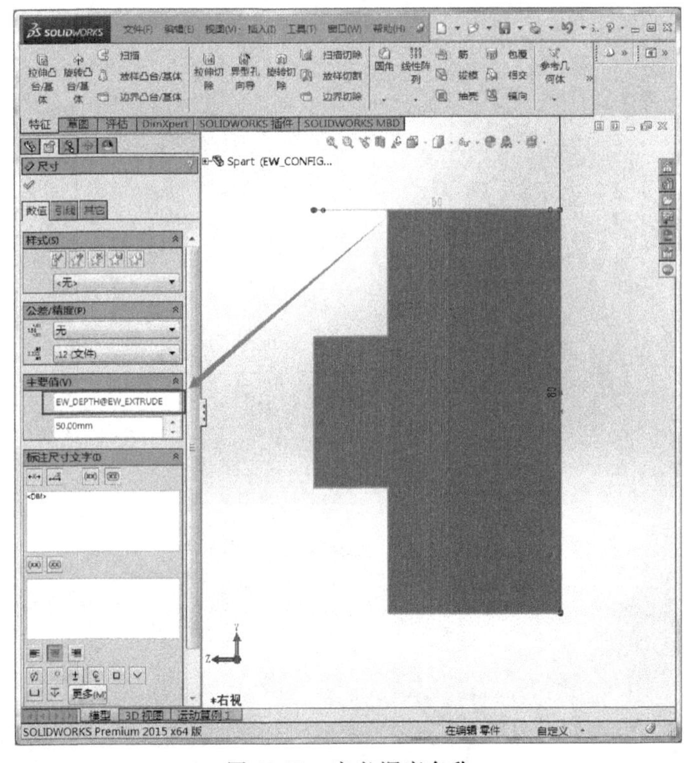

图 10-79　定义深度名称

最重要的一点，是必须指定使用 EW_ CONFIG 配置，如图 10-80 所示。

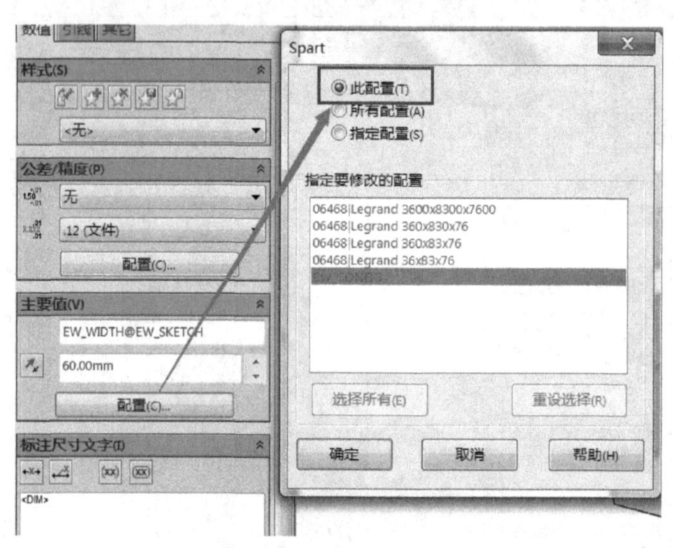

图 10-80 使用参数配置

完成这些设置，零件就成为智能零件。elecworks 选择不同的设备型号，设备型号的尺寸则会自动驱动模型缩放。

Chapter 11

第11章 elecworks for PTC Creo

主要内容：

- 创建装配体
- 三维布局
- 三维布线
- 创建工程图
- 创建智能零件

该模块可以连接相同的协同服务器，与 elecworks 2D 共享数据。任何操作都是与 elecworks 实现双向实施的并行。

该模块用于将 elecworks 数据同步至 PTC Creo，快速实现 PTC Creo 的布局与布线工作，如图 11-1 所示。

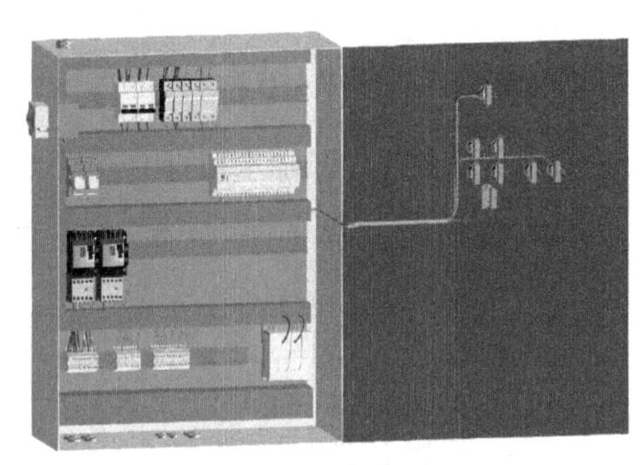

图 11-1　elecworks for PTC Creo

11.1　创建装配体

11.1.1　生成 3D 装配体文件

在 elecworks 中，可以直接创建 PTC Creo 装配体文件。该功能可单击“PTC Creo 机柜布局”进行，如图 11-2 所示。

装配体文件的生成，是由 elecworks 中设置的“位置”属性决定的。一个位置属性，对应一个装配体文件。这与 elecworks 中的 2D 布局图界面是同样的道理。

选择要生成 3D 图纸的项目，单击“确定”按钮，出现图 11-3 所示的对话框。

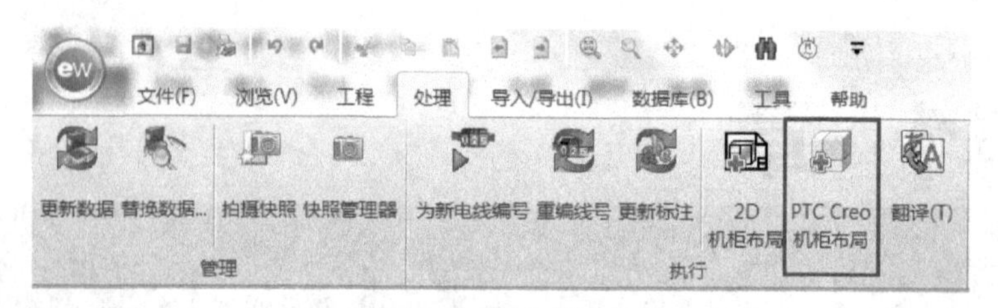

图 11-2　生成装配体

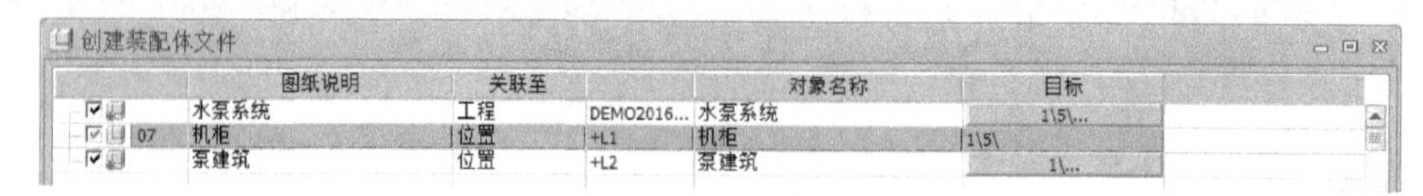

图 11-3　根据位置创建装配体

单击“目标”可以设定装配体文件创建的位置，默认放在工程下。在打开的界面中，可以选择文件夹，也可以直接创建文件夹后指定该文件夹，如图 11-4 所示。

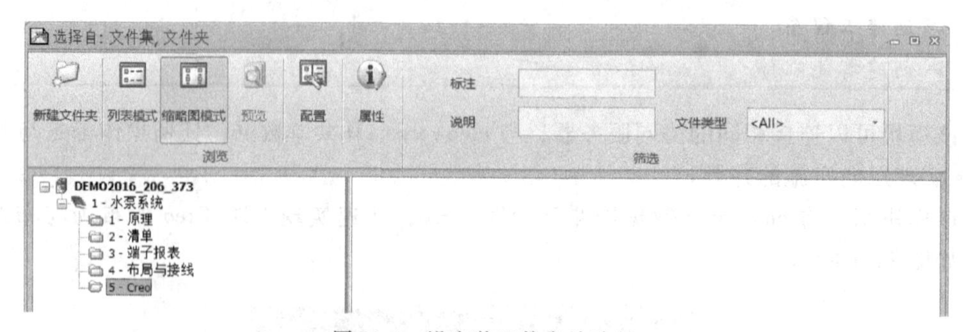

图 11-4　设定装配体存放路径

单击“确定”按钮，生成的图纸将自动添加至项目图纸列表中，如图 11-5 所示。

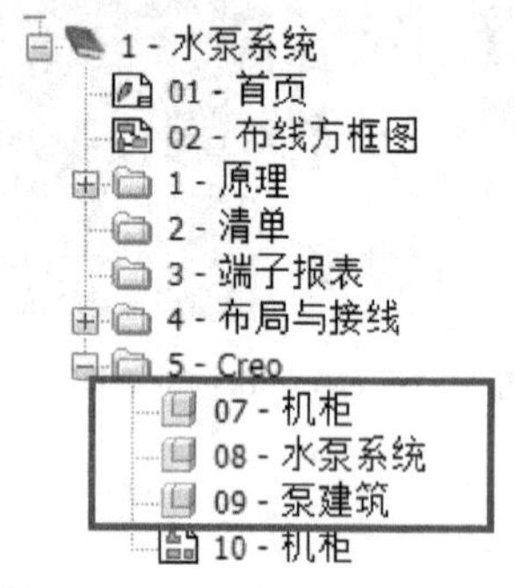

图 11-5　工程中的装配体文件

11.1.2　启动 elecworks for Creo

双击图标，打开 PTC Creo Parametric。在 Creo 中，Elecworks 工具栏在“主页”的右侧，选中“elecworks”标签后，可以看到 elecworks 的菜单，如图 11-6 所示。

11.1.3　打开装配体

打开 elecworks 的“工程管理器”，启动工程。如果 elecworks 或其他应用程序打开某

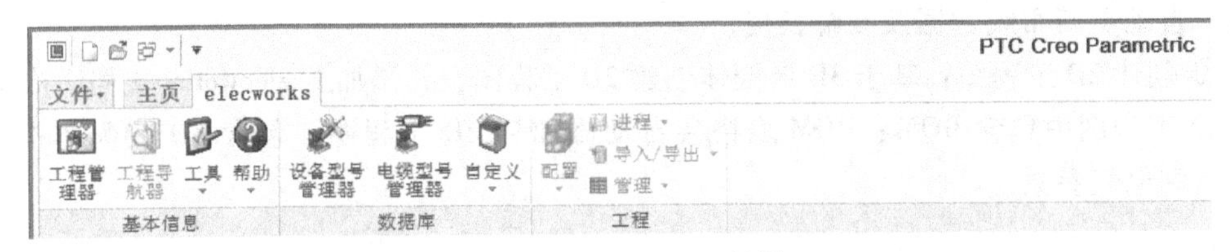

图 11-6 elecworks 工具栏

工程文件，则该工程名称为红色。

单击软件中的“工程导航器”按钮，打开如图 11-7 所示的对话框。

在“工程导航器”中，默认会出现界面及装配体的预览。也可以在左侧单击界面或文件夹显示特定内容后，在右侧预览。

双击工程结构文件或双击右侧预览装配体文件，均可打开该文件。

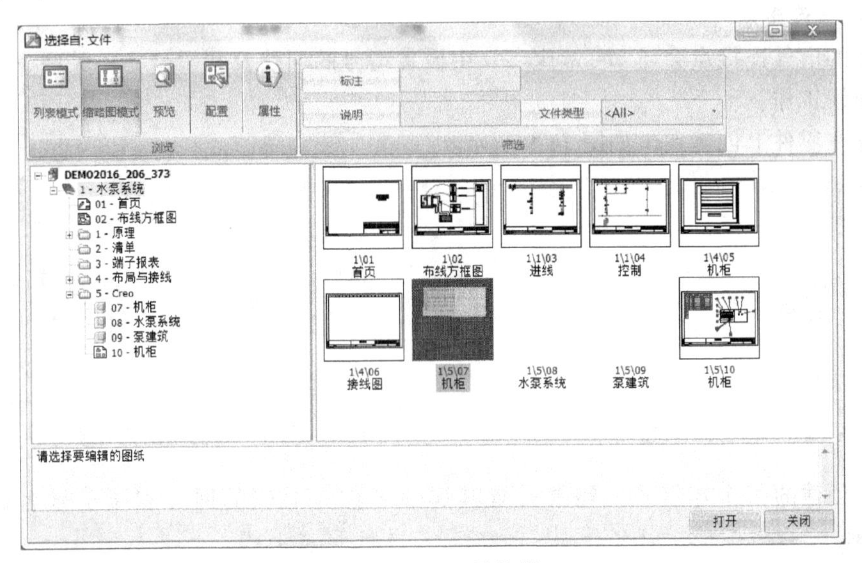

图 11-7 工程导航器

11.1.4 Creo 指令

以下指令仅用于 elecworks for PTC Creo 模块（elecworks 2D 不可用）：

① 插入 3D 零件：基于工程中使用的设备型号参数将 3D 零件插入到已打开的装配体。

② 动态插入：3D 零件（例如接触器或断路器）自动插入到已有的导轨上。

③ 批量插入：多个零件可以一次性插入到装配体中，仅仅确定第一个零件的插入位置和方向，其他零件基于偏移距离数据自动完成插入。

④ 关联：工程中已使用的设备型号参数关联至装配体中已存在的某个零件。

⑤ 3D 装配体实时更新：当零件在工程中被删除，该 3D 零件也会自动在装配体中移除。

⑥ 显示设备标注：在 3D 装配体中显示所插入零件的电气标注。

⑦ 自动布线/电缆：基于 2D 原理接线数据自动完成电线或电缆的布线。

⑧ 定义电缆的从到 3D 零件：定义电缆连接的两端（例如法兰）。

⑨ 更新线缆长度：自动布线后自动计算及更新电线/电缆的长度。当用户更改布线路

径时，自动更新布线数据及线缆长度。

⑩ 创建 2D 工程图：基于 3D 装配体创建 2D 工程图，并添加至 elecworks 文档结构树。

⑪ 工程图中包含 BOM：BOM 表格会自动添加到 2D 工程图，包含 3D 装配体中的零件数量和电气参数。

11.2 智能电气零件

使用 Creo 制作的零件模型，在添加到装配体中去时，如果需要完成对齐、布线等操作，需要对零件做特定设置。

1. 打开器件 3D 模型

右击零件后，选择“打开”，如图 11-8 所示。

2. 电气连接点

完整的电气连接点会与 elecworks 2D 中设备型号的回路及端子号一一关联，以便于完成自动布线工作。

首先在零件上创建点，如图 11-9 所示。

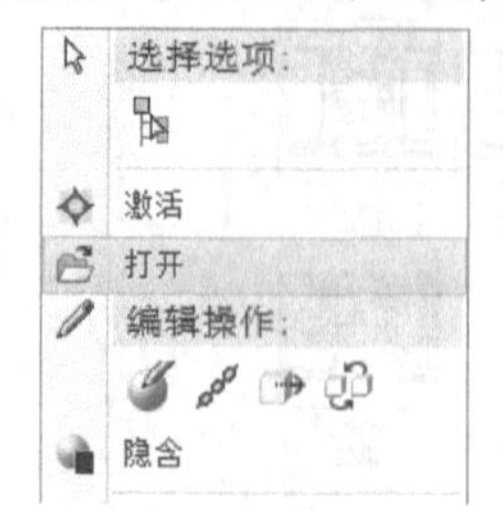

图 11-8 打开电气 3D 模型

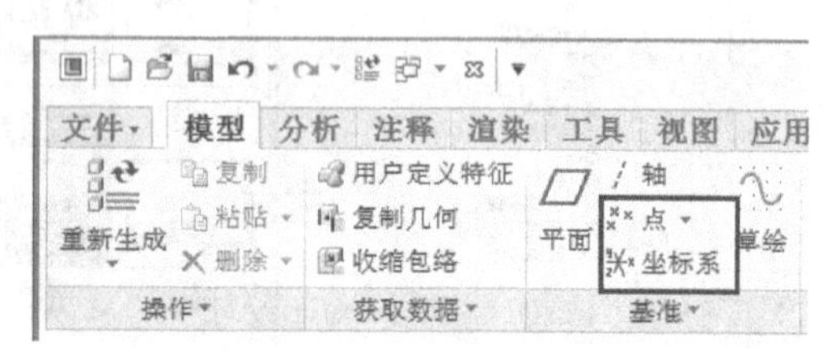

图 11-9 设置零件与门的配合参考

对于创建的每个连接点，需要设置其属性名称为对应的回路和端子号名称，如图 11-10所示。

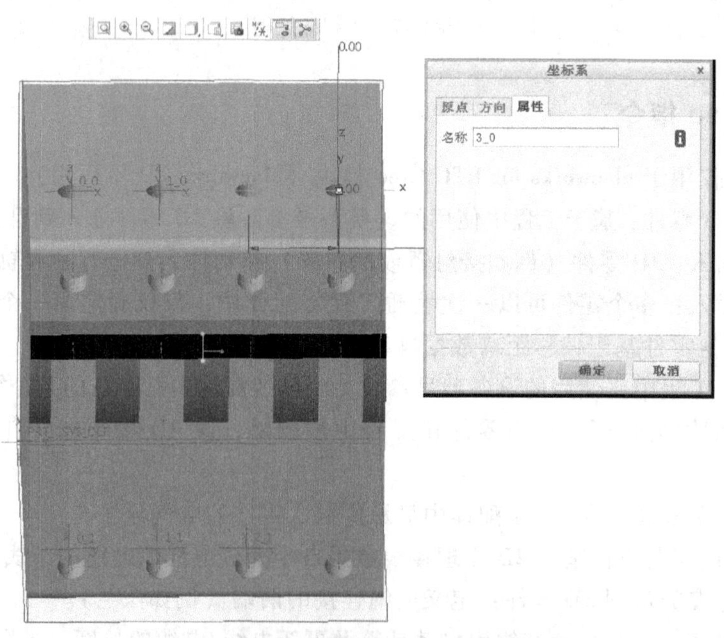

图 11-10 定义零件与门的配合参考

图中的 3_ 0 会与设备型号中回路和端子号对应，其中 3 为回路 3，0 为端子 0。一般来说，回路或端子均从 0 开始编号。

3. 定义零件面

定义零件面，便于零件批量插入时完成面的匹配。在零件的文件中，依次打开“准备”、“模型属性”，如图 11-11 所示。

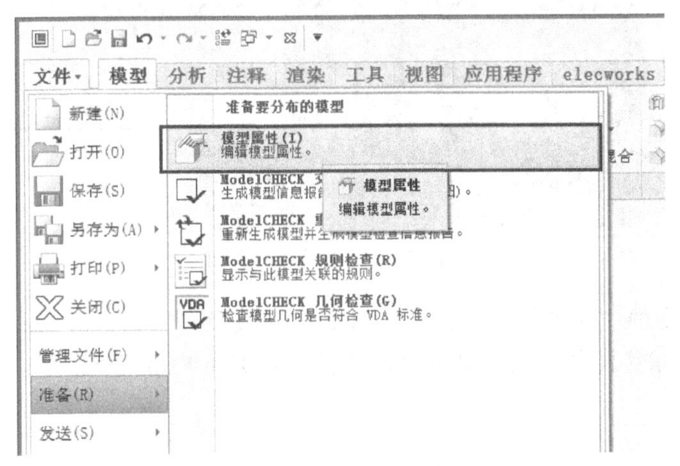

图 11-11 定义零件的模型属性

在“模型属性”中，修改“特征和几何”项中的名称，如图 11-12 所示。

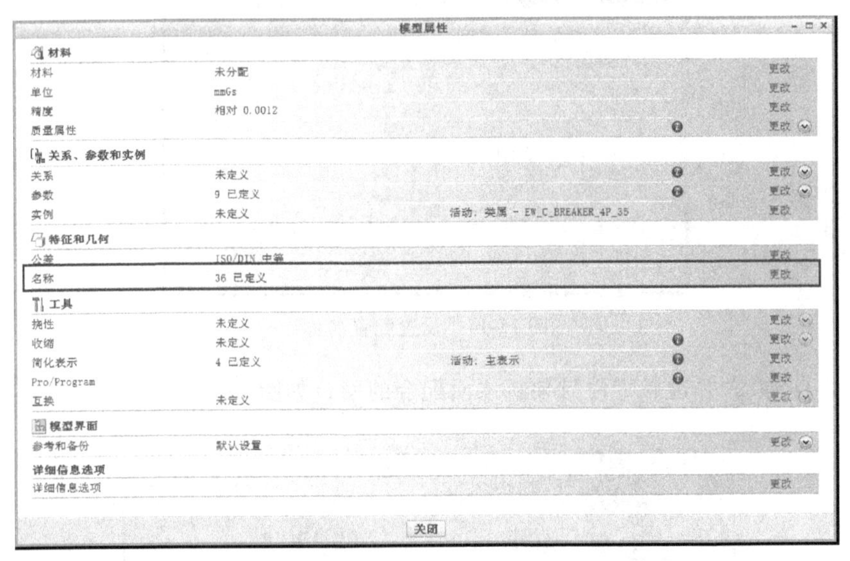

图 11-12 分别定义不同的面

单击零件的左面，则自动添加一个新的几何特征，命名为 TREWLEFTFACE，如图 11-13 所示。

用同样的方法，定义零件的右面为 TREWRIGHTFACE。

如果需要，也可以定义顶面和底面，分别为 TREWTOPFACE 和 TREWBOTTOMFACE。

4. 与导轨的配合

接触器、PLC、断路器等与导轨的配合，就需要配置与导轨的配合关系。

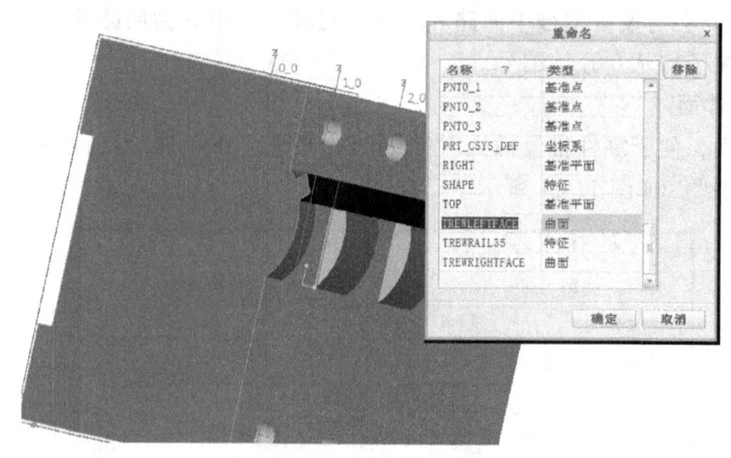

图 11-13　定义零件的左面

单击工具栏中的“元件界面”命令，如图 11-14 所示。

在“放置”标签页中，设定配置的界面名称为 TREWRAIL35，在“放置/接收界面”中选择“放置”。

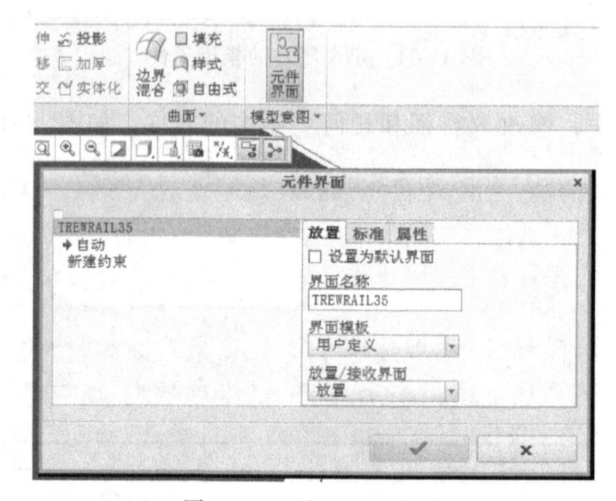

图 11-14　设置配置名称

单击“自动”，并选择零件与导轨顶面配合的面，如图 11-15 所示。

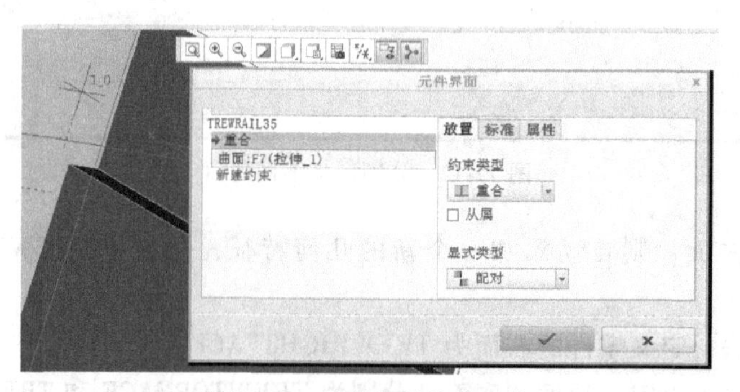

图 11-15　零件与导轨的配合

约束类型选择默认的“重合”。单击“新建约束”，选择与导轨宽面配合的面，如图

11-16 所示。

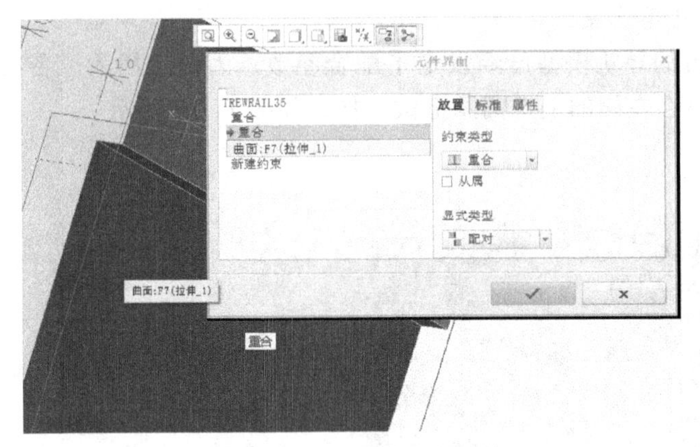

图 11-16 与导轨宽面的配合

单击✓按钮，完成新特征的创建。

11.3 设备布局操作

11.3.1 插入设备零件

来自于 elecworks 工程的设备列表，可以通过单击 elecworks 工具栏的“Insert Part”启动。单击后，“设备型号选择器”对话框，如图 11-17 所示，其中，列表中显示出此装配体（位置）中含有制造商设备型号的设备。设备添加放置后，将自动隐藏。如果要显示，可以取消界面中“隐藏已插入”的勾选。

选择所需设备后，单击界面右下角的“选择”命令，确定设备的选取。

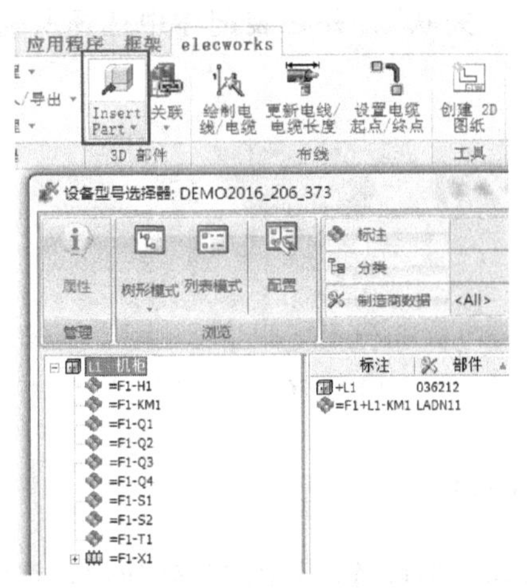

图 11-17 插入设备零件

在左侧的设备树中单击某元素后，在右侧的显示区域将会显示该元素所包含的所有设备数据。例如单击 KM1，右侧显示区域将会显示 KM1 所包含的所有设备型号，包括辅助触点模块或其他附件。如果单击位置 L1，则显示柜体中包含的所有设备数据。

单击“Insert Part”下拉箭头，出现另一个菜单“从文件插入3D零件”，可以先插入3D零件后关联到电气设备。

elecworks自带的导轨模型已经设定了配合参数。因此，插入设备时，会提示选择导轨。可以通过鼠标在左侧的复选圆圈上做选择，如图11-18所示。

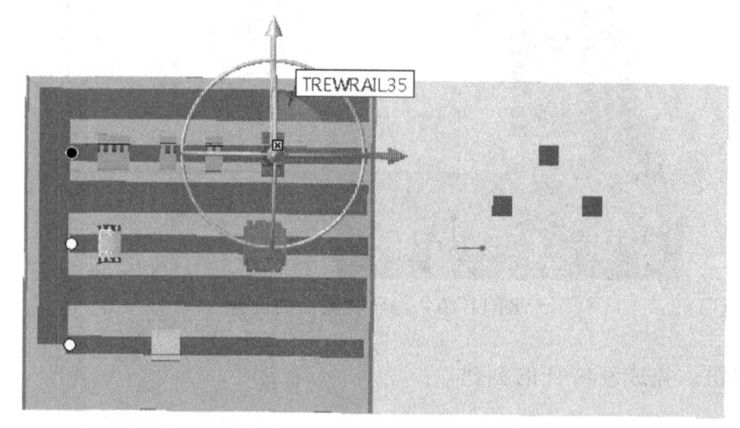

图11-18　插入设备匹配导轨

基于约束关系，确定位置后，点击图11-19所示的✓按钮，结束零件的放置。

图11-19　确定约束关系

如果装配体中已经完成了零件的插入，则只需要设置电气数据与机械数据的关联即可。

如图11-20所示，单击“关联”，并在装配体中选择所需关联的零件，完成数据的关联。

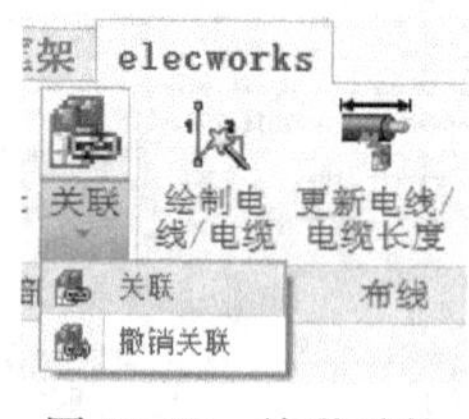

图11-20　关联零件

11.3.2　批量添加电气设备

在设备型号选择器中可以多选设备，如图11-21所示，选中Q1-Q4共4个设备。

单击窗口下方的“选择”按钮，软件会给出选项窗口，如图11-22所示。

图11-22中各项分别是：

插入所有零件：放置第一个零件后设定其他零件的插入方向和间隔，自动插入。

逐个插入：完成第一个后再放置第二个，逐个提示操作。

取消：停止操作。

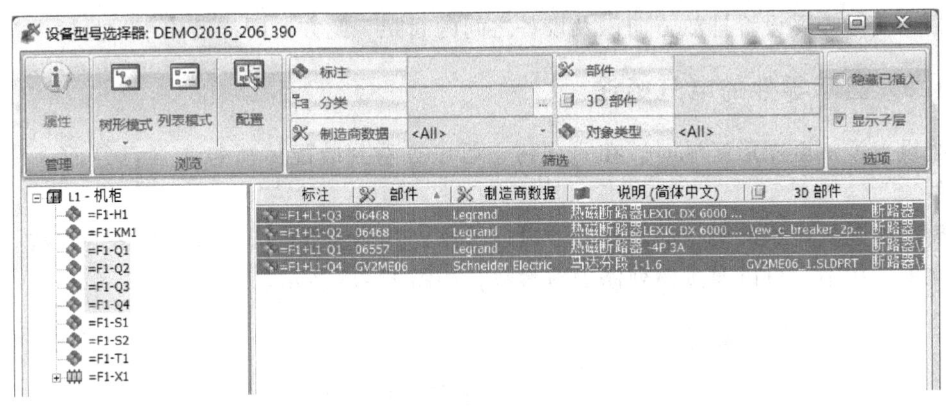

图 11-21　多选设备型号

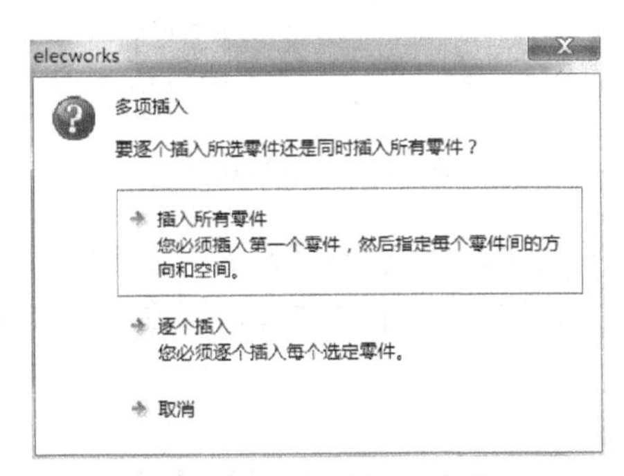

图 11-22　多项插入选项

选择“插入所有零件”，在图 11-23 所示窗口中调整设备插入的顺序。

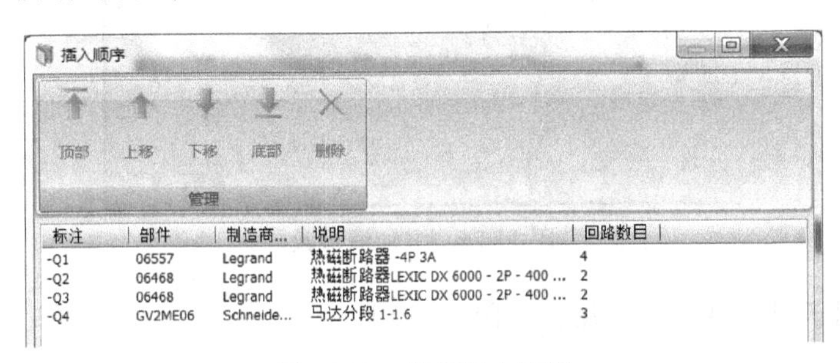

图 11-23　设置插入顺序

单击“确定”后，按照前述方法放置第一个零件。随后，出现图 11-24 所示窗口。

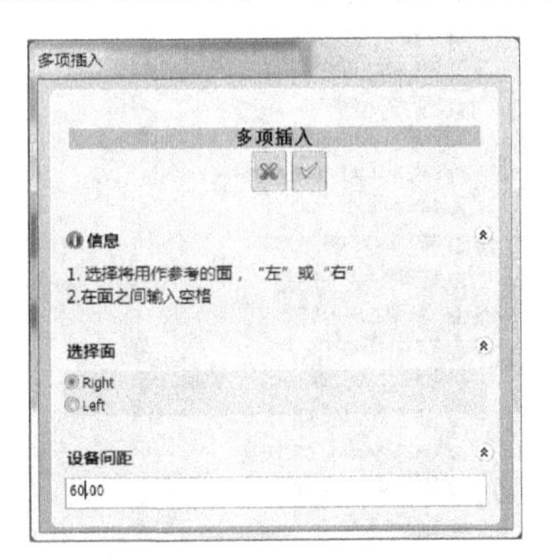

图 11-24　设备间距

根据实际需要设置排放方向以及设备之间的间距。此方法同样适用于批量插入端子。

11.3.3 显示零件的电气标注

当设备添加至图形区域时，在模型树中可以查看到装配体所包含（已经插入）的所有零件。

模型树默认显示的是零件名称。可以通过添加其他参数的方式显示更多的参数。

在模型树中，可以通过树列添加新参数，如图 11-25 所示。

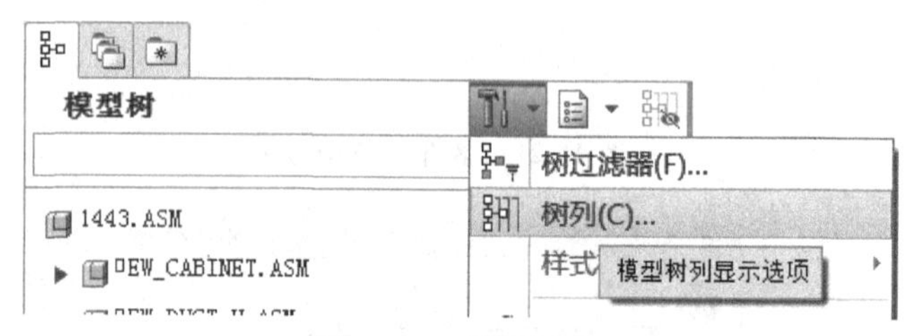

图 11-25　编辑树列

在图 11-26 所示的模型树列中，将类型选择为“缆参数”，在名称中输入 Com_ Tag，单击 >> 按钮，即可添加到显示区域中，单击“应用”命令，完成缆参数的添加。

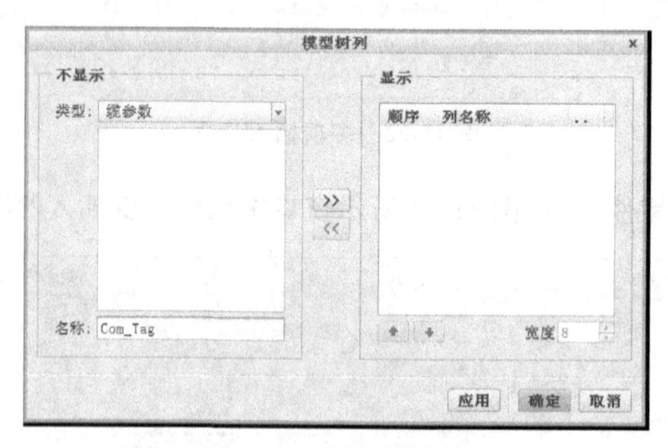

图 11-26　添加缆参数

该参数是用于显示设备的标注，如图 11-27 所示。

	Com_Tag
1443.ASM	
EW_CABINET.ASM	L1
EW_DUCT_H.ASM	L1
EW_RAIL_H_OMEGA_35.PRT	L1
EW_DUCT_H.ASM	L1
EW_RAIL_H_OMEGA_35.PRT	L1
EW_DUCT_H.ASM	L1
EW_RAIL_H_OMEGA_35.PRT	L1
EW_DOOR_BUTTON.PRT	H1
EW_DOOR_BUTTON.PRT	S1
EW_DOOR_BUTTON.PRT	S2
EW_DUCT_V.ASM	L1
LC1D1210B7.PRT	KM1
TRANSFORMATEUR_042770_EW.PRT	T1
EW_C_BREAKER_4P_35.PRT	Q1
EW_C_BREAKER_2P_35.PRT	Q2
EW_C_BREAKER_2P_35.PRT	Q3
GV2ME06.PRT	Q4

图 11-27　零件的电气标注

也可以使用 COM_ TAGPATH 来调取零件的完整标注（包含功能和位置属性），如图 11-28 所示。

	COM_TAGPATH
1443.ASM	
▶ EW_CABINET.ASM	+L1
▶ EW_DUCT_H.ASM	+L1
EW_RAIL_H_OMEGA_35.PRT	+L1
▶ EW_DUCT_H.ASM	+L1
EW_RAIL_H_OMEGA_35.PRT	+L1
▶ EW_DUCT_H.ASM	+L1
EW_RAIL_H_OMEGA_35.PRT	+L1
EW_DOOR_BUTTON.PRT	_F1+L1-H1
EW_DOOR_BUTTON.PRT	_F1+L1-S1
EW_DOOR_BUTTON.PRT	_F1+L1-S2
▶ EW_DUCT_V.ASM	+L1
LC1D1210B7.PRT	_F1+L1-KM1
TRANSFORMATEUR_042770_EW.PRT	_F1+L1-T1
EW_C_BREAKER_4P_35.PRT	_F1+L1-Q1
EW_C_BREAKER_2P_35.PRT	_F1+L1-Q2
EW_C_BREAKER_2P_35.PRT	_F1+L1-Q3
GV2ME06.PRT	_F1+L1-Q4

图 11-28　零件的电气完整标注

11.3.4　生成 2D 工程图

设备完成装配布局以后，可以为装配体文件生成 2D 工程图，单击图 11-29 所示的“创建 2D 图纸”按钮，此图纸即可自动添加至 elecworks 工程中，如图 11-29 所示。

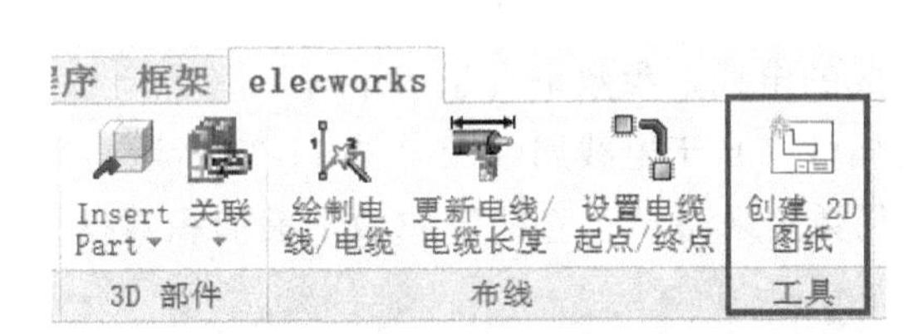

图 11-29　创建工程图

如果工程图模板已经建立，直接可以生成工程图，如图 11-30 所示。

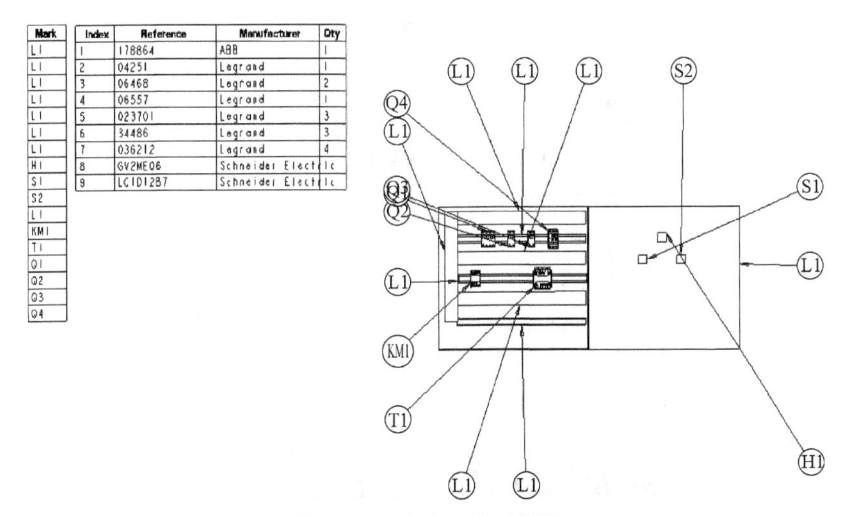

Mark
L1
L1
L1
L1
L1
L1
L1
H1
S1
S2
L1
KM1
T1
Q1
Q2
Q3
Q4

Index	Reference	Manufacturer	Qty
1	178864	ABB	1
2	04251	Legrand	1
3	06468	Legrand	2
4	06557	Legrand	1
5	023701	Legrand	3
6	34486	Legrand	3
7	036212	Legrand	4
8	GV2ME06	Schneider Electric	
9	LC1D12B7	Schneider Electric	

图 11-30　自动生成工程图

elecworks for Creos 模块额外提供了生成图纸的方法，如图 11-31 所示。

该功能可以将工程图直接导入 elecworks。调用此功能，图纸将自动添加到工程图纸列表中，如图 11-32 所示。

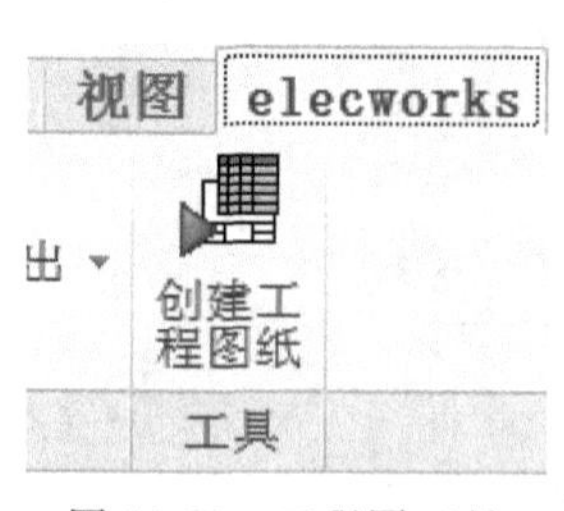

图 11-31　工程图工具

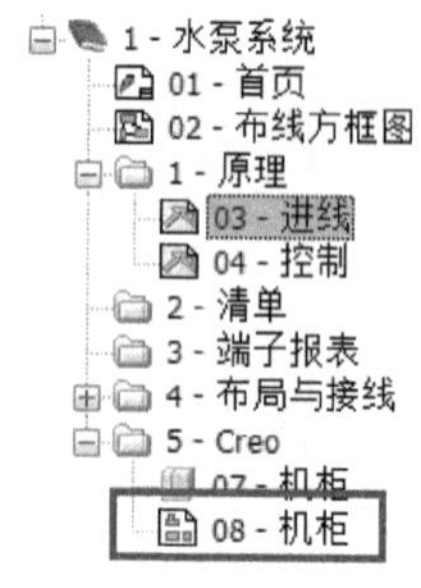

图 11-32　导入工程图

11.4　自动布线

调用自动布线功能的前提条件，是在 elecworks 的原理设计中完成了电气连接。连接的内容可以是方框图中的电缆连接，也可以是原理图中的电线、电缆连接。满足上述条件时，若要进行自动布线，PTC Creo 需要具备“缆”模块。

11.4.1　电线属性配置

PTC Creo 中自动生成的电线，参数来自于 elecworks。

PTC Creo 中电线的属性来自于电线属性图（图 11-33 所示）“布线”中的参数。例如实体布线时，电线的直径数据来自于“直径”参数。截面积数据不做参考依据。

电线样式属性

属性

属性	值
电线样式	
名称：	~ 48V
编号群：	0
基本信息	
导线：	控制
线颜色：	94
线型：	直线
线宽：	0
电位格式：	EQU_NO...
电线格式：	WIR_NO...
布线	
直径 (mm)：	0.5
截面积或规格：	1
标准电线尺寸：	截面积 (mm2)
电线颜色：	棕色
弯曲半径 (x 直径)：	0
电缆型号：	...
技术数据	
电压：	48V
频率：	

图 11-33　电线样式属性

11.4.2 创建布线路径

布线路径是 elecworks for Creo 模块中自定义布线走向的设置。在“应用程序”中启动缆模块。在创建路径之前，建议先将线槽的顶面隐藏，如图 11-34 所示。

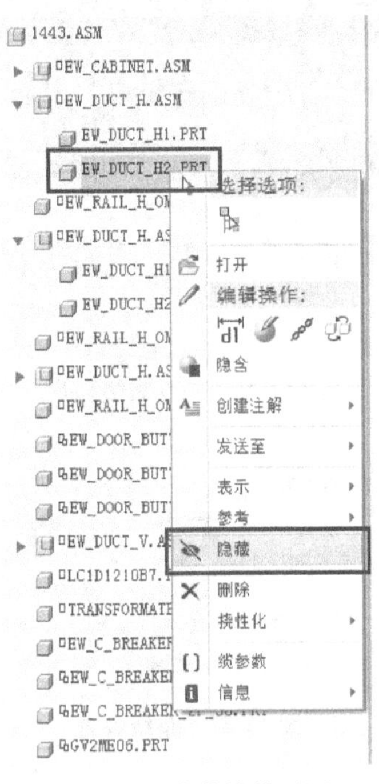

图 11-34 隐藏线槽顶面

将垂直的线槽顶面也做隐藏处理。完成隐藏后会显示出线槽的中心轴，此次布线路径的创建将会基于线槽轴线。

在“缆”中创建线束，用于存放布线路径。线缆模板选择空。单击“布线网络”按钮，如图 11-35 所示。

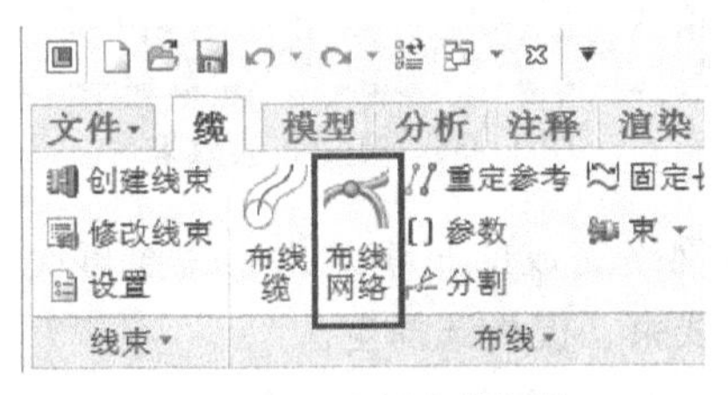

图 11-35 选择布线网络

通过单击轴线，在轴线上创建布路点，形成布线网络，如图 11-36 所示。

11.4.3 自动布线

在 elecworks for Creo 模块中，单击“绘制电线/电缆”命令按钮（见图 11-37），即可自动生成所有的电线。

但是这些电线并非按照布线网络布线。

自动布线的效果如图 11-38 所示，自动按照最短路径完成布线。

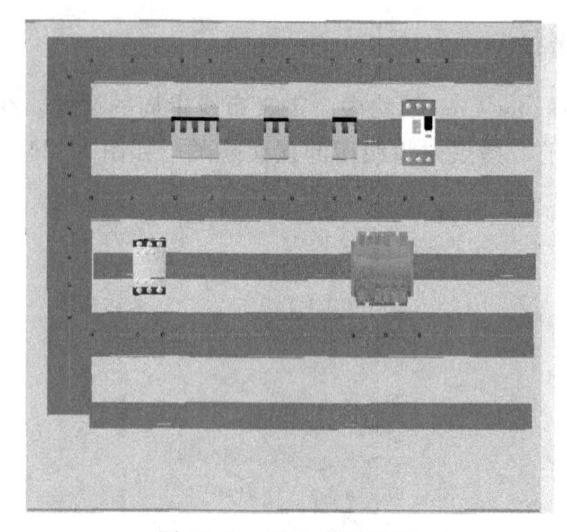

图 11-36　建立布线网络

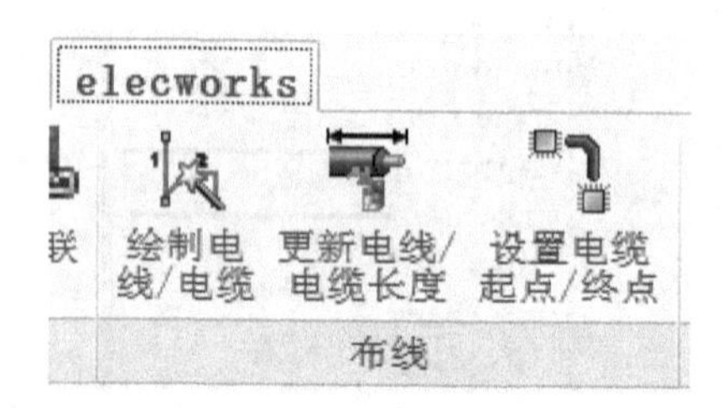

图 11-37　布线设置

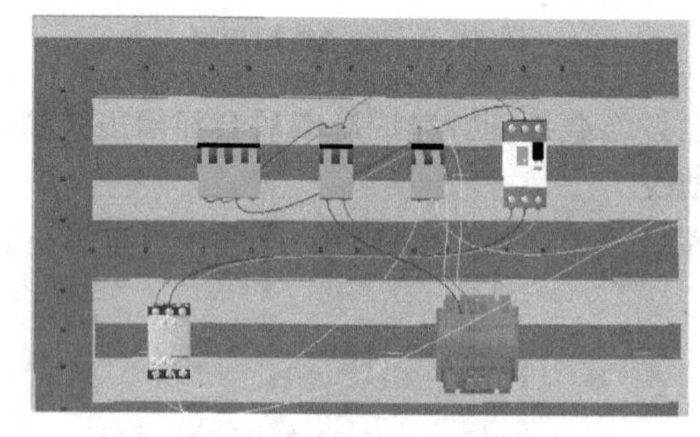

图 11-38　自动布线效果

如果希望得到按照布线网络完成的布线效果，需要再次创建新的线束，并共享布线网络路径，完成布线。新建线束，模板选择空。

在布线中选择共享网络，如图 11-39 所示，并单击之前建立好的布路点网络。

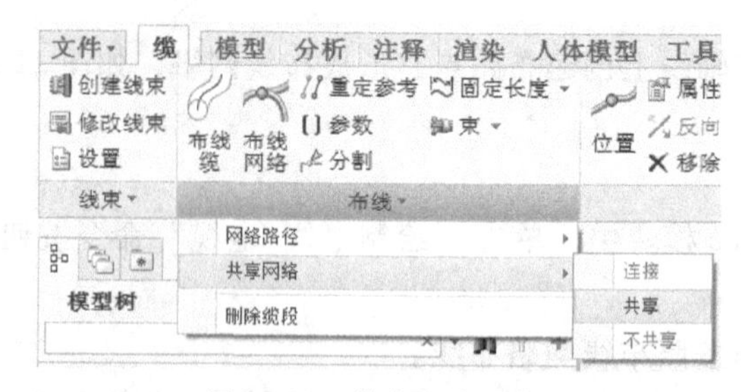

图 11-39　共享布线网络

这样，使用“布线缆”命令后，软件会自动创建电线，效果如图 11-40 所示。

完成布线后，可以通过草图和实体的切换来查看实体线，如图 11-41 所示。

11.4.4 统计线长

PTC Creo 的缆模块默认的布线不能自动统计电线或电缆的长度，只有通过 elecworks for PTC Creo 模块完成的布线才可以在 elecworks 的接线报表中自动计算线缆长度，如图 11-42 所示。因为只是用于计算线长，所以生成后可以将这些线缆删除。

布线缆
缆/线
L1-4_1372
L2-4_1371
L3-4_1370
自
3_0:F8(坐标系)
至
2_1:F8(坐标系)
名称
线轴
预览
布线类型
通过网络
确定
取消
应用
LC1D1210B7.PRT

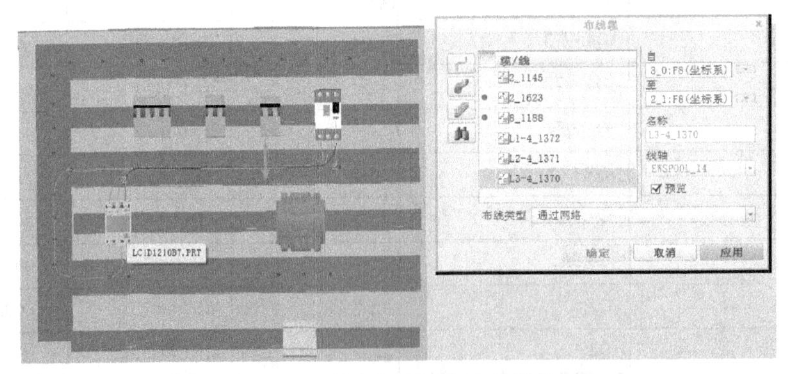

图 11-40　基于布线网络的布线效果

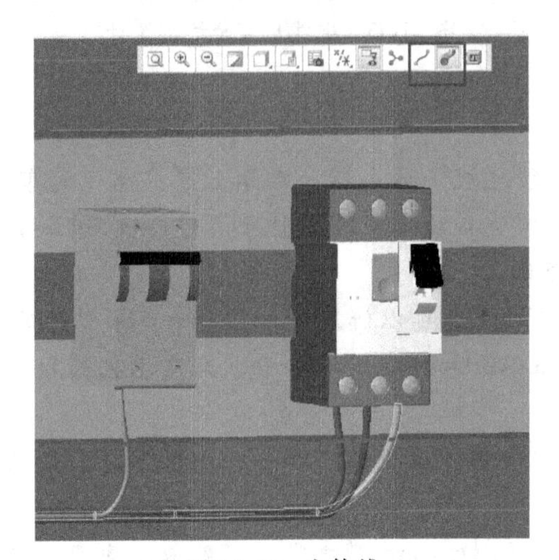

图 11-41　实体线

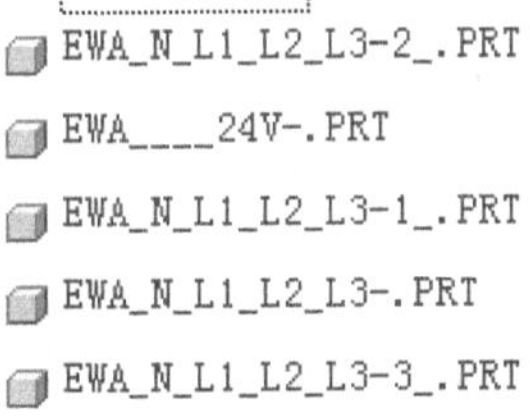

EWA_N_L1_L2_L3-2_.PRT
EWA____24V-.PRT
EWA_N_L1_L2_L3-1_.PRT
EWA_N_L1_L2_L3-.PRT
EWA_N_L1_L2_L3-3_.PRT

图 11-42　自动生成的线缆

在 elecworks 中，生成电线报表，就可以看到每根电线的长度及线型长度汇总统计了，如图 11-43 所示。

N L1 L2 L3-3

源	目标	电线编号	截面积	长度 (mm)
-Q2:2	-T1:1	N -3	2.5 (mm²)	244.7
-KM1:6/T3	-X1-3	L3-5	2.5 (mm²)	454.55
-Q2:4	-T1:2	L1-3	2.5 (mm²)	240.33
-KM1:2/T1	-X1-1	L1-5	2.5 (mm²)	469.94
-KM1:4/T2	-X1-2	L2-5	2.5 (mm²)	427.89
-KM1:5/L3	-Q4:6/T3	L3-4	2.5 (mm²)	446.5
-KM1:3/L2	-Q4:4/T2	L2-4	2.5 (mm²)	443.11
-KM1:1/L1	-Q4:2/T1	L1-4	2.5 (mm²)	447.11
-Q2:3	-Q4:1/L1	L1-2	2.5 (mm²)	272.67
-Q1:8	-Q4:5/L3	L3-2	2.5 (mm²)	944.65
-Q1:6	-Q4:3/L2	L2-2	2.5 (mm²)	902.21
-Q1:4	-Q2:3	L1-2	2.5 (mm²)	698.37
-Q1:2	-Q2:1	N -2	2.5 (mm²)	691.4
				6683.43

图 11-43　电线长度及线型统计

提示：

- 在使用“绘制电线/电缆”命令后，实际上是将电气的布线逻辑导入 Creo。所以，在删除 elecworks for Creo 模块自动生成的线型后，可以使用 Creo“缆”功能做布线网络，根据布线网络再次自动布线。
- 对于再次布线后的结果，可以使用图 11-37 所示的“更新电线/电缆长度”命令更新线缆长度数据。回到 elecworks 的电线清单中，只需要更新报表，电线长度数据会再次更新。
- Creo 的缆模块设定规则：当模型只有一个坐标系时，默认所有的电线都连接至该坐标系。
- 如果使用 elecworks 的 Onboard 模块定义了线束，则默认在 Creo 中自动生成线束，而不需另行手动设置线束名称。